高等学校"十二五"规划教材

冶金工艺设计

厉 英　马北越　编著

U0342597

北 京

冶金工业出版社

2014

内 容 提 要

本书分为 7 章，分别是冶金工艺设计概述、高炉炼铁、高炉设计、高炉冶炼综合计算、炼钢、转炉炼钢设计及计算、电弧炉炼钢设计及计算。全书阐述了高炉炼铁、转炉炼钢、电炉炼钢的基本原理及工艺，介绍了 AutoCAD、Excel 软件在冶金设计及计算中的应用，并配有详细的实例介绍。通过学习，学生能很容易地掌握冶金设计的基本方法和技能。

本书既可作冶金工程专业"冶金课程设计"的教材，也可以供冶金工程技术人员参考。

图书在版编目（CIP）数据

冶金工艺设计/厉英，马北越编著 . —北京：冶金工业出版社，2014. 11

高等学校"十二五"规划教材

ISBN 978-7-5024-6761-6

Ⅰ . ①冶…　Ⅱ . ①厉…　②马…　Ⅲ . ①冶金工业—工业设计　Ⅳ . ①TF

中国版本图书馆 CIP 数据核字（2014）第 248634 号

出 版 人　谭学余
地　　　址　北京市东城区嵩祝院北巷 39 号　邮编　100009　电话　（010）64027926
网　　　址　www. cnmip. com. cn　电子信箱　yjcbs@ cnmip. com. cn
责任编辑　杨盈园　陈慰萍　美术编辑　彭子赫　版式设计　孙跃红
责任校对　禹　蕊　责任印制　李玉山
ISBN 978-7-5024-6761-6
冶金工业出版社出版发行；各地新华书店经销；三河市双峰印刷装订有限公司印刷
2014 年 11 月第 1 版，2014 年 11 月第 1 次印刷
787mm×1092mm　1/16；15 印张；362 千字；230 页
36. 00 元

冶金工业出版社　投稿电话　（010）64027932　投稿信箱　tougao@ cnmip. com. cn
冶金工业出版社营销中心　电话　（010）64044283　传真　（010）64027893
冶金书店　地址　北京市东四西大街 46 号（100010）　电话　（010）65289081（兼传真）
冶金工业出版社天猫旗舰店　yjgy. tmall. com
（本书如有印装质量问题，本社营销中心负责退换）

前　言

本书为冶金工程专业课程"冶金课程设计"的教材。其目的在于使学生了解钢铁冶金设计的程序和主要内容，掌握设计的基本方法和技能，培养学生分析和解决冶金工程实际问题的能力。

本书结合编者多年的教学实践与科研工作中积累的丰富经验，依据冶金工程学科的发展需要进行编写，力求既重视基础知识，又简明实用、通俗易懂，同时考虑到计算机的普及性和科学技术的发展，将绘图软件、试算表软件引入冶金工艺设计及平衡计算中，以提高学生未来工作的效率及水平。

按照课程要求，本书重点讲述高炉炼铁、转炉炼钢和电弧炉炼钢的原理、工艺、设计方法和计算方法等内容，包括高炉炉型设计、冷却器设计、高炉用耐火材料设计及高炉炼铁过程物料平衡和热平衡计算；转炉、电弧炉炉型设计，转炉氧枪设计，电弧炉变压器功率和电参数设计，转炉、电弧炉用耐火材料设计及炼钢过程物料平衡和热平衡计算。本书既可供冶金专业学生课堂教学及毕业设计使用，也可作为冶金工程专业的研究生、冶金企业的工程技术人员的参考资料。

本书由厉英教授和马北越博士共同编写，由厉英教授统编定稿。沈峰满教授、钟良才教授和姜周华教授分别对部分章节进行了审阅和修改，本课题组的研究生王晓花、黄文龙、曾杰、卢刚、胡文兵、陈伟、张凯、赵龙、李宁、刘磊、周旭东等在搜集资料、绘图、制表等方面提供了许多的帮助，在此表示深深谢意。

由于现代技术发展日新月异、资料文献浩如烟海以及编者水平有限，书中的观点、方法及数据等存在的不足之处，敬请广大读者批评指正，以便再版时修改和完善。

编著者

2014 年 6 月

目　　录

1 冶金工艺设计概述

1.1 冶金工艺设计的目的和内容

1.1.1 冶金工艺设计的目的

冶金工艺设计是一门重要的实践课程，其目的在于培养学生的冶金设计能力。通过对学生进行冶金设计技能的基本训练，可以培养学生综合运用所学知识解决实际问题的能力，同时可为毕业设计打下基础。因此，冶金工艺设计是培养和提高学生独立工作能力的有益实践，其基本目的主要包括：

（1）使学生掌握冶金设计的基本方法和步骤，培养其综合分析设计任务及独立设计的能力。

（2）培养学生查阅和运用设计资料（如手册、标准和规范等）、计算冶金过程及设计主要设备工艺的能力。

（3）通过编写设计说明书，培养学生用文字和图表表达其设计思想及计算结果的能力。

（4）培养学生合理选用相关设计参数及其计算方法，分析工艺参数和结构尺寸间的相互影响，增强学生分析问题和解决问题的能力。

（5）使学生掌握一般冶金制图的基本要求，培养其运用计算机辅助绘图的能力。

1.1.2 冶金工艺设计的内容

冶金工艺设计涉及高炉、转炉和电炉等冶金主体设备、辅助设施及耐火材料的设计，并对各主要冶金过程的配料、物料平衡和热平衡进行衡算。冶金工艺设计的内容主要包括：

（1）设计准备。根据设计任务书，掌握设计要求和已知条件，明确设计的内容和方法步骤，查阅相关设计资料，并拟定设计计划。

（2）设备主要尺寸计算与设计。结合设计任务书及国内外实际生产中可行且技术上较为先进的技术经济指标，对设备的主要工艺尺寸和结构等进行基本计算，并进行相关设计。

（3）冶金过程计算。对冶金过程中物料平衡和热量平衡等进行计算，并编制相关平衡表。

（4）绘制设备图。绘制主要设备图，如高炉炉型、转炉炉型及电炉炉型等，包括设备的主要工艺尺寸、技术特性等。

（5）编写设计说明书。用精炼、简洁的文字写出设计的内容，加上清晰的图表即构成课程设计的说明书。

1.2　冶金工艺设计的要求及基本原则

1.2.1　冶金工艺设计的要求

冶金工艺设计要求每位学生完成设计说明书和图纸各一张。在撰写设计说明书时，其具体项目及要求如下：

(1) 封面：包括设计题目、学生班级、姓名和学号、指导教师、日期。

(2) 目录：包括标题和页数。

(3) 设计任务书。

(4) 设计方案说明。

(5) 设计条件及主要物性参数表。

(6) 工艺设计计算：包括物料平衡和热量平衡及主要设备尺寸计算。

(7) 设计结果汇总表：包括物料衡算表、热量衡算表及设备的操作条件和结构尺寸表。

(8) 结束语：介绍设计者对完成该设计的评价和体会。

(9) 设备图：包括主体和辅助设备图。

(10) 参考文献：列出设计引用文献、书籍的编号、名称、作者及年份等。

此外，本设计要求选用合适的比例并采用 A3 （420mm × 297mm） 或 A2 （594mm × 420mm） 图纸绘制设备图。对图纸的要求为：

(1) 图面上应包括设备的主要尺寸、技术特性；

(2) 字迹工整，图面整洁，布局美观；

(3) 图表清晰，尺寸标注准确，各部分线型粗细符合国家冶金制图标准。

1.2.2　冶金工艺设计的基本原则

冶金工艺设计人员除了必须严格遵守国家的有关方针政策、法律法规和行业规范，尤其是国家的工业经济法规、环境保护法规和安全法规外，还应遵守以下基本原则：

(1) 设计的先进性和可靠性。设计人员不仅应具有丰富的技术知识和实践经验，较强的创新意识和精神及严谨的科学工作态度，还应掌握先进的设计工具和手段，运用先进的设计技术，进行可靠性和科学性设计。

(2) 设计的经济性。由于设计本身是一个多目标优化问题，对于同一个问题可有多种解决方法，因此，设计时应从降低生产者的投资，以获取最大的经济利润考虑，选用经济合理的设计方案。

(3) 设计的安全性。为确保生产人员的安全和健康，设计时应充分考虑冶金生产各环节可能出现的危险，并选用可有效防止发生危险的设计方案。

(4) 清洁冶金生产。设计人员应建立清洁冶金生产的理念，尽量选用冶金生产过程少产生"三废"的设计方案，以降低生产者对"三废"处理设备的投资和操作费用。

(5) 冶金生产的可操作性和可控制性。在冶金设备的设计时，应重点考虑冶金过程的可操作性和可控制性，以便进行安全、稳定的生产。

1.3 冶金工艺设计中应注意的问题

冶金工艺设计中应注意以下几个问题：

（1）冶金工艺设计是在任课教师的指导下由学生独立完成的，在设计中学生需发挥其主观能动性，独立思考和分析问题，教师的作用则是指明设计思路，启发学生独立思考，解答疑难问题，并进行设计阶段审查；学生还应按照设计任务要求，认真阅读相关图书和文献资料，刻苦钻研，创造性地进行设计。

（2）冶金工艺设计是首次对学生进行较全面的设计训练，应遵循"设计、计算—评价—再设计、再计算"的渐进与优化过程，学生在整个设计过程中应严肃认真、精益求精。

（3）为了减轻设计的重复工作量，加快进度，提高质量，可继承前人的设计经验；但继承不是盲目、机械地抄袭，而是要具体分析，按照标准和规范进行创造性的设计。

（4）设计过程中应注意随时整理计算结果，保证设计图纸和设计计算说明书的质量。要求设计图纸图面整洁，制图符合标准，设计计算说明书书写规范、条理清晰，说明书中的设计参数的选择与图纸反映的参数一致。

2 高炉炼铁

2.1 高炉炼铁原料与产品

高炉炼铁过程有投入量和产出量，简称高炉炼铁投入产出量，它包括两个方面，一是高炉炼铁投入产出的物质，另一是高炉炼铁投入产出的热量。高炉炼铁投入产出的物质中，投入物称为高炉炼铁原料，产出物称为高炉炼铁产品。高炉炼铁投入产出的热量中，投入热量称为高炉炼铁热收入，产出热量称为高炉炼铁热支出。

2.1.1 高炉炼铁原料及其要求

高炉炼铁所用的原料包括铁矿石、熔剂、燃料及其代用品，它是炼铁的物质基础。冶炼一吨生铁所需原料量应根据原料质量而定，一般情况下，冶炼每吨生铁需要 1.5~2.0t 铁矿石，0.4~0.6t 焦炭和 0.1~0.2t 熔剂。

为了实现高炉的高产、优质和低耗，达到较好的技术经济指标，应尽可能地为高炉炼铁提供质量好的原料。

2.1.1.1 铁矿石及其质量要求

高炉炼铁所用的矿石主要是铁矿石，此外还有用作炼锰铁或调节生铁成分的锰铁矿。铁矿石的化学成分，就元素来说，主要有 Fe、Mn、S、P、C 等，就化合物来说，主要有 FeO、Fe_2O_3、SiO_2、CaO、Al_2O_3、MgO、MnO、P_2O_5、FeS、$FeSO_4$ 和 $CaSO_4$ 等。

铁矿石可分为 4 种类型：磁铁矿、赤铁矿、褐铁矿和菱铁矿。其中含铁量高的为富矿，含铁量低的为贫矿。富矿经破碎成适宜块度即可直接入炉冶炼；贫矿必须经过处理后才能入炉冶炼。经过处理后的矿石称为熟矿（或人造富矿），未经处理的矿石称为生矿（或天然矿）。对铁矿石的质量要求如下：

（1）矿石含铁量（即矿石品位）。它是衡量矿石质量的主要指标。若铁矿石含铁量低，则其冶炼价值低，不利于提高产量、降低焦比。铁矿石含铁量低到一定程度将失去冶炼价值，因此，铁矿石含铁量应愈高愈好。工业上使用的铁矿石，其含铁量在 23%~70% 范围；一般情况下，铁矿石含铁量低于 45%，要进行冶炼前处理。

（2）脉石成分。铁矿石中不含铁的矿物成分称为脉石，其常见的化学成分有 SiO_2、CaO、Al_2O_3、MgO、MnO、P_2O_5、FeS 等，通常以 SiO_2 为多。当铁矿石中碱性氧化物（CaO）与酸性氧化物（SiO_2）的比值跟炉渣中所要求的比值相近时，冶炼该类矿石时可以不加或少加熔剂，此种矿石称自熔性矿石；当精矿石中含酸性氧化物高时，就需要加入大量碱性熔剂，从而导致渣量增加、焦比升高。所以，希望铁矿石中的酸性氧化物含量越低越好，碱性氧化物含量越高越好。

（3）有害元素。在铁矿石中常见的有害元素是硫（S）和磷（P）。含硫高的钢材在高温时强度低，轧制或锻压时会断裂，使钢材产生"热脆性"。因此各种钢材都有最高的含硫限度。含硫量高于 0.3% 的矿石称为高硫矿石。虽然在冶炼过程中可以去硫，但要多消耗燃料和熔剂，这样提高了成本，降低了生产效率。所以要求铁矿石中含硫量越低越好。含硫高的矿石必须在入炉前进行脱硫处理。含磷高的钢材会产生"冷脆性"。除少数炼高磷铸造生铁允许有较高的含磷量外，一般生铁含磷量越低越好。由于高炉中无法脱磷，因此应尽量控制入炉矿石的含磷量。

（4）矿石的还原性。它是指铁矿石中的氧化物被还原的难易程度。还原性好的矿石有利于降低焦比，因此冶炼时希望矿石的还原性好。铁矿石还原性好坏取决于矿石类型、孔隙度大小和粒度大小等因素。磁铁矿的组织致密，最难还原；赤铁矿有中等的气孔率，比较容易还原；最容易还原的是焙烧后的褐铁矿和菱铁矿，因为这两种矿石在失去结晶水和 CO_2 后，孔隙度增加。人造富矿比天然矿的还原性要好。目前人造富矿一般是用 FeO 的含量多少来表示其还原性，FeO 含量高的，其还原性不好。

（5）矿石软化性。它是指矿石开始变形时的温度和开始变形到变形终了时的温度区间的大小。软化温度越低，软化区间越大，影响料柱透气性越严重。因此，矿石软化温度越高、软化区间愈小，对高炉冶炼就越有利。

（6）矿石的强度和粒度组成。矿石强度不好则易产生粉末。矿石粉末多，粒度小或不均，都将恶化高炉内料柱透气性，导致炉况不顺，因此，一般规定小于 5mm 的粒度不能入炉。但是粒度过大又会影响炉料的加热和矿石的还原。粒度的上限与矿石的还原性有关，对于难还原的磁铁矿其粒度不大于 40mm；较易还原的赤铁矿和褐铁矿不大于 50mm；中小高炉一般不大于 25 ～ 30mm。

（7）矿石化学成分的稳定性。矿石化学成分波动，会引起炉温、炉渣碱度和生铁质量的波动，造成炉况不顺，使焦比升高，产量降低。因此，要保证高炉炉况的稳定，应首先要保证铁矿石化学成分的稳定。

2.1.1.2 熔剂及其质量要求

矿石中的脉石、焦炭中的灰分在高炉冶炼过程中都将进入熔渣，而其氧化物的熔点都很高（SiO_2 1710℃，Al_2O_3 2050℃），为使它们形成低熔点物质，必须加入一定量熔剂（CaO、MgO）。如比例合适，则它们混合后熔化温度可降到 1300℃ 以下，这使炉渣不仅完全熔化，而且具有良好的流动性，从而使渣铁容易分离。此外，CaO 还具有脱硫能力，能改善生铁质量和控制生铁含硅量。综上所述，熔剂的作用可概括为：

（1）降低炉渣熔化温度，促进渣铁分离；

（2）形成适宜炉渣碱度，以脱除生铁中硫；

（3）控制生铁成分，以改善生铁质量。

由于高炉用的熔剂主要是碱性熔剂，因此对碱性熔剂的质量有以下几点要求：

（1）要求碱性氧化物含量高，酸性氧化物含量低（或有效熔剂性高）。评价熔剂常以有效熔剂性表示。有效熔剂性是指熔剂按炉渣碱度 $w(CaO)/w(SiO_2)$ 的要求，扣除其本身酸性氧化物含量造渣所消耗的碱性氧化物外，剩余部分的碱性氧化物含量。它可用下式表示：

$$w_{有效熔剂性} = w(CaO + MgO)_熔 - w(SiO_2)_熔 R \qquad (2-1)$$

式中 $w(CaO + MgO)_熔$，$w(SiO_2)_熔$——熔剂中 CaO、MgO、SiO_2 含量；

$$R\text{——炉渣碱度，} R = \frac{w(CaO + MgO)_{熔}}{w(SiO_2)_{熔}}。$$

如果只考虑 CaO，则式（2-1）可改写为：

$$w(CaO)_{有效} = w(CaO)_{熔} - w(SiO_2)_{熔} R'$$

式中，$w(CaO)_{有效}$ 为有效氧化钙，$R' = \dfrac{w(CaO)_{熔}}{w(SiO_2)_{熔}}$。

显然，有效熔剂性 $w(CaO)_{有效}$ 高比较好，一般要求 $w(CaO + MgO)_{熔} > 50\%$，$w(SiO_2 + Al_2O_3)_{熔} \leqslant 3.5\%$，否则熔剂消耗大，降低其有效熔剂性。

（2）有害杂质，特别是 S、P 含量要低。

（3）强度要高，粒度适宜且均匀性好（大型高炉 25～50mm、中小型高炉 10～30mm），粉末要少。

目前高炉大多使用自熔性人造富矿（在造块时已加入熔剂），高炉直接加入熔剂只是作为临时调剂措施。

2.1.1.3　燃料及其质量要求

高炉使用的燃料主要是焦炭，还有喷吹物（如天然气、焦炉煤气、柴油和煤粉等），它们在高炉冶炼过程中可作为发热剂和还原剂。此外，由于焦炭在高温下不熔化、不软化，在炉内可起着支撑料柱的骨架作用，因此可以利用它来调节炉内煤气流分布。

对燃料的质量要求有以下几点：

（1）含碳量和碳氢化物量要高，灰分要低，否则加入的熔剂量大，导致渣量大、热耗量大，燃料比升高。

（2）含硫等有害杂质要少。高炉中的硫 70%～80% 来自焦炭，因此降低焦炭含硫量对降低生铁含硫量的意义很大。

（3）化学成分要稳定，即要求灰分、C、S 及 H_2O 等稳定。

（4）要求焦炭强度好、粒度均匀、粉末少。焦炭强度差，在炉内易粉化，会恶化料柱透气性，造成炉况不顺、炉缸堆积、风口烧坏等事故。

2.1.1.4　其他代用品

在钢铁工业和其他工业部门有一些废弃物质含有一定量的铁，可作为高炉炼铁铁矿石的代用品，例如高炉炉尘、转炉炉尘、轧钢皮、硫酸渣、废铁以及一些有色金属矿经选矿后剩下的含铁尾矿和炉渣等。对这些代用品的质量要求主要是含铁量要高，化学成分要稳定。

2.1.2　高炉炼铁产品及主要技术经济指标

2.1.2.1　高炉炼铁产品

（1）生铁。生铁是铁元素与碳元素的合金，其含碳量一般为 1.7%～4.8%，还含有少量硅、锰、硫和磷等。生铁质硬而脆，不便轧制和焊接。

高炉生铁可分为炼钢生铁、铸造生铁、合金生铁和高炉铁合金 4 种。炼钢生铁含硅量不大于 1.75%，在生铁产量中占 80%～90%；铸造生铁的含硅量较高，在生铁产量中约占 10%；合金生铁是利用铁矿的共生金属炼成含有少量铜、钒、镍等有益元素的生铁；高炉铁合金是高炉炼铁时加入其他成分炼成含有多种合金元素的铁，如硅铁、锰铁等。高炉生铁的主要化学成分见表 2-1。

表 2-1 高炉生铁的主要化学成分 (w)   %

化学成分	Fe	C	Si	Mn	P	S
生 铁	①	3.0 ~ 4.5	0.2 ~ 2.0	0.2 ~ 2.5	0.02 ~ 0.05	0.01 ~ 0.05
钢	①	0.08 ~ 1.2	0.01 ~ 0.3	0.3 ~ 0.8	0.01 ~ 0.05	0.01 ~ 0.05

①$100\% - w[C] - w[Si] - w[Mn] - w[P] - w[S]$。

(2) 高炉渣。高炉渣是矿石中的脉石、焦炭中的灰分及熔剂等在高炉冶炼过程中熔化而形成的。以前，炉渣往往作为废弃物扔掉，如今它在工业上有着广泛的用途。液体炉渣用水急冷可粒化成水渣作为水泥原料。用蒸汽或压缩空气将液体炉渣吹成渣棉可作绝热材料。炉渣经过处理可以作建筑或铺路原料。总之，合理地综合利用炉渣不仅可为国家创造财富，同时也可降低生铁成本。高炉渣的主要化学成分见表 2-2。

表 2-2 高炉炉渣的主要化学成分 (w)   %

化学成分	含 量	主 要 来 源	在炉渣中的作用
CaO	38 ~ 42	烧结料	改善流动性，脱硫
SiO_2	30 ~ 35	铁矿石和焦炭灰分	—
Al_2O_3	12 ~ 16	铁矿石和焦炭灰分	含量增加，则流动性降低
MgO	2 ~ 8	烧结料	改善流动性，脱硫

(3) 高炉煤气。高炉煤气发热值为 3553 ~ 4389kJ/m³，它除用来烧热风炉加热鼓风，还可供炼钢、炼焦、轧钢等车间或锅炉房使用。不同铁种时高炉煤气的化学成分见表 2-3。

表 2-3 不同铁种时高炉煤气的化学成分 (w)   %

成 分 / 铁 种	CO	CO_2	N_2	H_2	CH_4
炼钢生铁	21 ~ 26	14 ~ 21	55 ~ 57	1.0 ~ 2.0	0.2 ~ 0.8
铸造生铁	26 ~ 30	11 ~ 14	58 ~ 60	1.0 ~ 2.0	0.3 ~ 0.8
锰 铁	33 ~ 36	4 ~ 6	57 ~ 60	2.0 ~ 3.0	0.2 ~ 0.5

(4) 炉尘。炉尘是高炉煤气在炉内上升时带出的颗粒状固体炉料，其中含铁为 30% ~ 50%，含碳为 5% ~ 15%。炉尘量的多少与烧结矿和焦炭质量有关，烧结矿和焦炭中粉粒越多，则煤气带出的炉尘量越多。冶炼每吨生铁煤气带出的炉尘量一般为 10 ~ 30kg。炉尘经过回收后，可供烧结厂作为烧结矿原料。高炉炉尘的主要化学成分见表 2-4。

表 2-4 高炉炉尘的主要化学成分 (w)   %

取样位置	SiO_2	Al_2O_3	CaO	Fe_2O_3	FeO	MgO	P	S	Fe	烧损	Mn
除尘器	13.34	1.40	10.67	43.80	12.0	—	0.027	0.238	40.0	17.29	0.1
除尘器后	12.66	5.83	14.05	12.30	7.63	3.31	0.181	0.68	14.58	34.84	0.27

2.1.2.2　高炉生产技术经济指标

高炉生产的目的在于使用最低的原料消耗，获得产量最高、质量最好的生铁。评价高炉生产技术水平和经济效果常用的技术经济指标有：

(1) 高炉有效容积利用系数。它是指高炉每立方米有效容积（V_u）日产生铁的吨数（P），简称高炉利用系数 η_V，其单位为 $t/(m^3 \cdot d)$，其表达式为：

$$\eta_V = \frac{P}{V_u} \qquad (2-2)$$

高炉利用系数是衡量高炉生产率的一个重要指标。高炉利用系数越大，表明高炉生产率越高。式（2-2）中生铁日产量是以炼钢生铁为校准计算的，其他各种牌号的生铁可按冶炼难易程度折合为炼钢生铁吨数。铸造生铁的折算系数随硅含量不同而存在差异，通常为 1.14~1.34。

高炉利用系数一般为 2.3~2.8t/$(m^3 \cdot d)$，先进高炉达 3t/$(m^3 \cdot d)$ 以上。

(2) 焦比（K）或燃料比。焦比是指生产每吨生铁所消耗的焦炭量（Q）或燃料量，其表达式为：

$$K = \frac{Q}{P}, kg/t$$

焦比是衡量高炉燃料消耗的一个重要指标。焦比越低，表明高炉生产中焦炭消耗量越少。大中型高炉焦比一般为 400kg/t，宝钢焦比最低达到 250kg/t。

采用喷吹燃料的高炉，除向高炉加入焦炭外，还要在风口处向炉内喷吹天然气、煤粉等燃料。由此引出燃料比的概念。燃料比是指生产每吨生铁所消耗的燃料量（包括焦炭和喷吹物的总和）。燃料比通常约为 500kg/t。

(3) 冶炼强度（I）。它是指高炉每立方米有效容积焦炭（或燃料）的日消耗量，其表达式为：

$$I = \frac{Q}{V_u}, t/(m^3 \cdot d)$$

冶炼强度是衡量高炉生产强化程度的一个重要指标。冶炼强度越高，表明高炉生产强化程度越高。它取决于高炉所能接受的风量，即高炉鼓风量越高，则燃烧的焦炭也越多，高炉生产强化程度越高。在喷吹情况下，其冶炼强度称为综合冶炼强度，它除焦炭外还考虑喷吹物在内。目前国内外的冶炼强度一般均在 1.0 左右。

高炉有效容积利用系数、焦比和冶炼强度之间的关系为：

$$\eta_V = \frac{I}{K}$$

对一定容积的高炉，产量与冶炼强度成正比，与焦比成反比，所以提高冶炼强度、降低焦比是提高产量的两个基本方面。

(4) 焦炭负荷。它是指每批料中矿石量与焦炭量的比值，即每吨焦炭承担的矿石量。焦炭负荷越高，表明每批料中的矿石量越多。其单位为 t/t，其表达式为：

$$焦炭负荷 = \frac{矿石质量（批重）}{焦炭质量（批重）}$$

(5) 生铁合格率。它是指化学成分（主要是 Si 和 S）符合国家标准的生铁量占总生铁量的百分比。它是评价高炉优质生产的重要指标。

（6）休风率。它是指高炉休风时间（不包括计划中的大修、中修和小修）占规定工作时间的百分比。休风率反映高炉操作和设备维护的水平，休风率与作业率之和为100%。降低休风率也是提高产量的重要措施。

2.2 高炉炼铁工艺流程与冶炼基本原理

2.2.1 高炉炼铁工艺流程

高炉炼铁工艺流程是将经过处理的炉料（铁矿石、熔剂和燃料）由供料系统送往高炉炉顶，然后再由炉顶供料系统按一定的比例分批加入高炉内；并将冷风经热风炉转换成热风从高炉下部风口鼓入炉内，炉料中的焦炭、风口喷入的燃料与热风在炉缸处燃烧；燃烧产生的煤气在炉内上升过程中经过热交换和各种物理化学变化后，由高炉炉顶导出管送入煤气除尘系统，经净化除尘处理后送往用户；炉料在下降过程中经过受热分解、还原等一系列物理化学变化后，生成液态生铁和炉渣流入炉缸，然后定期由高炉下部铁口和渣口分别排出炉外，并经渣铁处理系统送往各个用户。

现代高炉炼铁工艺流程如图2-1所示。

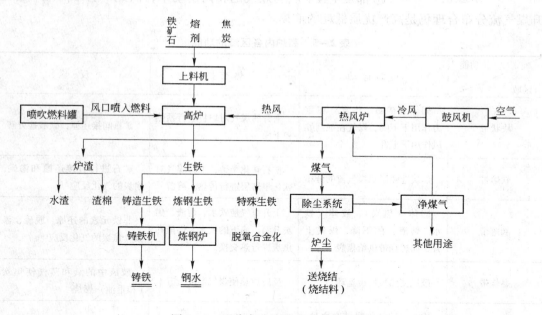

图2-1 现代高炉炼铁生产工艺流程

2.2.2 高炉冶炼基本原理

2.2.2.1 高炉炉内状况

高炉从炉顶装入炉料，从风口鼓入热风，其炉料中的燃料与热风在炉缸风口前燃烧，从而形成相向的两大运动流，一是由炉顶装入炉内炉料下降，并产生液态渣铁由高炉下部渣铁口放出炉外；另一是炉缸风口前燃料燃烧产生煤气上升，并在上升过程中发生变化后由炉顶煤气导出管排出。高炉内的一系列物理化学变化（如干燥、挥发、分解、还原、

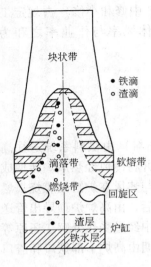

图 2 – 2 炉内的状况
示意图

软熔、造渣、滴落和渗碳等）都发生在下降炉料和上升煤气的相互作用之中。

典型的高炉炉内状况示意如图 2 – 2 所示。可以看出，高炉从上到下按炉料的物理状态大致分为 5 个区域：块状带、软熔带、滴落带、燃烧带和渣铁盛聚带。块状带内炉料明显地保持炉料时的分层状态，没有液态渣铁；软熔带内处于软熔状态的矿石层称熔着层，焦炭夹层又称焦窗；滴落带又称滴下区，在此部分已熔化的渣铁穿过焦炭空隙下落，焦炭长时间处于基本稳定状态的区域称中心呆滞区（又称死料柱），焦炭松动下降的区域称活动性焦炭区；燃烧带内焦炭在鼓风作用下做回旋运动，并不断被燃烧产生热量和还原气体；渣铁盛聚带是指风口下部区间，在该区内的焦炭空隙中积存渣水和铁水，并间断地将其排到炉外。

高炉内各部分的功能见表 2 – 5。高炉内的热交换和各种反应都发生在炉料与煤气的相向运动中，因此炉料下降顺利和上升煤气流分布合理仍是高产优质低耗的前提。

表 2 – 5 高炉内各区域的功能

区域＼功能	相 向 运 动	热 交 换	反 应
块状带	固体（矿石、焦炭）在重力作用下下降，煤气在强制鼓风作用下上升	上升的煤气对炉料进行预热和干燥	矿石间接还原，碳酸盐分解
软熔带	焦炭缝隙影响煤气流的分布	矿石软化半熔，上升煤气对软化半熔层进行传热、溶解	矿石进行直接还原和渗碳，焦炭的气化反应
滴落带	固体（焦炭）、液体（铁水、熔渣）的下降，煤气上升，向燃烧带供给焦炭	上升煤气使铁水、熔渣、焦炭升温，滴下的铁水、熔渣和焦炭进行热交换	非铁元素的还原，脱硫，渗碳，焦炭的气化反应
燃烧带	鼓风使焦炭回旋运动	反应放热使煤气温度上升	鼓风中的氧和蒸气使焦炭（和重油）燃烧
渣铁盛聚带	铁水、熔渣临时储存之处，从静止的焦炭层内放出铁水和熔渣	铁水、熔渣和静止的焦炭进行热交换	渣金反应

2.2.2.2 风口前燃料燃烧

A 燃料燃烧的作用

焦炭是高炉炼铁的主要燃料，随喷吹技术的发展，煤粉和天然气等已代替部分焦炭作为高炉燃料使用。高炉内的燃料在下降过程中，除少量参加直接还原和生铁渗碳而消耗外，70% 以上在风口前炉缸内被鼓入炉内的热风所燃烧，其燃烧的作用包括：

（1）放出大量冶炼过程需要的热量。

（2）产生 CO、H_2 等还原性气体，为炉身上部固体炉料的间接还原提供还原剂，并在上升过程中将热量带到上部起到传热介质的作用。

（3）因燃烧反应过程中固体焦炭不断变为气体离开高炉，为炉料的下降提供约 40% 的自由空间，保证炉料的不断下降。

（4）焦炭的燃烧状态影响煤气流的初始分布，从而影响整个炉内的煤气流分布和高炉顺行。

（5）风口前燃烧反应决定炉缸温度高低和分布，影响生铁质量。

B　燃烧反应及其成分和温度的变化

a　燃烧反应及其产物

燃料在风口前炉缸内的燃烧反应可分为完全燃烧反应和不完全燃烧反应。完全燃烧反应生成的 CO_2 在高温下与炉缸内过剩碳作用生成 CO，即发生气化反应，具体反应如下。

热风刚进入风口处，因氧充足，发生完全燃烧反应：

$$C_{燃} + O_2 \xlongequal{\hspace{1cm}} CO_2, \Delta H = -33388kJ/kg(C)$$

热风进入风口深处，氧气不足，发生不完全燃烧反应：

$$2C + O_2 \xlongequal{\hspace{1cm}} 2CO, \Delta H = -9791kJ/kg(C)$$

由于高炉内存在过剩碳，上述完全燃烧反应生成的 CO_2，在高温下与 C 发生气化反应，CO_2 全部转变为还原性气体 CO：

$$CO_2 + C \xlongequal{\hspace{1cm}} 2CO, \Delta H = -23597kJ/kg(C)$$

因此，在炉缸内实际起作用的燃烧反应为：

$$C + O_2 \xlongequal{\hspace{1cm}} CO_2$$
$$+)\quad CO_2 + C \xlongequal{\hspace{1cm}} 2CO$$
$$\overline{\qquad\qquad\qquad\qquad\qquad\qquad\qquad\qquad\qquad}$$
$$2C + O_2 \xlongequal{\hspace{1cm}} 2CO, \Delta H = -9791kJ/kg(C)$$

若鼓风中带入一定量的水，则水蒸气在高温下氧缺乏且碳过剩处将与 C 反应：

$$H_2O + C \xlongequal{\hspace{1cm}} CO + H_2, \Delta H = 13856kJ/kg(H_2)$$

综上反应得知，碳在炉缸内燃烧最终产物只有 CO、H_2 和 N_2。

b　燃烧反应的成分和温度的变化

风口前炉缸内燃烧反应的煤气成分和温度的变化如图 2-3 所示。风口前氧充足，生成 CO_2 后迅速升高达最大值，而后逐渐降低直至消失。在 CO_2 开始降低的同时，已出现的 CO 迅速升高至炉缸中心达 40%~50%，甚至更高。在通常鼓风条件下，氧消失后，鼓风中水蒸气开始被碳分解成 H_2。现以 $100m^3$ 鼓风为例，若鼓风相对湿度（f）为 2%，则燃烧产生的煤气量为：

$$V_{CO} = [(1-f) \times 0.21 + 0.5f] \times 100 \times 2 = 43.16m^3$$

式中，$(1-f) \times 0.21 + 0.5f$ 为鼓风中氧的浓度。

$$V_{N_2} = (1-f) \times 0.79 \times 100 = 77.42m^3$$

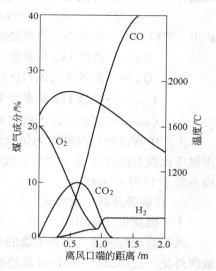

图 2-3　风口前沿炉缸半径上
煤气成分和温度变化

式中，$(1-f) \times 0.79$ 为鼓风中氮的浓度。

$$V_{H_2} = 100 \times f = 2 m^3$$

生成的煤气总量为：

$$43.16 + 77.42 + 2 = 122.58 m^3$$

此炉缸煤气成分为：

$$\varphi(CO) = (43.16/122.58) \times 100\% = 35.21\%$$
$$\varphi(N_2) = (77.42/122.58) \times 100\% = 63.16\%$$
$$\varphi(H_2) = (2/122.58) \times 100\% = 1.63\%$$

鼓风中湿度增加，则煤气中含 N_2 量下降（见表 2-6）。同理，富氧和喷吹燃料，炉缸煤气中含氮量亦下降，还原气（$CO + H_2$）浓度增加，这对强化还原过程有利。

表 2-6 鼓风湿度对炉缸煤气成分的影响   %

鼓风湿度	干风含氧量	炉缸煤气成分		
		CO	N₂	H₂
0	21	34.70	65.30	0
1	21	34.96	64.32	0.82
2	21	35.21	63.16	1.63
3	21	35.45	62.12	2.43
4	21	35.70	61.08	3.22

炉缸煤气温度随 CO_2 升高而升高，当 CO_2 达最大值时，煤气温度亦达至最高（此点称燃烧焦点），焦点温度在 1900~2000℃ 范围变动。随着向炉缸中心深入，煤气温度逐渐降低。通常在风口水平的炉缸中心温度为 1400~1500℃。按热平衡计算，风口前理论燃烧温度（$t_{理论}$）是指炭素燃烧生成 CO 时的温度，即不完全燃烧情况下的温度。在一般鼓风条件下，理论燃烧温度可用下式表示：

$$t_{理论} = (9781.2 + Q_{风} + Q_{炭}) / (V_{煤气} \cdot C_{煤气})$$

式中   9781.2——炭素不完全燃烧放出的热量，kJ/kg；

   $Q_{风}$——燃烧 1kg 炭素鼓风带入的物理热，kJ/kg；

   $Q_{炭}$——炭素进入风口区的物理热，kJ/kg；

   $V_{煤气}$——燃烧 1kg 炭素产生的煤气量，m^3/kg；

   $C_{煤气}$——燃烧气体产物在 $t_{理论}$ 时的平均比热容，kJ/m^3。

生产中常以渣铁温度作为炉缸温度的标志。铁水出炉温度一般为 1400~1550℃，渣水温度比铁水温度高 30~70℃。故炉缸中心应有足够的温度。对制钢生铁而言，此温度应不低于 1300~1400℃。

   c 燃烧带及其影响因素

   Ⅰ 燃烧带及其作用

风口前炉缸向煤气夹带燃烧的焦炭块做回旋运动的空间称为回旋区（见图 2-4）。回旋区外是一层厚 200~300mm 疏松的焦炭层（称疏松层）。回旋区连同外围的疏松层所构成的空间称为燃烧带，如图 2-5 所示。

燃烧带的作用主要包括：活跃炉缸；促进炉料下降；使煤气能量得到充分利用。如燃

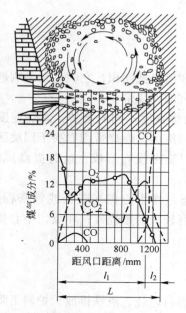

图 2-4　风口回旋区与径向
煤气成分的变化

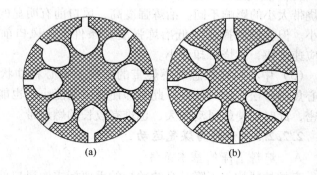

图 2-5　炉缸截面上燃烧带的分布
(a) 适当扩大的燃烧带；(b) 狭长的燃烧带

烧带过小，则边缘气流过分发展，炉衬受到冲刷，中心易堆积；如燃烧带过长（见图 2-4），则易产生中心过吹，边缘气流减弱。这两种情况都不利于炉缸活跃、炉料顺行和炉内能量充分利用。因此，要求燃烧带的大小和分布必须合适。由于燃烧带内存在着 CO_2 和 O_2，炉内还原的铁水在落下通过燃烧带时，又被氧化一部分，因此燃烧带也被称为氧化带。但是由于炉内温度高，在氧化带下方这些再氧化的物质又重新被还原。可见，燃烧带内的氧化作用对高炉行程并不产生较大影响。

Ⅱ　影响燃烧带大小的因素

燃烧带是高炉煤气的发源地，它的大小及分布影响高炉的整个冶炼过程。影响燃烧带大小的主要因素是鼓风动能，其次是燃烧速度和中心料柱的状态。

（1）鼓风动能及其对燃烧带的影响。鼓风动能是指每秒钟内鼓入风口的热风所具有的动能。它的大小反映克服风口前料层阻力向炉缸中心穿透的能力，是形成回旋区的主要条件。通过调整鼓风动能可改变燃烧带的大小。鼓风动能（E）的大小可用下式表示：

$$E = \frac{1}{2}mv^2 = \frac{Q_0\rho_0}{2 \times 60 \times n} \times \left(\frac{Q_0 p_0 T}{60 \times nSpT_0} \right)^2$$

式中　m——鼓风质量，kg/s；

　　　v——鼓风速度，m/s；

　　　Q_0——标准状态下的高炉鼓风量，m^3/min；

　　　ρ_0——空气密度，$\rho_0 = 1.239kg/m^3$；

　　　n——风口数目；

　　　p_0——标准状态下的鼓风压力，$p_0 = 0.1013MPa$；

　　　T_0——标准状态下的鼓风温度，$T_0 = 273K$；

T——实际鼓风绝对温度，K；

p——实际鼓风绝对压力，$p = 0.1013 + p_表$，MPa；

S——风口截面积，m^2。

由此可见，影响鼓风动能的主要因素是风量、风温和风口截面积，它们也是影响燃烧带大小的因素。因此说高炉下部调剂实际上就是控制适宜的燃烧带。

（2）燃烧速度（或冶炼强度）对燃烧带的影响。冶炼强度不同的高炉，燃烧速度对燃烧带大小的影响不同。冶炼强度高，风口前有明显的回旋区，燃烧带则取决于回旋区的大小。但在慢风操作（低冶炼强度）条件下，风口前回旋区没有形成，这时提高风温，反应速度快，燃烧带却变小。

（3）中心料柱状态对燃烧带的影响。中心料柱状态是指中心焦炭疏松或紧密程度。中心焦炭疏松，透气性好，此时即使鼓风动能小，也能有较长的燃烧带；相反，中心焦炭紧密，此时即使鼓风动能大，也难有较长的燃烧带。

2.2.2.3 炉料与煤气运动

A 炉料下降的基本条件

高炉炉料均匀下降是高炉顺行的重要标志。风口前燃料燃烧、渣铁排放、炉料下降过程中小块填充于大块之间以及软熔等引起的体积缩小都为炉料下降提供了可能性。但炉料能否顺利下降取决于炉料下降的力学条件。就风口平面上整个料柱来说，决定炉料下降的力（p）可表达为：

$$p = p_料 - p_摩 - p_浮 - p_气 = p_{有效} - p_气$$

式中 $p_料$——料柱本身的重力；

    $p_摩$——炉料与炉墙间及料块与料块间的相对运动产生的摩擦阻力；

    $p_浮$——炉缸渣水、铁水对焦炭柱产生的浮力；

    $p_气$——上升煤气对下降料柱产生的阻力，它近似等于热风炉与炉顶煤气的静压差；

    $p_{有效}$——料柱实际作用在风口平面上的力，它是料柱克服摩擦力和渣铁浮力后的剩余重力。

如果 $p_{有效} - p_气 = 0$，则产生悬料；如果 $p_{有效} - p_气 < 0$，则料柱吹出；如果 $p_{有效} - p_气 > 0$，则料柱下降。

由上述炉料下降的力学条件可以看出，促使炉料下降的因素主要有：

（1）增大炉料本身的重量（如提高矿石品位、加大焦炭负荷、增加批重等）；

（2）扩大燃烧带，减少炉缸中心及风口之间的呆滞区，或者在设计中减小炉身角、增大炉腹角，以减小炉料间及炉料与炉墙间的摩擦阻力；

（3）勤放渣、放净渣铁，以减小渣铁对料柱的浮力；

（4）加强整粒，减少粉矿，改善料柱透气性，或者采取高压操作，减小气流速度，以减小上升煤气对下降料柱的阻力。

当原料条件及冶炼制度一定后，料柱本身的重力基本稳定。

在实际生产中还应考虑到初渣性质（过早、过黏与否）、渣量大小、炉墙表面是否结瘤、冷却水箱是否裸露等阻碍炉料下降的因素。

炉料下降速度是用冶炼周期（或每小时下料批数）表示，冶炼周期是指炉料在高炉内的停留时间，可用下式表示：

$$\tau = \frac{24V_u}{PV'(1-\xi)} = \frac{24}{\eta V'(1-\xi)}$$

式中　τ——冶炼周期，h；

V'——每吨生铁的炉料体积，m^3/t；

P——高炉日产铁量，t/d；

V_u——高炉有效容积，m^3；

η——高炉利用系数，$t/(m^3 \cdot d)$；

ξ——压缩系数，$\xi = 14\% \sim 16\%$。

冶炼周期短，意味着冶炼强度高，下料速度快，利用系数高。一般 $1000m^3$ 以上的高炉冶炼周期为 $7 \sim 9h$。

B　煤气流的合理分布

高炉内理想的煤气流分布应当是在高炉任一截面上流经单位重量矿石的煤气量相同，但由于某些原因，不能要求煤气均匀分布，而是合理分布。煤气合理分布的标志是：

（1）炉料顺行，炉况稳定。

（2）煤气的热能、化学能充分利用。

（3）煤气的能量利用以炉顶煤气温度和 CO_2 浓度来衡量。一般在炉喉料面以一定距离（$1 \sim 2m$）四个方位径向进行取样测定，将结果绘制成图 2 - 6。可见，温度和 CO_2 曲线完全对应相反，故一般情况下仅绘制 CO_2 曲线。如果煤气温度低，CO_2 浓度高，则说明煤气与炉料的热交换好，矿石间接还原充分，煤气的热能、化学能利用充分。反之，说明煤气的能量利用不好。

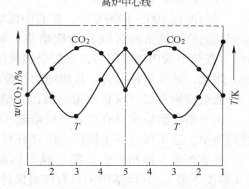

图 2 - 6　炉喉煤气温度和 CO_2 分布曲线

由于布料和高炉结构上的特点，往往要求煤气在高炉截面的圆周上分布均匀，沿径向分布合理。高炉操作经验指出，合理的煤气流分布应当是边缘和中心都有适当发展的"两道气流"。边缘气流发展可以减少炉料与炉墙间的摩擦力，有利于顺行；但边缘气流若过盛，则煤气能量得不到充分利用，中心则因煤气流不足而使炉料得不到充分的加热和还原。发展中心气流首先是为了利用煤气的化学能。但若中心气流过分发展，大量煤气从中心疏松料柱逸出，甚至造成"中心管道"，而边缘下料呆滞，这对顺行不利，煤气能量也未得到充分利用。所以，只有边缘和中心煤气流都得到适当发展的所谓"两道气流"，才能使高炉顺行，煤气能量利用好。

"两道气流"是煤气流合理分布的基本形式，但是，这种形式是相对的。例如，在低冶炼强度操作时，一般"两道气流"发展较盛，形成所谓"双峰"式煤气曲线（即炉顶煤气中 CO_2 分布曲线）。随冶炼强度提高，料柱松动，应使高炉截面上煤气分布趋于均匀，炉顶煤气曲线平坦。随高炉大型化其炉缸直径扩大，需要发展中心气流。

影响煤气流合理分布的因素主要有炉料、设备和操作 3 个方面。

（1）炉料的影响。

1）孔隙率：如焦炭处气流易通过，而矿石处气流不易通过；

2）块度：如大块料或粒度均匀处气流易通过，而小块料或粉末多处气流不易通过；

3）堆角：如焦炭堆角比矿石小，焦炭易滚动，而矿石不易滚动，焦炭滚到的地方气流易通过。

（2）设备的影响。

1）矮胖型高炉有利于气流通过；

2）炉喉尺寸：如炉喉直径大，中心料柱少，气流易通过；炉喉高度对炉顶布料也有一定的影响；

3）炉喉间隙：如间隙大，料面堆尖远离炉墙，边沿料少，气流易通过。

（3）操作的影响。

1）下部调剂－送风制度：对回旋区或燃烧带大小和形状都有影响，而燃烧带又控制煤气的初始分布及运动状态；

2）上部调剂－装料制度：即根据矿石和焦炭的透气性不同，采用不同的装料方式来控制炉喉料面的炉料分布，致使高炉截面径向的煤气阻力不同，从而改变气流的分布。

C 软熔带和滴落带的特点

当温度达 900～1000℃时，矿石中低熔点化合物开始软化到初渣熔融。矿石从软化开始到初渣软熔滴落的区间称为软熔带。软化前沿是指熔化生成了液相（往下滴落的初渣）。在软熔带内熔着层与焦炭层仍然保持着明显的分层状态。在熔着层内矿石软化、收缩、熔化，还受料柱压力，料块间的孔隙度大大降低，并达到基本不透气的程度。此时煤气只能沿焦炭夹层（又称焦窗）流出，整个软熔带相当于一个煤气分配器。

由于整个软熔带只有焦炭夹层是透气的，所以要求熔着层要薄，软熔温度要高，软熔区间要窄。这不仅有利于顺行，而且有利于扩大间接还原区。

在软熔带下部和炉缸上部（风口回旋区除外）的整个渣铁水滴落区间称为滴落带（又称滴下带）。在滴落带内只有焦炭保持固体状态。熔融的渣铁经焦炭缝隙向炉缸滴落。此处当气流速度超过一定值时，也影响气体向下流动，严重时将引起液泛。

D 煤气在上升过程中的体积和成分变化

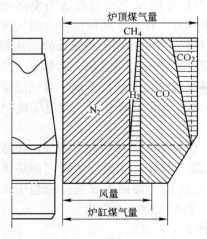

图 2-7 煤气在上升过程中体积和成分的变化示意图

风口前燃烧带内产生的煤气自下而上穿过料层时，经过一系列的物理化学反应，其体积和成分均发生变化，如图 2-7 所示。通常炉缸的煤气量约为风量的 1.22 倍，而炉顶煤气量约为风量的 1.37 倍（喷吹后煤气量将进一步增加）。

在炉缸风口至软熔带以下的高温区，CO 明显增加，其原因是：

（1）Fe、Se、Mn、P 等元素直接还原生成 CO；

（2）碳酸盐在高温下分解出的 1 体积 CO_2 将转化为 2 体积 CO（气化反应 $CO_2 + C = 2CO$）。

在软熔带至炉身下部的中温区，CO 明显减少，而 CO_2 出现并逐渐增多。CO 减少原因是：CO 参加间接还原转化成 CO_2 了。CO_2 增多原因是：

（1）CO 参加间接还原转化成 CO_2；

（2）碳酸盐分解生成有 CO_2。

煤气中的 H_2，虽有参加还原反应但其量不多，故略有降低；CH_4 来自焦炭的挥发分，在没喷吹高氢燃料时炉内生成不多，但在有高氢燃料喷吹后，CH_4 的生成量增多；煤气中 N_2 保持不变，只是由于煤气总量增加，其浓度相对降低。

E　炉料与煤气运动的热交换

高炉内煤气温度仅在几秒钟内就由 1700 ~ 1800℃（炉缸内）降低到 200 ~ 300℃（炉顶），而炉料温度需在几小时内由常温升高到 1500℃ 左右。沿高炉高度炉料和煤气温度变化如图 2-8 所示。该图清楚表明高炉内热交换呈 3 个区域，即上部热交换区、中部热交换区（又称空段区）和下部热交换区。

上部热交换区（Ⅰ）的特点为：该区内进行的反应吸热较少，主要是加热炉料、水分蒸发或分解、部分碳酸盐分解等，而且间接还原放出热量。因此，在高炉上部热交换区耗热少，热交换进行不是很激烈。

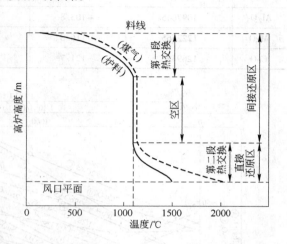

图 2-8　高炉热交换过程示意图

下部热交换区（Ⅲ）的特点为：该区内进行的反应吸热较大，其主要是直接还原、部分碳酸盐分解、熔化炉渣和生铁等。因此，在高炉下部热交换区耗热大，热交换进行很激烈。

中部热交换区（Ⅱ）的特点为：它是上部热交换区转到下部热交换区的过渡区，该区内煤气与炉料的温差较小（约20℃），故该区内热交换进行得缓慢，甚至不进行热交换。

高炉内炉料与煤气的逆向运动具有良好的接触条件，所以热交换完善，热效率达 15% ~ 85%，在冶金炉中热效率是最高的。

2.2.2.4　炉内铁矿石的还原

高炉内下降的炉料受到上升煤气流的加热和还原剂作用，矿石中的铁氧化物几乎 100% 还原成铁，P_2O_5 也几乎全部还原，MnO 约有 1/3 还原，SiO_2 只有少量还原（与高炉操作条件有关）。还原出来的 P、Mn、Si 等进入生铁，不还原部分进入炉渣。

A　氧化物还原规律

氧化物还原的难易取决于元素对氧亲和力的大小或氧化物分解压力的大小或氧化物生成自由能的大小。对氧亲和力大、分解压力小或生成自由能小的元素较难还原（见表 2-7 和图 2-9）。

表 2-7　各种氧化物的热效应和不同温度下的分解压

氧化物	标准热效应/kJ·mol^{-1}	$T(K)$ 时的分解压力（$\lg p_{O_2}/p^{\ominus}$）			
		500	1000	1500	2000
FeO	539736	-49.1	-20.8	-11.2	-6.9
MnO	779061	—	-28.8	-17.1	-11.5

氧化物	标准热效应 /kJ·mol⁻¹	$T(K)$ 时的分解压力 $(\lg p_{O_2}/p^\ominus)$			
		500	1000	1500	2000
SiO_2	869644	−81.7	−36.1	−20.9	−13.3
Al_2O_3	1097045	−103.8	46.6	−27.3	−17.7
MgO	1222565	−116.3	52.5	31.2	−20.6
CaO	1269426	−121.7	55.4	33.3	−22.2

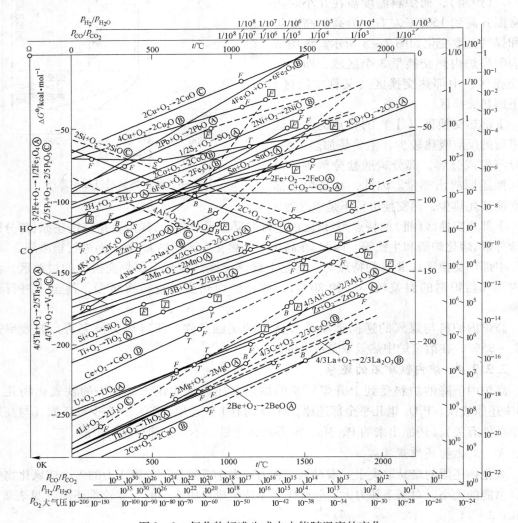

图 2-9　氧化物标准生成自由能随温度的变化

由表 2-7 和图 2-9 可以直接看出各种氧化物还原难易的次序。在高炉冶炼条件下，Cu_2O、NiO 和 FeO 较易还原，因此，铁在高炉内几乎全部被还原；Cu、Ni 也是如此。Cr_2O_3、MnO、SiO_2 和 TiO_2 等属于较难还原的氧化物。Cr、Mn、Si 和 Ti 等元素在高炉内只能被还原出一部分。Al_2O_3、CaO 和 MgO 在高炉内不能被还原而全部进入炉渣。

各种氧化物在还原过程中的还原顺序是按其分解压力的大小，从高价到低价逐级进行。如铁氧化物的还原顺序为：

$t > 570℃$时：$Fe_2O_3 \rightarrow Fe_3O_4 \rightarrow FeO \rightarrow Fe$

$t < 570℃$时：$Fe_2O_3 \rightarrow Fe_3O_4 \rightarrow Fe$

B 炉内还原与生铁形成

a 铁氧化物还原

I 用CO作还原剂

$t < 570℃$时：

$$3Fe_2O_3 + CO \Longrightarrow 2Fe_3O_4 + CO_2, \quad Q = -37112kJ$$
$$Fe_3O_4 + 4CO \Longrightarrow 3Fe + 4CO_2, \quad Q = -17154kJ$$

$t > 570℃$时：

$$3Fe_2O_3 + CO \Longrightarrow 2Fe_3O_4 + CO_2, \quad Q = -37112kJ$$
$$Fe_3O_4 + CO \Longrightarrow 3FeO + CO_2, \quad Q = 20878kJ$$
$$FeO + CO \Longrightarrow Fe + CO_2, \quad Q = -13598kJ$$

上述反应的平衡常数可用通式表示：

$$K_P = \frac{p_{CO_2}}{p_{CO}} = \frac{\varphi(CO_2)}{\varphi(CO)}$$

式中 p_{CO_2}，p_{CO}——反应达平衡时气相中CO_2、CO的分压；

$\varphi(CO_2)$，$\varphi(CO)$——反应达平衡时气相中CO_2、CO的体积分数。

由于在不同温度下 $\varphi(CO) + \varphi(CO_2) = 100\%$，故反应达平衡时 $\varphi(CO) = \frac{1}{1+K_P} = f(t)$。根据各反应在不同温度下的 K_P 值，即可得到各反应在不同温度下的平衡气相组成，绘制成图 2-10。图 2-10 中的反应 1、3、4 是放热反应，K_P 值随温度的升高而降低，反应达平衡时的 CO 浓度增高，故曲线朝右上方延伸；反应 2 是吸热反应，故曲线走向与前者相反；反应 1 的曲线与横轴非常接近，即在任何温度下反应达平衡时的 CO 浓度都很低，这表明在气相中只要有很少的 CO 便可将 Fe_2O_3 还原成 Fe_3O_4。

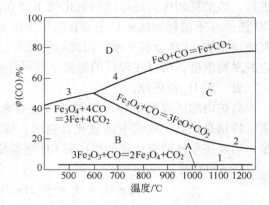

图 2-10 CO 还原铁氧化物的平衡
气相组成与温度的关系

图 2-10 中的 A、B、C、D 四个区域分别代表 Fe_2O_3、Fe_3O_4、FeO、Fe 的稳定存在范围。只有当气相中的实际 CO 浓度高于任一固定温度下曲线所示的 CO 平衡浓度时，对应的还原反应才能进行。

II 用 C 作还原剂

高炉内固定碳的还原反应主要是经 CO 的还原及碳的气化反应共同来完成的，即碳对氧化铁的还原可以看成是以下反应的组合：

$$FeO + CO \Longrightarrow Fe + CO_2, \quad Q = -13598kJ$$

$$CO_2 + C \xrightarrow{\quad\quad} 2CO, \quad Q = 165686kJ$$

$$FeO + C \xrightarrow{\quad\quad} Fe + CO, \quad Q = -152088kJ$$

CO 还原 FeO 生成的 CO_2 与 C 反应，形成的 CO 又去还原 FeO。以上两个反应的总结果是消耗 C 而不是 CO，CO 起了将 FeO 的氧传递给固体 C 的作用，相当于 C 对 FeO 的直接还原。该反应的平衡气相成分与温度之间关系如图 2 – 11 所示。由于高炉内炭素过剩，气相成分最终由碳的气化反应控制。

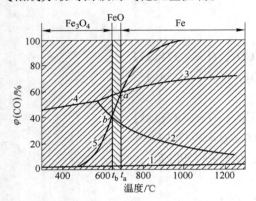

图 2 – 11　Fe – C – O 体系平衡气相组成

图 2 – 11 中曲线交点 a、b 是 CO 还原 FeO 与 Fe_3O_4 和碳气化反应平衡曲线的交点，前者温度（t_a）约为 710℃，后者（t_b）约为 680℃。温度在 710℃ 以上，气相中碳气化反应平衡的 CO 浓度高于各级氧化铁还原反应平衡时的 CO 浓度，故发生 $Fe_2O_3 \rightarrow Fe_3O_4 \rightarrow FeO \rightarrow Fe$ 的转变。温度在 710 ~ 680℃ 之间，气相中 CO 浓度高于 Fe_3O_4 到 FeO 达平衡时的 CO 浓度，但又低于 FeO 还原为 Fe 的平衡时的 CO 浓度，所以 FeO 稳定存在。当温度低于 680℃ 时，气相 CO 浓度低于 Fe_3O_4、FeO 还原反应平衡时的 CO 浓度，所以 Fe_3O_4 稳定存在。可见，由于碳气化反应的存在，铁及铁氧化物稳定存在的区域是由温度来划分的。实际上，由于碳的气化反应要在 800 ~ 1000℃ 以上才能迅速进行，故消耗固体碳还原铁的氧化物主要在离炉下部 1000℃ 以上的高温区内实现，而用 CO 还原（不消耗固体碳）主要在高炉上部 800℃ 以下的低温区进行。实际高炉中由于煤气流速很快，CO 分解又慢，因此即使温度在 710℃ 以下，煤气中 CO 浓度仍高于碳气化反应的平衡浓度，所以在较低的温度下也可存在 FeO 和 Fe。

Ⅲ　用 H_2 作还原剂

高炉内的还原剂除 CO、C 之外，还有来自燃料挥发分及水分与焦炭作用分解出来的氢。特别是在高炉喷吹重碳氢化合物时，煤气中氢含量增加，氢作还原剂的作用更为明显。用氢还原铁的氧化物的顺序和 CO 还原相似。

$t < 570℃$ 时：

$$3Fe_2O_3 + H_2 \xrightarrow{\quad\quad} 2Fe_3O_4 + H_2O, \quad Q = -21799kJ$$

$$Fe_3O_4 + 4H_2 \xrightarrow{\quad\quad} 3Fe + 4H_2O, \quad Q = 146649kJ$$

$t > 570℃$ 时：

$$3Fe_2O_3 + H_2 \xrightarrow{\quad\quad} 2Fe_3O_4 + H_2O, \quad Q = -21799kJ$$

$$Fe_3O_4 + H_2 \xrightarrow{\quad\quad} 3FeO + H_2O, \quad Q = 63555kJ$$

$$FeO + H_2 \xrightarrow{\quad\quad} Fe + H_2O, \quad Q = 27698kJ$$

Fe – C – O 和 Fe – H – O 平衡气相比较见图 2 – 12，除 Fe_2O_3 外，其余氧化物用 H_2 还原的反应都是吸热的，所以曲线的走向朝右下方倾斜。

该图形包括 Fe_3O_4、FeO、Fe 稳定区域。为了便于比较，按 H_2 和 CO 还原铁氧化物的热力学特性，把两者的平衡曲线绘于同一坐标图上。由于 H_2、CO 还原铁各级氧化物的平衡气相曲线倾斜度不同，相应的曲线（实线和虚线）交于 810℃。当温度高于 810℃ 时，还原同一铁的氧化物，H_2 的平衡浓度要比 CO 的低，亦即 H_2 的还原能力较 CO 强。反之，温度低于810℃时 CO 的还原能力比 H_2 强。此外，氢的存在强化了 CO 和 C 的还原作用。这是因为 C 和 CO 能把水蒸气还原，$H_2O + C \Longrightarrow H_2 + CO$（高温），$H_2O + CO \Longrightarrow H_2 + CO_2$（低温），释放出来的氢又充当还原剂，反应最终消耗的仍然是 C 和 CO。

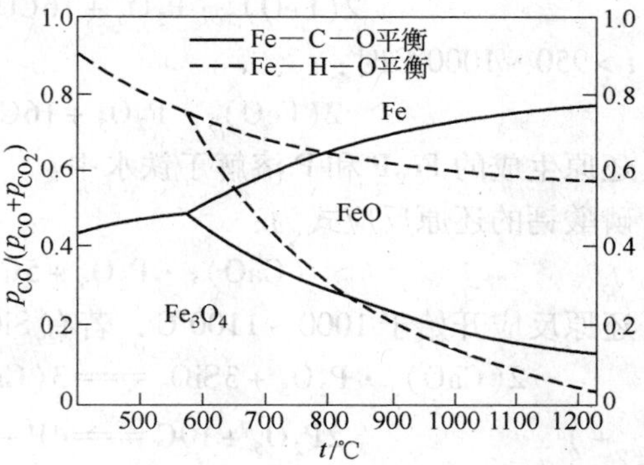

b 非铁氧化物还原

炉料中存在 Si、Mn、P、K、Na、V 和

图 2-12 Fe-C-O 和 Fe-H-O 平衡气相比较

Nb 等元素的氧化物，这些氧化物将经过直接还原不同程度地进入生铁。为生产不同铁种和回收有用金属，必须掌握它们的还原特点。

（1）硅的还原。高炉生产炼钢生铁要求含硅量低，而铸造生铁要求含硅量高，铁合金（如硅铁）要求含硅量更高（高炉冶炼硅铁时达不到20%以上）。用碳还原 SiO_2 是吸热反应，其消耗的热能要比还原 FeO 大得多。Si 的还原主要来自两个方面：一是发生在滴落带，主要是来自焦炭中的 SiO_2，因为焦炭灰分中的 SiO_2 活性大，且与碳的接触条件好，易反应生成气态 SiO，其中一部分与碳作用生成 Si 溶解于铁水，未被还原的 SiO 随煤气上升，温度降低时又重新分解为白色的 SiO_2 和 Si 的微粒，沉积于炉料空隙及料块之间，恶化料柱透气性，或部分被煤气带出炉外，使煤气清洗造成困难；另一是 SiO_2 先进入炉渣，经渣相直接还原成 Si 溶解于铁水。冶炼铸造生铁和高硅生铁时主要靠后者。

由焦炭灰分中 SiO_2 还原生成 [Si] 的反应式为：

$$SiO_2 + C \Longrightarrow SiO + CO$$
$$SiO + [C] \Longrightarrow [Si] + CO$$

由渣相中 SiO_2 还原生成 [Si] 的反应式为：

$$(SiO_2) + 2C \Longrightarrow [Si] + 2CO$$

由于硅还原吸热多，要提高生铁含硅量必须提高炉温，通常生产中以生铁含硅的多少来反映炉温的高低。

（2）锰的还原。锰的还原也是从高价氧化物到低价氧化物逐级进行的，即 $MnO_2 \rightarrow Mn_2O_3 \rightarrow Mn_3O_4 \rightarrow MnO \rightarrow Mn$。锰的高价氧化物易还原，但 MnO 比 FeO 难还原，所以大部分锰都是在炉缸内从炉渣中还原出来的，其反应式为：

$$(MnO) + C \Longrightarrow [Mn] + CO$$

该反应也是强吸热反应，其消耗的热量仅次于 Si 的还原。MnO 在炉渣中呈弱碱性，渣中 SiO_2 高，将降低 MnO 的活性，故提高炉渣碱度（$w(CaO)/w(SiO_2) > 1.3$）有利于 MnO 的还原。高温也利于锰的还原，但炉温过高，Mn 可能挥发，并在高炉上部氧化成 Mn_3O_4 细粉，而随煤气带出炉外。未还原的 MnO 仍留在炉渣中。

（3）磷的还原。炉料中磷主要以磷酸钙 $[(CaO)_3 \cdot P_2O_5]$ 和磷酸铁 $[(FeO)_3 \cdot P_2O_5 \cdot 8H_2O]$ 的形式存在。其中，磷酸铁的还原反应式如下：

$t < 950 \sim 1000℃$ 时：

$$2(FeO)_3 \cdot P_2O_5 + 16CO = 3Fe_2P + P + 16CO_2$$

$t > 950 \sim 1000℃$ 时：

$$2(FeO)_3 \cdot P_2O_5 + 16C = 3Fe_2P + P + 16CO$$

还原生成的 Fe_2P 和 P 溶解于铁水中。

磷酸钙的还原反应式为：

$$(CaO)_3 \cdot P_2O_5 + 5C = 3CaO + 2P + 5C$$

还原反应开始于 $1000 \sim 1100℃$，若有 SiO_2 存在时，可加速还原反应的进行：

$$2(CaO)_3 \cdot P_2O_5 + 3SiO_2 = 3(CaO)_2 \cdot SiO_2 + 2P_2O_5$$

$$+) \qquad 2P_2O_5 + 10C = 4P + 10CO$$

$$2(CaO)_3 \cdot P_2O_5 + 3SiO_2 + 10C = 3(CaO)_2 \cdot SiO_2 + 4P + 10CO, Q = 2838760kJ$$

还原出来的 P 与 Fe 结合 Fe_2P 或 Fe_3P 溶解于铁水中。在高炉冶炼条件下，炉料中的磷几乎全部进入生铁，只有冶炼高磷铁矿时才有 $5\% \sim 10\%$ 的磷进入炉渣。

　c　渗碳与生铁形成

（1）渗碳作用及其反应。高炉上部刚被还原的铁呈海绵状，故称为海绵铁。海绵铁在下降过程中，不断吸收炭素并使其熔化，对此称为渗碳。渗碳作用是使铁增碳，同时又降低其熔点（共晶点处 C 含量为 4.3%，其熔点为 $1148℃$）。发生的渗碳反应如下：

海绵铁反应（$400 \sim 600℃$）：

$$2CO = CO_2 + C_{墨}（碳的沉积反应）$$

$$+) \quad 3Fe_{固} + C_{墨} = Fe_3C_{固}（渗碳反应）$$

$$3Fe_{固} + 2CO = Fe_3C_{固} + CO_2$$

熔融铁渗碳反应：

$$3Fe_{液} + C_{焦} = Fe_3C_{液}$$

由于渗碳作用，铁熔点降低而熔化成液体，进而改善了铁水与焦炭接触条件，促进了渗碳反应。上述固体渗碳是少量的，大量的是液体渗碳，即大部分渗碳反应是在熔融滴落过程中进行的。

（2）生铁形成。随着温度升高和渗碳作用，高炉内已还原出来的金属铁逐渐由固体状态（海绵铁）变成液体状态。同时，已还原的 Si、Mn、P 等元素也不断加入进来，最后到达炉缸下部形成高炉冶炼最终产物，即生铁。

生铁中碳含量的高低取决于生铁中其他元素的含量。若易生成碳化合物的元素（如 Mn、Cr、V、Ti 等）含量增加，则碳含量增加；若易生成铁化合物的元素（如 Si、P、S 等）含量增加，则碳含量降低。生铁中硅含量的高低取决于炉缸温度和炉料带入的 SiO_2 量。炉缸温度高或炉料带入的 SiO_2 多，则含硅量增加。生铁含硅量增加将使焦比增加，欲降低焦比，必须控制生铁中的含硅量。生铁中含硫量决定于炉渣脱硫能力（详见炉渣与脱硫）。生铁中含锰量决定于炉缸温度、炉渣碱度和渣中 MnO 浓度。若炉缸温度高、渣碱度高，渣中 MnO 浓度高，则有利于 Mn 的还原，使铁水中含锰量增加。炉料带入的磷几乎全部进入生铁，在高炉冶炼中无法控制。

　C　直接还原、间接还原及其对焦比的影响

（1）直接还原与间接还原。还原剂 CO、C 都能把铁从铁的氧化物中还原出来，为了区分它们的冶炼效果，通常将以 CO 作还原剂，生成气体产物是 CO_2 的还原称为间接还原；以 C 作还原剂，生成气体产物是 CO 的还原称为直接还原。

在高炉内温度低于 800℃ 的区域为间接还原区，又称低温区。因为在该温度下，碳气化反应实际上尚未开始，不可能有直接还原。温度高于 1100℃ 的区域为直接还原区，又称高温区。因为在该温度下，碳的气化反应迅速进行，使气相中几乎不可能有 CO_2 存在。温度在 800～1100℃ 之间为直接还原和间接还原的混合区，又称中温区。

（2）直接还原度和间接还原度。为区分间接还原和直接还原的冶炼效果，假定铁的高价氧化物还原到低价氧化物全是间接还原，直接还原仅从 FeO 的还原开始。从 FeO 还原到铁，一部分是 CO 的间接还原，一部分是 C 的直接还原。

所谓铁的直接还原度是 FeO 经固体碳还原的部分与不同还原剂还原出总铁量的比，即

$$r_d = m_{Fe直还} / m_{Fe全还}$$

式中 r_d ——铁的直接还原度；

$m_{Fe直还}$ ——FeO 经固体碳还原的部分 Fe 量；

$m_{Fe全还}$ ——用 C、CO、H_2 从铁氧化物中还原的全部 Fe 量。

铁的间接还原度是 CO 还原的铁与全部还原的总铁量之比，即

$$r_{CO} = m_{Fe间还} / m_{Fe全还}$$

式中 r_{CO} ——铁的间接还原度；

$m_{Fe间还}$ ——FeO 经一氧化碳还原的部分 Fe 量。

同理，氢的还原度为：

$$r_{H_2} = m_{Fe氢还} / m_{Fe全还}$$

式中 r_{H_2} ——氢的还原度；

$m_{Fe氢还}$ ——FeO 经氢气还原的部分 Fe 量。

三者关系为：

$$r_d + r_{CO} + r_{H_2} = 1$$

（3）还原度对焦比的影响。铁的间接还原多为放热反应，铁的直接还原是吸热反应，故提高间接还原度，降低直接还原度，将使焦比或燃料比降低。

2.2.2.5 炉内造渣与脱硫

A 造渣的目的

高炉冶炼既要将铁还原出来生成铁水，还需要造好渣。其造渣的目的主要有以下几点：

（1）降低脉石熔点，改善炉渣流动性，促进渣铁分离。矿石中的脉石与焦炭中的灰分多是 SiO_2 和 Al_2O_3 等酸性氧化物。单一的酸性氧化物熔点较高（方石英 SiO_2 和 Al_2O_3 的熔点分别约为 1710℃ 和 2050℃）。在高炉炉缸温度下，难以使这些酸性氧化物熔化。为使其能与铁水分开，必须加入一些碱性氧化物（如 CaO、MgO 等），以降低其熔点熔化成渣水，并由渣铁密度不同使其分离。

（2）造渣脱硫，以降低生铁含硫量。炉渣具有足够的脱硫能力，通过造渣可降低铁水中含硫量。

（3）控制元素还原，以改善生铁质量。根据需要控制某些反应进行的程度（如 SiO_2

的还原）和促使有益元素（如 Mn、V、Nb 等）更好地还原进入生铁，以改善生铁质量。

B　造渣过程

高炉内炉渣的形成过程可分为 3 个阶段，即初渣、中间渣和终渣。

初渣是指在炉身下部刚开始出现的液相渣。生成初渣的区域，称为成渣带或软熔带，它对高炉炉料的透气性有很大的影响。初渣生成包括固相反应、软化和熔滴几个步骤。固相反应生成了低熔点化合物；软化是使低熔点化合物连同矿石中其他杂质从固态向液态转变；熔滴是熔融滴落初渣。

中间渣是在风口水平面以上和软熔带以下，正在滴落过程中的渣。中间渣在滴落过程中成分和温度都在不断地发生变化。终渣是指已经下达炉缸，并周期性地从炉内排出的熔渣。

C　炉渣组成和渣性能

a　炉渣组成及渣碱度

高炉炉渣是由脉石、灰分和熔剂构成的熔融体，其主要成分为 SiO_2、Al_2O_3、CaO 和 MgO，次要成分有 MnO、FeO 和 CaS 等。这些氧化物在炉内高温作用下形成了复杂的化合物。炉渣碱度是指碱性氧化物与酸性氧化物之比，通常以 $w(CaO)/w(SiO_2)$ 表示。一般情况下，$w(CaO)/w(SiO_2) > 1.0$ 的炉渣为碱性渣，反之为酸性渣。我国高炉渣碱度在 $0.95 \sim 1.2$ 范围之间。

b　炉渣性能

为使渣铁分离，得到合乎规格的生铁，不仅要求炉渣具有合适的成分，而且还要求炉渣具有合适的性能，其主要性能如下：

（1）黏度。炉渣黏度是流速不同的两个液层间的摩擦系数。设渣中一层流速为 u，另一层流速为 $u + du$，两层间接触面为 S，两层间距为 dx，内摩擦力为 F，则有：

$$F = \eta S \frac{du}{dx} \rightarrow \eta = \frac{F dx}{S du}$$

式中　η——内摩擦系数或黏度系数，简称黏度，它与流动性成倒数关系。若黏度大，则流动性不好，恶化软熔带透气性。

炉渣黏度随温度的升高而下降。在相同温度下，炉渣黏度随其成分不同而异。其中，SiO_2 可使黏度增加，流动性下降；CaO、MgO、Al_2O_3、FeO 和 CaF_2 等均可使黏度下降，流动性升高。

（2）熔化温度。熔化温度是表示炉渣熔化难易程度的物理量。炉渣是个多组分体系，熔化在一个温度区间内进行。熔化温度（又称熔点）是指固态渣完全转变为均匀液相或液态渣冷却时开始析出固相的温度。炉渣的熔化温度与其组成有关，可通过调整成分来控制。

熔化温度是高炉渣的重要性能之一，其高低直接影响高炉的冶炼效果。如熔化温度过高（$>1450 \sim 1500$℃），在高炉温度下炉渣则不能完全熔化，处于半熔状态的炉渣黏度必然大，难以流动，不利于渣铁分离和脱硫。若熔化温度过低，则炉渣在高炉内温度较低的部位（渣中有较多 FeO）将熔化滴落，到达炉缸后难以继续提高温度，FeO 进行直接还原又将大量吸热，易引起炉凉，致使脱硫能力减弱。

（3）炉渣的稳定性。炉渣的稳定性是指炉渣的性能（主要是熔化温度和黏度）随其成分和温度变化而波动的幅度大小。如炉渣性能随其成分和温度的变化而波动不大，则称该渣为稳定渣，反之为不稳定渣。炉渣稳定性好有利于高炉顺行。

一般酸性渣稳定性好，碱性渣稳定性差些（但在温度足够高时，碱性渣稳定性也很好）。因此，当炉温和炉料成分波动较大时，不宜采用碱度较大的炉渣进行高炉冶炼。

D 炉渣脱硫

a 降低生铁含硫的措施

高炉中的硫主要来自焦炭、喷吹燃料和矿石，其中焦炭带入的硫量最多。炉料带入的硫（$m_{S料}$），在高炉冶炼过程中一部分随煤气逸出炉外（$m_{S气}$），少量进入生铁（$m_{S生铁}$），大部分进入炉渣（$m_{S渣}$），故炉内硫的平衡为：

$$m_{S料} = m_{S气} + m_{S生铁} + m_{S渣} \tag{2-3}$$

若以 1000kg 生铁为例，$w[S]$、$w(S)$ 分别表示硫在生铁和炉渣中的质量分数，$m_渣$ 为单位质量生铁对应的渣量，则式（2-3）可改写为：

$$m_{S料} = m_{S气} + 1000 \times w[S] + m_渣 \times 1000 \times w(S) \tag{2-4}$$

若用 $L_S = w(S)/w[S]$ 表示硫在渣铁中的分配系数，代入式（2-4），并移项整理得：

$$w[S] = \frac{m_{S料} - m_{S气}}{1000(1 + m_渣 L_S)} \tag{2-5}$$

从式（2-5）表观上看，渣量（$m_渣$）越大，则进入渣中的硫越多，生铁中的含硫量越少，但实际上却相反。这是因为渣量大，热量消耗多，焦比增加，入炉硫量增加，故不能通过采用增加渣量的办法来降低生铁含硫量。由式（2-5）可知，降低生铁含硫量的措施主要包括：

（1）减少入炉原料（特别是焦炭）带入的硫量，这是降低生铁含硫，获得优质生铁的基本措施；

（2）提高炉渣的脱硫能力，即提高硫在渣铁中的分配系数（L_S），在一定的原燃料条件下使硫更多地进入炉渣。

b 提高炉渣脱硫能力

炉渣脱硫可在两个部位进行：小量的自脱硫是在初渣滴落过程中进行，大量的脱硫是在铁流滴穿过炉缸渣层过程中进行。提高炉渣脱硫能力的基本措施为：控制炉渣成分，即提高（CaO），降低（FeO），适量的（MgO）和（MnO）；提高炉温；改进操作水平。

（1）控制炉渣成分。通过炉渣脱硫可以看作铁水中的硫 [S] 与渣中的（CaO）进行如下反应：

$$[S] + [Fe] + (CaO) \rightleftharpoons (CaS) + (FeO)$$

平衡常数：

$$K_S = \frac{w(CaS)}{w[S]} \cdot \frac{w(FeO)}{w(CaO)}$$

$$L_S = \frac{w(S)}{w[S]} \propto K_S \frac{w(CaO)}{w(FeO)}$$

可见，通过控制炉渣成分来提高炉渣脱硫能力的措施主要是高碱度、低氧化性。高碱度，即渣中 CaO 含量高，有利于脱硫；低氧化性，即渣中 FeO 含量低，有利于脱硫。其次是 MgO 和 MnO 具有一定的脱硫能力。适量 MgO 还可降低炉渣黏度，从而改善脱硫动力学条件。

(2) 提高炉温。脱硫是吸热反应，显然，炉温高有利于脱硫。同时，高炉温还可降低炉渣黏度，从而改善脱硫动力学条件。

(3) 改进操作水平。即使是同样的原燃料条件和造渣制度，由不同人员操作，有时其冶炼效果不同。其原因在于操作水平存在差异，因此为了提高炉渣脱硫能力，还需要提高高炉操作水平。

近年来，由于科学技术发展的需要，对优质钢含硫量的要求日趋严格，希望铁水含硫量低于 0.01%，甚至更低，这在高炉内难以实现。为了不给炼钢增加负担，目前已经广泛采用炉外脱硫技术。此外，若高炉原燃料含硫量高，在高炉内脱硫获得合格生铁付出的代价太高，此时干脆采用酸性渣操作，然后再进行铁水炉外脱硫。

2.3 高炉强化与节能

2.3.1 高炉强化

2.3.1.1 高炉强化概念

高炉强化是指在高炉冶炼过程中，采用一定措施使高炉有效利用系数（简称利用系数）得到提高。它包括两个方面：一是提高冶炼强度，二是降低焦比（或燃料比）。由于节能的要求，特别是焦煤资源的缺乏，国内外炼铁界都把降低焦比（或燃料比）放在首位。

2.3.1.2 高炉冶炼的强化措施

(1) 精料。精料是高炉冶炼的物质基础，是获得高产、优质、低耗的重要保证，因此，受到广泛关注。精料的具体内容可概括为"高、稳、熟、匀、小、净"。

高：指矿石品位高、焦炭中固定碳高。入炉矿石品位高，渣量少，热量消耗少，因此，提高矿石品位是增产节焦的有力措施。提高焦炭的固定碳含量（包括烧结和喷吹用煤的含碳量）与提高矿石品位作用相同。

稳：指要求炉料的化学成分稳定，它是稳定炉况、稳定操作、保证顺行及实现自动控制的先决条件。

熟：希望高炉全部使用熟矿（球团矿、烧结矿）。熟矿含铁量高，具有熔剂性，成分稳定，冶炼效果好。

匀、小、净：是对炉料粒度而言的，即要求粒度均匀，平均粒度小，去除粉末（<5%）。日本已将烧结矿粒度范围从 5~50mm 缩小到 10~25mm，焦炭粒度为 25~50mm。

(2) 适宜风量与高压操作。增大风量可提高冶炼强度。随冶炼强度提高，燃烧带扩大，煤气流分布趋于合理，料柱松动，有利顺行，故焦比降低。但若原料条件未得到改善，过高的冶炼强度会使煤气流分布失常，破坏高炉顺行。生产经验表明，在一定的原料和操作条件下，有合适的冶炼强度，此时风量、煤气量和煤气流速与高炉料柱的透气性相适应，高炉顺行、焦比最低。目前高炉冶炼强度一般为 $0.9 \sim 1.1 t/(m^3 \cdot d)$。

随着风量的增加，气流速度增加，阻力损失增大，炉料难行，这成为限制鼓风量进一步增加的原因。采用高压操作可以克服这一缺点。

高压操作是指提高炉顶煤气的压力，这可通过调节安装在高炉煤气系统管道上的调压阀组来控制。通常将炉顶煤气压力低于 0.3MPa 的称为常压操作，高于 0.3MPa 的称为高压操作。

炉顶煤气压力提高后，高炉内各部分的压力都相应提高。在鼓风（或煤气）质量流量不变的情况下，气体密度增加，气流速度降低，阻力损失减小，因而高炉顺行。如果气流速度不变，则高压后气流密度增加，气体质量流量增加，从而有利于提高产量。总之常压操作难以达到的冶炼强度，高压操作能顺利达到。

高压操作必须使用冷烧结矿，以确保炉顶装料设备有较高的使用寿命，同时要求送风系统和煤气系统有足够的能力和良好的密封性能。

（3）综合鼓风。高炉鼓风不仅鼓入热空气，而且有时还在鼓风中添加氧气、蒸汽和辅助燃料，以求增产节焦，稳定操作，称之为综合鼓风。

1）高风温。提高风温可以明显地降低焦比，特别是在风温水平较低时，其主要原因是热风显热代替焦炭燃烧产生的热量。此外，高风温有利于提高燃烧温度，从而改善下部热交换条件，使高温区下移，中温区扩大，进而有利于发展间接还原。目前风温的平均先进水平是 1250～1350℃。

2）加湿和脱湿鼓风。实践发现，采用高风温后，增加鼓风湿度有利于保持炉况稳定，其原因是水蒸气在风口前被焦炭剧烈分解吸热（每立方米 1g 水相当于降低风温6℃），降低燃烧温度，消除了高风温引起的难行或悬料。而蒸汽中氧与碳反应，相当于增加了鼓风含氧量。

然而，水分分解吸热对高炉节焦不利。随喷吹技术的发展，鼓风中蒸汽所起的调节作用已由喷吹燃料所代替，此时就不必加湿鼓风了。因大气中的自然湿度会影响到喷吹效果的发挥，所以人们又主张脱湿鼓风，以便充分发挥热风的节焦作用。

3）喷吹燃料。经风口向高炉喷吹燃料后，由于它自身预热和分解吸热，需要较多的热补偿，有利于降低风口前燃烧温度，因而成为使高炉接受高风温的一项措施。但是喷吹的目的在于用廉价燃料代替冶金焦，高风温成了提高喷吹量、充分发挥喷吹效果的保证。

喷吹燃料可以大幅度降低焦比，这主要是喷吹燃料中的碳代替了焦炭中的碳。另外喷吹燃料中的氢参加还原，特别是间接还原，降低了直接还原度，亦使焦比降低。

从改变喷吹量到显示出热效果需要有一段时间（一般为 3～5h），此现象称为热滞后。热滞后的原因是喷吹量增加，煤气量增多，使炉料在上部得以充分加热，而且喷吹后料速减慢，也有利于炉温升高，但只能待这部分炉料下降到炉缸后才能显示出其热效果；此外，氢参与还原使直接还原度降低，可节省部分热量消耗。热滞后的时间主要取决于料速，因此，掌握好热滞后规律可有效调节炉温，确保热制度稳定和炉料顺行。

目前提高喷吹技术的重要任务是加大喷吹量，提高喷吹效果，关键是使燃料充分燃烧。

4）富氧鼓风。普通鼓风中含氧21%，如向鼓风中加入一定量工业氧气，使鼓风中含氧量大于21%，这种鼓风称为富氧鼓风。富氧后燃烧速度快，煤气量少，气体阻力损失减小，有利于冶炼的强化和炉况顺行。

鼓风含氧量提高 1%，则相当于增加风量 0.01/0.21 = 4.76%，理论上可增产 4.76%（实际增产3%～5%）。

鼓风中富氧1%，则煤气量减少3%～4%，理论燃烧温度可提高40℃。炉顶煤气温度下降，热量集中下部，故可改善煤气能量利用。此外，富氧有利于硅、锰元素的还原，对冶炼硅铁、锰铁卓有成效。

富氧到一定程度，风口燃烧温度超过界限，将导致难行、悬料。但喷吹燃料与富氧的作用相反，可降低炉缸燃烧温度。实践证明，富氧与喷吹相结合，二者相辅相成，是获得高产、稳产、大幅度降低焦比的有效途径之一。实现高富氧（30%）、高喷吹量（煤粉200kg/t）是使我国高炉生产技术跨上一个新台阶的重要方向。

2.3.2　高炉节能方向

高炉节能方向主要包括以下 4 个方面：

（1）大力降低焦比和燃料比。大力降低焦比和燃料比是高炉节能的首要任务，必须将它作为高炉节能的主攻方向。其主要措施有：大搞精料；采用综合鼓风技术；改进高炉操作，提高煤气的利用率等。

（2）提高热风效率，减少煤气消耗。提高热风炉热效率，减少煤气消耗也是高炉节能的重要环节。其主要措施有：改进热风炉设备；预热煤气及助燃空气；取消保留风温；采用干法除尘、煤气脱湿和冷风管道保温等。

（3）提高鼓风利用率。高炉鼓风的能量消耗占动力消耗的 70% 左右。降低风耗，提高鼓风利用率的主要措施有：

1）要使风机与高炉匹配，防止大马拉小车；

2）高炉操作无故不放风或休风，使高炉常处于全风操作状态；

3）加强风机操作管理，使风机按经济曲线运行；

4）减少管道和阀门等送风系统漏风。

（4）加强能源回收，充分利用二次能源。这主要包括：

1）回收利用高炉煤气，杜绝无故放散高炉煤气；

2）回收热风炉废气的余热，用于预热煤气或助燃空气，还可加热蒸汽锅炉；

3）回收炉渣显热，用于冬季采暖等；

4）利用高压炉顶余压发电（炉顶压力大于 0.098MPa）；

5）利用高炉冷却水落差发电。

2.3.3　燃料消耗及节焦途径

2.3.3.1　燃料消耗

焦炭在高炉内的主要作用是作还原剂和发热剂，其次是熔于生铁（即铁碳反应）和生成微量甲烷等。前两个作用决定着焦比的高低。为了分析影响焦比的因素，寻找降低焦比的途径，必须对影响焦炭消耗的前两个作用进行具体分析。燃料消耗中以每吨生铁为计算单位。

（1）直接还原消耗的碳（$m_{C直}$）：包括铁的直接还原，Si、Mn、P 等元素直接还原，脱硫，熔剂中 CO_2 还原和结晶水还原消耗的碳量。

1）铁的直接还原消耗的碳（m_{CFe}）。

$$FeO + C \Longrightarrow Fe + CO, \Delta H = 2833kJ/kg(Fe)$$

$$m_{CFe} = \frac{12}{56} \times r_d (m_{Fe生} - m_{Fe料}) = 0.214 \times (m_{Fe生} - m_{Fe料}) r_d, kg$$

式中　$m_{Fe生}$——每吨生铁中的含铁量，kg；

$m_{Fe料}$——炉料中带入的金属铁量，kg；

r_d——铁的直接还原度。

2）Si、Mn、P 等元素直接还原消耗的碳（m_{CMe}）。

①Si 元素直接还原消耗的碳（m_{CSi}）。

$$SiO_2 + 2C \stackrel{}{=\!=\!=} Si + 2CO, \Delta H = 22104kJ/kg(Si)$$

$$m_{CSi} = 1000 \times w[Si] \times 2 \times \frac{12}{28} = 1000 \times w[Si] \times 0.857, kg$$

式中　m_{CSi}——Si 元素还原消耗的碳量，kg；

　　$w[Si]$——生铁中含 Si 量，%。

②Mn 元素直接还原消耗的碳（m_{CMn}）。

$$MnO + C \stackrel{}{=\!=\!=} Mn + CO, \Delta H = 5079kJ/kg(Mn)$$

$$m_{CMn} = 1000 \times w[Mn] \times \frac{12}{55} = 1000 \times w[Mn] \times 0.218$$

式中　m_{CMn}——Mn 元素还原消耗的碳量，kg；

　　$w[Mn]$——生铁中含 Mn 量，%。

③P 元素直接还原消耗的碳（m_{CP}）。

$$2(CaO)_3 \cdot P_2O_5 + 3SiO_2 + 10C \stackrel{}{=\!=\!=} 3(CaO)_2 \cdot SiO_2 + 4P + 10CO$$

$$m_{CP} = 1000 \times w[P] \times 10 \times 12/(31 \times 4) = 1000 \times w[P] \times 0.968$$

式中　m_{CP}——P 元素直接还原消耗的碳，kg；

　　$w[P]$——生铁中含 P 量，%。

Si、Mn、P 等元素直接还原消耗的碳为：

$$m_{CMe} = m_{CSi} + m_{CMn} + m_{CP} = 1000 \times (0.857w[Si] + 0.218w[Mn] + 0.968w[P])$$

3）脱硫消耗的碳（m_{CS}）。

$$FeS + CaO + C \stackrel{}{=\!=\!=} Fe + CaS + CO, \Delta H = 5322kJ/kg(S)$$

$$m_{CS} = \frac{12}{32} m_{S渣} = 0.375 m_{S渣}$$

式中　m_{CS}——脱硫消耗的碳，kg；

　　$m_{S渣}$——每吨生铁炉渣总的 S 量，kg。

4）熔剂中 CO_2 还原消耗的碳（m_{CCO_2}）。

$$CO_2 + C \stackrel{}{=\!=\!=} 2CO, \Delta H = 3916kJ/kg(CO_2)$$

$$m_{CCO_2} = \frac{12}{44} \times m_{CO_2熔} r_{CO_2} = 0.273 \times m_{CO_2熔} r_{CO_2}$$

式中　m_{CCO_2}——熔剂中 CO_2 还原消耗的碳，kg；

　　$m_{CO_2熔}$——每吨生铁炉料带入的 CO_2 质量（如矿石中有碳酸盐也应做类似考虑），kg；

　　r_{CO_2}——熔剂中 CO_2 被碳还原的比例，一般为 0.5 ~ 0.7。

若取 $r_{CO_2} = 0.5$，则有：

$$m_{CCO_2} = 0.137 m_{CO_2熔}$$

5）结晶水还原消耗的碳（m_{CH_2O}，使用熟矿时此项为零）。

$$H_2O + C \stackrel{}{=\!=\!=} H_2 + CO, \Delta H = 13435kJ/kg(H_2O)$$

$$m_{CH_2O} = \frac{12}{18} \times m_{H_2O} r_{H_2O} = 0.667 \times m_{H_2O} r_{H_2O}$$

式中 m_{CH_2O}——结晶水还原消耗的碳，kg；

　　　m_{H_2O}——每吨生铁炉料结晶水质量，kg；

　　　r_{H_2O}——结晶水中被碳还原的比例，一般为 0.2 ~ 0.5。

若取 $r_{H_2O} = 0.3$，则有：

$$m_{CH_2O} = 0.2 m_{H_2O}$$

合并以上各项，得到参与直接还原消耗的碳量为：

$$m_{C直} = m_{CFe} + m_{CMe} + m_{CS} + m_{CCO_2} + m_{CH_2O}$$
$$= 0.214 \times (m_{Fe生} - m_{Fe料}) \times r_d + 1000 \times (0.857w[Si] + $$
$$0.218w[Mn] + 0.968w[P]) + 0.375 m_{S渣} + 0.137 m_{CO_2熔} + 0.2 m_{H_2O}$$

（2）间接还原消耗的碳（$m_{C间}$）。直接还原（FeO + C ⟶ Fe + CO）是不可逆反应，而间接还原在很大的范围内是可逆的反应，CO 的利用率受到化学反应平衡的限制。若假定从 FeO 中还原出 1mol 金属铁，需要 n_1 mol 的 CO，反应达到平衡时气相中的 CO_2 为 1mol，CO 为 $(n_1 - 1)$ mol：

$$FeO + n_1 CO \Longrightarrow Fe + CO_2 + (n_1 - 1)CO$$

式中 n_1——过剩系数，其值随温度而变，可由该温度下的可逆反应达到平衡状态时的煤气成分或平衡常数确定。

平衡常数：

$$K_{P_1} = \frac{p_{CO_2}}{p_{CO}} = \frac{\varphi(CO_2)}{\varphi(CO)} = \frac{1}{n_1 - 1}$$

$$n_1 = \frac{1}{K_{P_1}} + 1 = \frac{\varphi(CO_2) + \varphi(CO)}{\varphi(CO_2)} = \frac{1}{\varphi(CO_2)}$$

经计算得到 $n_1 - t$ 的关系曲线示于图 2-13 中，随着温度增加，还原出 1mol 的铁所需的 CO 量增加。

在高炉内还原 FeO 后的混合气体 $[CO_2 + (n_1 - 1)CO]$ 上升继续还原 Fe_3O_4，要求混合气体中有足够的 CO 浓度。若假定从 Fe_3O_4 中还原出 1mol FeO 要求的 CO 量为 $(n_2 - 1)CO$，则：

$$1/3 Fe_3O_4 + CO_2 + (n_2 - 1)CO \Longrightarrow FeO + 4/3 CO_2 + (n_2 - 4/3)CO$$

有：

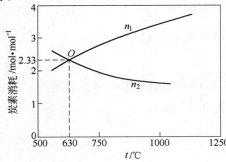

图 2-13　铁氧化物还原的理论
碳消耗与还原温度的关系

$$n_2 = \frac{4}{3} \times \left(\frac{1}{K_{P_2}} + 1 \right) = \frac{4}{3} \times \frac{\varphi(CO_2) + \varphi(CO)}{\varphi(CO_2)}$$

$$= \frac{4}{3} \times \frac{1}{\varphi(CO_2)}$$

式中，n_2 值也随平衡常数 K_{P_2} $\left(K_{P_2} = \frac{p_{CO_2}}{p_{CO}} = \frac{\varphi(CO_2)}{\varphi(CO)} = \frac{1}{n_2 - 1} \right)$ 的改变而变化。由图 2-13 可知，随温度增加，还原出 1mol 的铁所需的 CO 量降低。

由图 2-13 还可以看出，n_1、n_2 两线交于 O 点，温度为 630℃，此时还原 FeO 达到平衡时的气体正好能满足还原 Fe_3O_4 的要求，消耗的碳量最低，每 1mol 铁消耗碳 2.33mol。温度高于或低于 630℃ 时都将引起碳消耗量的增加（以 n_1、n_2 中的较大值考虑）。若取 $n = 2.33$，则间接还原消耗的碳为：

$$m_{C间} = (3 \times 12/56) \times (m_{Fe生} - m_{Fe料}) \times (1 - r_d) = 0.499 \times (m_{Fe生} - m_{Fe料}) \times (1 - r_d)$$

实际冶炼过程中既有直接还原又有间接还原，图 2-14 中 AD 和 IB 分别代表炭素消耗随间接还原度和直接还原度的变化关系。图中向右下斜的直线 AD 代表只考率间接还原耗碳量的变化，而向右上倾斜的直线 IB 则表示不同直接还原度下，直接还原的耗碳量。因为直接还原产生的 CO 还可用于间接还原，所以实际还原所消耗的碳量并不等于两者之和，而是其中的较多者。因此随还原度的变化，还原剂的消耗量在图 2-14 中用 AOB 表示。O 点意味着直接还原产生的 CO 恰好满足间接还原的需要，即 $0.214r_d = 0.499(1 - r_d)$，$r_d = 0.7(r_{间} = 0.3)$，即直接还原度为 0.7 时还原剂消耗量最低。

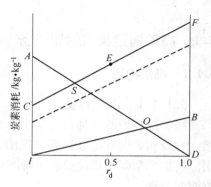

图 2-14 炭素消耗与铁直接还原度的关系

（3）作为发热剂消耗的碳。作为发热剂消耗的碳量就是风口前燃烧的碳量（$m_{C风}$），它由热平衡来确定。$m_{C风}$ 的大小，一方面取决于单位生铁热量消耗的多少，另一方面取决于风温的高低和炉内热能利用的好坏。

2.3.3.2 降低焦比的途径

生产统计表明，目前高炉冶炼条件下，每 1kg 铁热量消耗为 10～12.6MJ，直接还原度为 0.45～0.5（见图 2-14 中 E 点附近），均高于理论值，因此，降低焦比是当前降低能耗的主攻方向。降低焦比的途径主要包括以下两点：

（1）降低直接还原度，将目前在 E 点附近的直接还原度往 S 点（$r_d = 0.2～0.3$）方向靠近；

（2）降低单位生铁的热消耗量，将 CF 线往下移动。

其中，降低直接还原度的措施主要有：

（1）使用品位高、还原性好、粒度均匀、强度好的精料；

（2）采用高风温、富氧、喷吹燃料、高压操作技术；

（3）控制煤气流的合理分布，改善煤气的能量利用，尽量扩大高炉的间接还原区。

降低单位生铁热量消耗的措施包括：

（1）提高矿石品位，降低焦炭灰分；

（2）使用熔剂性人造富矿，不用或少用石灰石，减少渣量；

（3）提高风温，增加鼓风带入的热量；

（4）增加生铁产量，减少单位生铁的热损失；

（5）实现合理冷却制度，避免过多的热损失。

3 高炉设计

3.1 高炉构造及其附属设备

3.1.1 高炉构造

3.1.1.1 高炉内型

高炉是竖炉的一种，它的工作内部形状称为高炉内型。高炉内型由炉缸、炉腹、炉腰、炉身和炉喉五部分组成（见图3-1）。炉型是否合理对高炉冶炼过程起着很重要的作用。高炉炉型既要适应炉料下降时体积变化的要求，又要符合煤气上升时由于冷却使体积收缩的特点。

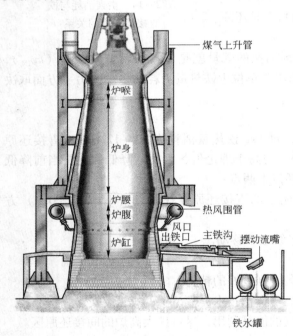

图 3-1　现代高炉炉体图

（1）炉缸：位于下部呈圆柱形，其作用是储存铁水和炉渣。在炉缸上部周围均匀分布有适量的风口，焦炭就在此处燃烧，在炉缸下部有出渣口和出铁口。可见，炉缸是十分重要的部位。

（2）炉腹：在炉缸之上，呈倒截头圆锥形，其作用在于具有适应矿石和熔剂由固态变液态时体积收缩的特点，并使风口前高温区所产生的煤气流能够远离炉墙，不致烧坏风口上面的炉衬。

（3）炉腰：在炉腹之上，呈圆柱形，其作用是使炉身和炉腹合理过渡。由于在炉腰部位有炉渣形成，黏稠的初渣使这里的炉料透气性恶化，所以设有炉腰部位有利于减少炉料对煤气流的阻力。

（4）炉身：在炉腰之上，呈截头圆锥形，是高炉五段中容积最大的部分。它的形状是既适应炉料受热后逐渐膨胀的特点，保证料柱疏松，又适应高炉上部煤气体积逐渐缩小的特点，促使煤气与炉料能较均匀地接触。

（5）炉喉：在炉身之上，呈圆柱形，其主要作用在于通过它和料钟的配合控制炉料和煤气流的分布。

3.1.1.2 高炉炉体结构

高炉炉体结构主要由高炉基础、高炉炉衬、冷却装置及高炉金属结构组成。在炉体底部是高炉基础（其中埋在地下部分为基座，地面上与炉底相连部分为基墩）；高炉砌砖构成炉内型部位为炉衬；在高炉炉衬部位，除炉喉和炉身上部外其余各部位均设有冷却装置，其目的在于维护炉型、保护炉壳和金属结构，延长高炉使用寿命；高炉金属结构在炉体外部，包括炉壳、支柱、托圈、炉顶框架和各层平台等。

3.1.2 高炉附属设备

高炉附属设备由以下六大系统组成：

（1）供料系统。供料系统包括卸料、储料和上料等设备。

（2）装料系统。装料系统包括炉顶装料设备、均压设备、大小钟升降设备、探尺和其他新型炉顶设备。

（3）送风系统。送风系统包括鼓风机、冷风管道、热风炉、热风管道和有关阀门及仪表等。

（4）煤气除尘系统。煤气除尘系统由粗除尘、半精除尘、精细除尘和脱水等设备组成。

（5）渣铁处理系统。渣铁处理系统是指炉前操作设备，分为铁水处理设备和渣水处理设备等。

（6）喷吹系统。喷吹系统是指高炉喷吹燃料所使用的设备。它按喷吹种类可分为固体燃料喷吹设备、液体燃料喷吹设备和气体燃料喷吹设备三种类型。

3.2 高炉容积及座数的确定

高炉总容积由设计任务书中规定的生铁年产量、年工作日、高炉利用系数及生铁品种确定。若设计任务书只给出了钢锭产量和外运生铁产量，则需根据金属平衡及炼钢工艺确定生铁产量。

不同品种的生铁，设计中均折算成制钢生铁，折算系数见表3-1。

表3-1 铸造生铁与制钢生铁的折算系数

铁 种	$w(Si)/\%$	折算系数
制钢生铁	—	1.0
铸造生铁	—	—
Z15	1.25 ~ 1.75	1.05
Z20	1.75 ~ 2.25	1.10
Z25	2.25 ~ 2.75	1.15
Z30	2.75 ~ 3.25	1.20
Z35	3.25 ~ 3.75	1.25

确定年工作日和高炉有效容积利用系数是炼铁工艺设计中的两项重要指标。

（1）高炉年工作日。高炉年工作日是指高炉一代期间，扣除检修时间后的每年平均实际生产时间。

对于大于 2000m³ 的大型高炉，一代炉龄为 15 年以上，每年检修时间约为 10 天，则年工作日为：

$$t_{总} = \frac{15 \times 365 - 10 \times 15}{15} = 355(天)$$

对于不大于 2000m³ 的中小型高炉，一代炉龄为 10 年，一代中有 3 次中修，时间为 40~60 天，每 3 个月进行 1 次计划检修，时间为 3 天，则年工作日为：

$$t_{总} = \frac{10 \times 365 - 3 \times 50 - 4 \times 3 \times 10}{10} = 338(天)$$

（2）高炉有效容积利用系数。高炉有效容积利用系数简称高炉利用系数，可直接选定，也可用式（3-1）确定。

$$\eta_V = \frac{I}{K} \quad\quad\quad (3-1)$$

式中 η_V——高炉利用系数，$t/(m^3 \cdot d)$；

I——冶炼强度，$t/(m^3 \cdot d)$；

K——焦比，t/t。

一般 $\eta_V = 2 \sim 2.25 t/(m^3 \cdot d)$ 在选择冶炼强度时，主要依据原燃料、冶炼条件相近高炉的生产实践，实际指标及鼓风机能力等计算且比较后确定。根据鼓风机状况，一般大型高炉的冶炼强度取为 0.9~1.0，小型高炉的取为 1.0~1.2。

因此，可求得高炉总容积为：

$$V_{总} = \frac{P_{总}\,\eta_V}{t_{总}}$$

式中 $V_{总}$——高炉总容积，m^3；

$P_{总}$——生铁年产量，t；

$t_{总}$——年工作日，d；

η_V——高炉利用系数，$t/(m^3 \cdot d)$。

（3）单座高炉炉容。单座高炉的炉容表达式为：

$$V_u' = V_{总}/n$$

式中 V_u'——单座高炉炉容，m^3；

$V_{总}$——高炉总容积，m^3；

n——高炉座数。

3.3 高炉炉型设计

高炉炉型是指高炉内部工作空间剖面的形状，五段式高炉炉型如图 3-2 所示。

（1）高炉有效高度（H_u）和有效容积（V_u）。高炉有效高度是指高炉大钟下降位置的下缘到铁口中心线间的距离，对于无钟炉顶为流槽最低位置的下缘到铁口中心线之间距离。在有效高度范围内，炉型所包括的空间称为高炉有效容积。

增加高炉有效高度，有利于改善高炉内煤气与炉料间的传热、传质过程，还有利于降低燃料消耗量；但不易过分增加有效高度。高炉有效高度取决于高炉有效容积和焦炭的质量，高炉越大，要求焦炭质量越好，有效高度越高。故设计高炉时，应考查焦炭的质量，若质量较差，则不适于建设大型高炉。在我国大型高炉 $H_u/D = 2.5 \sim 3.1$，中型高炉为 $2.9 \sim 3.5$，小型高炉为 $3.7 \sim 4.5$，对于容积超过 4000m^3 的高炉，H_u/D 为 $1.92 \sim 2.2$。

（2）炉缸直径（d）及高度（h_1）。炉缸为高炉炉型下部的圆筒部分，它的上、中、下部分分别装有风口、渣口和铁口。炉缸下部容积盛装液态渣铁，上部空间为风口的燃烧带。

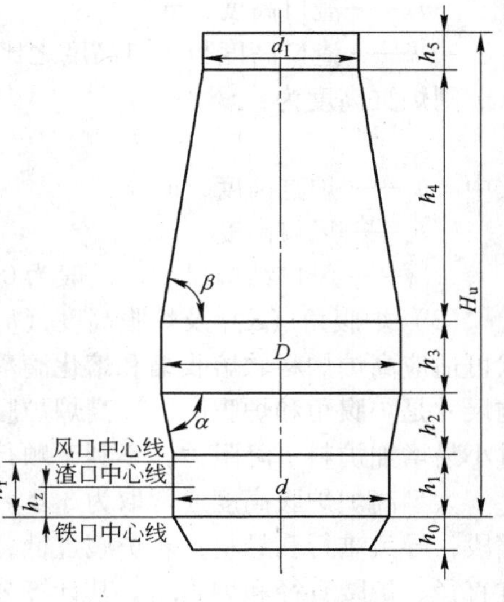

炉缸直径一般根据高炉冶炼强度和炉缸燃烧强度 j 确定。炉缸燃烧强度 j 通常在 $1.0 \sim 1.25 t/(\text{m}^2 \cdot \text{h})$ 范围，国外大型高炉多在 $1.0 t/(\text{m}^2 \cdot \text{h})$。炉缸直径的计算公式为：

图 3-2 五段式高炉炉型示意图

$$d = 1.13 \sqrt{\frac{IV_u}{24 \times j}}$$

式中　d——炉缸直径，m；

V_u——高炉有效容积，m^3；

I——高炉冶炼强度，$t/(\text{m}^3 \cdot \text{d})$；

j——炉缸燃烧强度，$t/(\text{m}^2 \cdot \text{h})$。

炉缸直径也可用如下经验公式进行计算：

$$d = 0.32 V_u^{0.45}$$

要确定炉缸高度应首先确定渣口高度（h_z）、风口高度（h_f）及风口安装尺寸（a）。

渣口与铁口中心线的距离称为渣口高度（h_z），它取决于原料条件，即渣量的大小。渣口过高，下渣量增加，对维护铁口不利；渣口过低，渣中易带铁，从而易损坏渣口；大、中型高炉渣口高度多为 $1.5 \sim 1.7\text{m}$。

渣口高度可由下式计算：

$$h_z = \frac{4bP}{N\pi c\gamma_{\text{铁}} d^2} = 1.27 \frac{bP}{Nc\gamma_{\text{铁}} d^2}$$

式中　h_z——渣口高度，m；

P——生铁日产量，t；

b——生铁产量波动系数，一般取值1.2；

N——昼夜出铁次数；

$\gamma_{\text{铁}}$——铁水密度，可取值 $7.1 t/\text{m}^3$；

c——渣口以下炉缸容积利用系数，一般为 $0.55 \sim 0.6$，炉容大时取低值；

d——炉缸直径，m。

铁口与风口中心线间的距离为风口高度（h_f），风口与渣口的高度差应能保障容纳上渣量和一定的燃料空间。

$$h_f = \frac{h_z}{k}$$

式中　h_f——风口高度，m；

h_z——渣口高度，m;

　　k——渣口高度与风口高度之比，一般 $k=0.5\sim0.6$，渣量大取低值。

则炉缸高度为：

$$h_1 = h_f + a$$

式中　h_1——炉缸高度，m;

　　　h_f——风口高度，m;

　　　a——风口结构尺寸，一般为 $0.35\sim0.5$m。

　　(3) 炉腹角 (α) 及炉腹高度 (h_2)。高炉炉腹在炉缸上部，为倒圆台形状。这种形状可适应高炉炉料软熔收缩和熔化滴落造成的体积收缩，稳定下料速度等。炉腹的主要结构尺寸是炉腹角和炉腹高度。高炉炉腹角通常取 $79°\sim83°$。炉腹角过大不利于煤气分布，过小易增加炉料下降阻力，不利于顺行。

　　大型高炉炉腹高度通常取为 $3.0\sim4.0$m，炉腹过高，易使炉料在尚未熔融时便进入收缩段，导致难行和悬料；若炉腹过低，则会减弱炉腹的作用。炉腹高度取值主要取决于炉缸直径、炉腰直径和炉腹角。其计算公式如下：

$$h_2 = \frac{D-d}{2}\tan\alpha$$

式中　h_2——炉腹高度，m;

　　　D——炉腰直径，m;

　　　d——炉缸直径，m;

　　　α——炉腹角。

　　2000m^3 以上的高炉也可以用下式计算其炉腹高度：

$$h_2 = 2.7 + 0.00025V_u$$

式中　h_2——炉腹高度，m;

　　　V_u——高炉有效容积，m^3。

　　(4) 炉腰直径 (D) 及高度 (h_3)。炉腰是炉腹上部的圆柱形空间，炉腰直径是高炉直径最大部位。炉腰处正好是冶炼的软熔带部位，较大的炉腰直径有利于改善透气性及高炉顺行。设计中常常根据炉缸直径 d 计算炉腰直径 D，通常大型高炉 D/d 取值范围为 $1.09\sim1.15$，中型高炉为 $1.15\sim1.25$，小型高炉为 $1.25\sim1.5$，高炉越大取值越小。

　　炉腰高度的取值范围一般为 $1\sim3$m，炉腰高度对冶炼过程影响不大，炉容大取大值，设计中也可用炉腰高度来调整设计炉容。

　　(5) 炉身角 (β) 及炉身高度 (h_4)。炉身呈正截圆锥形，炉身高度占高炉有效高度的 $50\%\sim60\%$，对高炉内煤气和炉料间的传热、传质过程十分有利。炉身角对炉料下降及炉身部位的煤气分布有着重要影响。若炉身角小，则有利于炉料下降，但容易发展边缘煤气流，既不利于降低焦比，也不利于提高高炉寿命。炉身角大，虽有利于抑制边缘煤气流，但却不利于炉料下降。炉身角的取值范围一般为 $80.5°\sim85.5°$，大高炉取小值，小高炉取大值。原燃料条件好，炉身角取大值；原料粉末多，燃料的强度差，炉身角取小值；冶炼强度高，风口喷吹量大，炉身角取小值。

　　炉身高度的计算公式为：

$$h_4 = \frac{D-d_1}{2}\tan\beta$$

式中 h_4——炉身高度，m；

      D——炉腰直径，m；

      d_1——炉喉直径，m；

      β——炉身角。

（6）炉喉直径（d_1）及高度（h_5）。炉喉呈圆柱形，有利于承接炉料，稳定料面，并能保证炉料分布合理。炉喉直径可由 d_1/D 值确定，通常 d_1/D 的取值范围为 $0.64 \sim 0.73$。炉喉高度应能保证炉喉布料及料线调节的需要，一般取为 $1 \sim 3m$。

（7）死铁层厚度（h_0）及渣口、铁口和风口数目。铁水死铁层厚度是指铁口中心线到炉底砌砖表面间的距离，其作用是防止铁水及炉渣流动对炉底的侵蚀，保护炉底及稳定渣铁温度。通常计算死铁层厚度的经验公式为 $h_0 = (0.15 \sim 0.20)d$。

小型高炉一般设置 1 个渣口，大中型高炉设置 $1 \sim 2$ 个渣口，两个渣口高度往往相差 $100 \sim 200mm$，渣口直径为 $\phi 50 \sim 60mm$。超大型高炉设置 $3 \sim 4$ 个铁口时，高炉可以不设渣口。

高炉铁口数目由炉容及产量确定，一般 $1000m^3$ 以下的高炉设 1 个铁口，$1500 \sim 3000m^3$ 的高炉设 $2 \sim 3$ 个铁口，$3000m^3$ 以上的高炉往往设 $3 \sim 4$ 个铁口。也可以按照每 $1500 \sim 2500t$ 出铁量设 1 个铁口。

高炉风口数目主要取决于炉容大小、风口间距和操作空间。风口数目多有利于高炉炉缸部位煤气沿圆周分布均匀，减小风口间的"死料区"。通常风口数可按式（3-2）计算，计算后往往取整数。

$$n = \frac{\pi d}{S} \tag{3-2}$$

式中 n——风口数，一般取偶数；

      d——炉缸直径，m；

      S——风口中心距，在 $1.0 \sim 1.5m$ 范围，通常取 $1.1 \sim 1.2m$。

风口数目也可根据炉缸直径（d）直接进行计算。

中小型高炉：

$$n = 2(d+1)$$

大型高炉：

$$n = 2(d+2)$$

$4000m^3$ 左右巨型高炉：

$$n = 3d$$

3.4 高炉炉型设计实例

设计年产制钢生铁 700 万吨，年产铸造生铁 50 万吨的高炉炉型。

铸造生铁折算为制钢生铁的折算系数取 1.1，则年产制钢生铁合计：

$$W = 700 + 1.1 \times 50 = 755 \text{ 万吨}$$

一年按 350 个工作日计算，则炼铁厂日产生铁量：

$$P_总 = W/350 = 2.1571 \text{ 万吨}$$

假设设计高炉座数 $n = 3$，则每座高炉日产生铁量：

$$P = P_总/n = 2.1571 \times 10000/3 = 7190.33t$$

（1）定容积。选定有效容积利用系数 $\eta_V = 2.16t/(m^3 \cdot d)$，则：

$$V'_u = P/\eta_V = 7190.33/2.2 = 3328.86m^3$$

取 $V'_u = 3425m^3$。

（2）炉缸尺寸。

1）炉缸直径 d。

$$d = 0.32V'^{0.45}_u = 0.32 \times 3328.86^{0.45} = 12.47$$

取 $d = 12.5m$。

2）炉缸高度 h_1。

①渣口高度。

$$h_z = 1.27 \times \frac{bP}{Ncr_铁 d^2} = 1.27 \times \frac{1.2 \times 7190.33}{10 \times 0.55 \times 7.1 \times 12.5^2} = 1.796$$

取 $h_z = 1.8m$。

②风口高度。

$$h_f = \frac{h_z}{k}$$

本计算取 $k = 0.55$。计算得 $h_f = 3.27m$，取 $h_f = 3.3m$。

③风口结构尺寸 a。取 $a = 0.4m$，则 $h_1 = h_f + a = 3.3 + 0.4 = 3.7m$。

（3）死铁层的厚度 h_0。取 $h_0 = 2.0m$。

（4）炉腰直径 D，炉腹角 α，炉腹高度 h_2。

选取 $D/d = 1.1$，则 $D = 1.1 \times 12.5 = 13.75m$，取 $D = 13.8m$。

选取炉腹角 $\alpha = 80°$，则 $h_2 = 0.5(D-d)\tan\alpha = 3.67m$，取 $h_2 = 3.7m$。

校核 α：

$$\tan\alpha = \frac{2h_2}{D-d} = \frac{2 \times 3.7}{13.8 - 12.5} = 5.7$$

$$\alpha = 80.08°$$

（5）炉喉直径 d_1，炉喉高度 h_5，炉身角 β，炉身高度 h_4，炉腰高度 h_3。

选取 $d_1/D = 0.65$，则 $d_1 = 0.65 \times 13.8 = 8.97m$，取 $d_1 = 9m$。

选取 $\beta = 81°$，则 $h_4 = 0.5(D - d_1)\tan\beta = 0.5 \times (13.8 - 9) \times \tan81° = 15.1m$，取 $h_4 = 15.1m$。

校核 β：

$$\tan\beta = \frac{2h_4}{D - d_1} = \frac{2 \times 15.1}{13.8 - 9} = 6.29$$

$$\beta = 81.0°$$

选取 $h_5 = 2.2m$。

选取 $H_u/D = 2.1$，则 $H_u = 2.1 \times 13.8 = 28.89m$，取 $H_u = 29.00m$。

进而求得：

$$h_3 = H_u - h_1 - h_2 - h_4 - h_5 = 4.3m$$

（6）校核容积。

炉缸体积：

$$V_1 = \frac{\pi}{4}d^2 h_1 = \frac{3.14}{4} \times 12.5^2 \times 3.7 = 453.83 \text{m}^3$$

炉腹体积：

$$V_2 = \frac{\pi}{12}h_2(D^2 + Dd + d^2) = \frac{3.14}{12} \times 3.7 \times (13.8^2 + 13.8 \times 12.5 + 12.5^2)$$
$$= 502.66 \text{m}^3$$

炉腰体积：

$$V_3 = \frac{\pi}{4}D^2 h_3 = 0.785 \times 13.8^2 \times 4.3 = 642.83 \text{m}^3$$

炉身体积：

$$V_4 = \frac{\pi}{12}h_4(D^2 + Dd_1 + d_1^2) = \frac{3.14}{12} \times 15.1 \times (13.8^2 + 13.8 \times 9 + 9^2)$$
$$= 1563.24 \text{m}^3$$

炉喉体积：

$$V_5 = \frac{\pi}{4}d_1^2 h_5 = 0.785 \times 9^2 \times 2.2 = 139.89 \text{m}^3$$

总体积：

$$V_u = V_1 + V_2 + V_3 + V_4 + V_5 = 453.83 + 502.66 + 642.83 + 1563.24 + 139.89$$
$$= 3302.45 \text{m}^3$$

误差： $\Delta V = \frac{V'_u - V_u}{V'_u} \times 100\% = \frac{3328.86 - 3302.45}{3328.86} \times 100\% = 0.79\% < 1\%$

高炉的炉体结构汇总于表 3-2。

表 3-2 高炉炉体结构汇总

名　称	数　值	单　位	名　称	数　值	单　位
炉　容	3401.75	m³	炉腰高度 h_3	4300	mm
炉缸直径 d	12500	mm	炉身高度 h_4	15100	mm
炉腰直径 D	13800	mm	炉喉高度 h_5	2200	mm
炉喉直径 d_1	9000	mm	炉腹角 α	80.08	(°)
有效高度 H_u	29000	mm	炉身角 β	81.0	(°)
死铁层厚度 h_0	2000	mm	H_u/D	2.1	
渣口高度 h_z	1800	mm	D/d	1.1	
风口高度 h_f	3300	mm	d_1/D	0.65	
炉缸高度 h_1	3700	mm	风口数	32	个
炉腹高度 h_2	3700	mm			

3.5 AutoCAD 软件在高炉炉型设计中的应用

3.5.1 AutoCAD 软件简介

AutoCAD 软件是美国 Autodesk 公司开发的一个交互式绘图软件,用于二维及三维设计及绘图的系统工具,可用来创建、浏览、管理、打印、输出、共享及准确复用富含信息的设计图形。CAD 即为 Computer Aided Design 的缩写,意思是计算机辅助设计。AutoCAD 软件应用广泛,其具有以下特点:

(1) 具有完善的图形绘制功能和编辑功能;

(2) 可采用多种方式进行二次开发或用户定制;

(3) 可进行多种图形格式的转换,具有较强的数据交换能力;

(4) 支持多种硬件设备和操作平台;

(5) 具有通用性、易用性和适用性。

AutoCAD 的基本功能如下:

(1) 基本绘图功能:点(Point)、直线(Line)、圆(Circle)、圆弧(Arc)、椭圆(Ellipse)、矩形(Rectang)、实心填充(Solid)、圆环(Doughnut)、正多边形(Polygon)、文字(Text)、多段线(Polyline)、样条线(Spline)、多线(Mline)、三维平面(3Dface)、三维面(Pface)、三维多段线(3Dpoly)、各种三维曲面和三维实心体等。

(2) 图形编辑功能:删除(Erase)、移动(Move)、旋转(Rotate)、比例(Scale)、修改(Change)、断开(Break)、延长(Extend)、修剪(Trim)、拉伸(Stretch)、编辑文字(Ddedit)、编辑多段线(Pedit)、编辑样条线(Splineedit)和编辑多线(Mledit)等。

(3) 图形构造功能:复制(Copy)、镜像(Mirror)、阵列(Array)、偏移(Offset)、圆角(Fillet)、倒角(Chamfer)、三维镜像(3DMirror)、三维阵列(3DArray)、三维旋转(3Drotate)。

(4) 显示控制功能:视图缩放(Zoom)、重画(Redraw)、重生成(Regen)、扫视(Pan)、视图(View)、视点(Vpoint)、动态视图(Dview)、视口(Vports)、用户坐标系(UCS)、模型空间(Model space)和图纸空间(Paper Space)。

(5) 工具:图层(Layer)、图形块(Block)、尺寸标注(Dim)、图案填充(Bhatxh)、正交(Ortho)、光标捕捉(Snap、Grid)和目标捕捉(Osnap)。

(6) 三维实心体造型:对三维实心体实施各种三维造型,实行布尔逻辑运算。

(7) 效果渲染:对三维模型进行浓淡着色处理。

(8) 定制与图形数据:根据绘图的需要,创造形、线型、图案、菜单、工具栏等,输入输出图形数据交换文件(DXF 文件)。

(9) 程序开发设计:通过 Visual LISP 和 VBA 程序设计,可进行二次开发,扩充软件的功能。

3.5.2 用 AutoCAD 软件绘制高炉炉型

利用 AutoCAD 软件绘制五段式高炉炉型的步骤为:直线段的绘制→矩形的绘制→标注→表格绘制。

3.5.2.1 直线段的绘制

（1）命令：LINE。

（2）工具栏：绘图→直线（L）→ ╱ 。

（3）操作格式：

命令：LINE ↙

指定第一点：（输入直线段的起点，用鼠标指定点或者给定点的坐标）

指定下一点或［放弃（U）］：（输入直线段的端点）

在用 AutoCAD 画图时可以按照所需尺寸进行直线绘制，在执行直线命令输入第一个点后，可根据需要自行输入直线段长度数值，然后按下回车即完成指定长度直线段的绘制。

3.5.2.2 矩形的绘制

（1）命令：RECTANG（缩写名 REC）。

（2）工具栏：绘图→矩形（G）→ ▭ 。

（3）操作格式：

命令：RECTANG ↙

指定第一个角点或［倒角（C）/标高（E）/圆角（F）/厚度（T）/宽度（W）］：（指定一点）

指定另一个角点或［面积（A）/尺寸（D）/旋转（R）］：

根据五段式高炉的特点，可以直接绘制，也可以先绘出轴线，轴线要求是点划线，然后按照尺寸要求绘制高炉一侧，通过镜像得到完整的高炉图形，如图 3-3 所示。

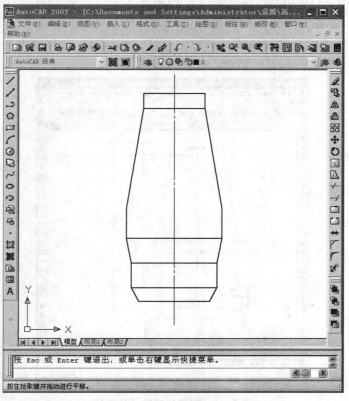

图 3-3 绘制高炉炉型的示意图

3.5.2.3 高炉炉型的标注

A 尺寸标注的规则

（1）物体的真实大小应以图形上所标注的尺寸数值为依据，与图形的显示大小和绘图的精度无关。

（2）图形中的尺寸以毫米为单位时，不需要标注尺寸单位的代号或名称。如果采用其他单位，则必须注明尺寸单位的代号或名称，如度、厘米和英寸等。

（3）图形中所标注的尺寸为图形所表示的物体的最后完工尺寸，如果是中间过程的尺寸，则必须另加说明。

（4）物体的每一尺寸一般只标注一次，并应标注在最能清晰反映该结构的视图上。

B 高炉炉型的标注

高炉炉型的标注可分为长度型尺寸标注和角度尺寸标注。

（1）长度型尺寸标注。

1）命令：DIMLINEAR（缩写名 DIMLIN），在命令行输入 DIMLIN 后回车，选取需要标注的直线的两端进行标注。可根据命令行提示的内容"［多行文字（M）/角度（A）/水平（H）/垂直（V）/旋转（R）］"进行相关操作。

2）工具栏：标注→线性（L）→⊢⊣。

（2）角度尺寸标注。

1）命令：DIMANGULAR，在命令行输入 DIMANGULAR 后回车，选取需要标注的角度边进行标注。可根据命令行提示的内容"［多行文字（M）/文字（T）/角度（A）］"进行相关操作。

2）工具栏：标注→角度（A）→△。

在标注后如要对标注进行修改，可双击标注，AutoCAD 会自动弹出标注的特性，此时即可根据绘图要求修改标注的特性。标注后如图 3 - 4 所示。

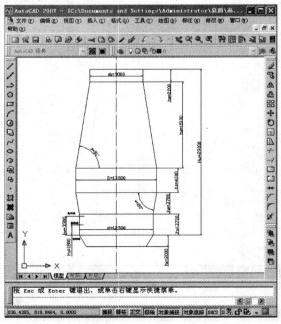

图 3 - 4 高炉炉型尺寸的标注

3.5.2.4 绘制表格

在命令行输入 TABLE 后回车，或在菜单栏中选择：绘图→表格，出现插入表格界面，如图 3 - 5 所示。在绘制表格前，要先进行表格样式设置，根据需要设置表格的属性。

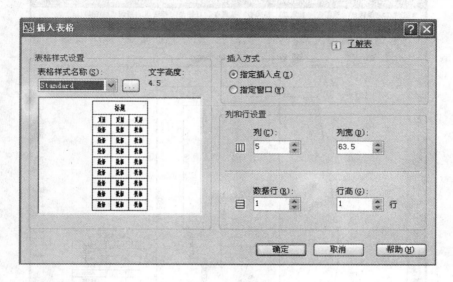

图 3 - 5 插入表格窗口

根据要求绘制的表格，如图 3 - 6 所示。

高炉炉体参数(mm)	
H_u	有效高度
d	炉缸直径
h_1	炉缸高度
d_1	炉喉直径
h_2	炉腹高度
h_0	死铁层厚度
h_3	炉腰高度
h_4	炉身高度
h_5	炉喉高度
h_f	风口高度
α	炉腹角
β	炉身角
比例：	1：100
姓名：	学号：
班级：	日期：

图 3 - 6 绘制的高炉表格

经过以上步骤，便可完成高炉炉型的绘制，如图 3 - 7 所示。在输出打印时，可根据实际情况旋转图形。

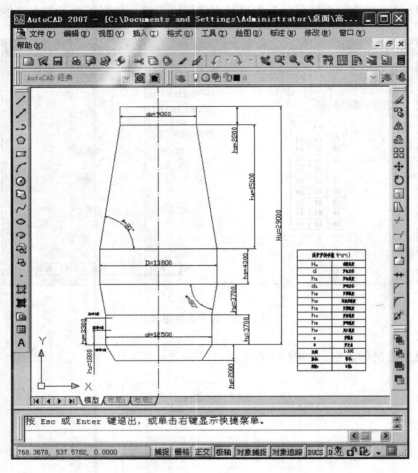

图 3 - 7　高炉炉型的完整图

3.6　高炉用耐火材料设计

3.6.1　高炉炉衬的破损及耐火材料设计

高炉是通过鼓入的热风使焦炭和喷吹的煤粉燃烧，加热和还原熔炼含铁炉料，在高温和还原气氛下连续进行炼铁的竖炉。用耐火材料砌筑的高炉炉衬可形成高炉工作空间。在高炉冶炼过程中，炉衬将受到侵蚀和破坏，其破损原因可归纳为：

（1）高温渣铁的渗透和侵蚀；

（2）高温和热应力；

（3）炉料机械磨损；

（4）煤气流的摩擦冲刷；

（5）炭素沉积；

（6）碱金属侵蚀和铅锌渗透。

在诸多因素中，温度是关键因素。因此，为了提高炉衬的使用寿命，在高炉炉体的易损部位均设有冷却系统。目前，高炉日渐趋于大型化以及高顶压、高风温、富氧鼓风、燃料喷吹等强化冶炼新技术的采用，致使耐火材料的使用条件变得更加苛刻。采用新型高质量耐火材料，改进炉体冷却系统及强化管理等措施，可不断延长新一代高炉炉衬寿命。

根据高炉炉衬的工作条件和破损机理，要求高炉用耐火材料具有以下特点：

（1）耐火度高。耐火材料开始软化的温度称为耐火度，表征耐火材料能承受高温的能力。因高炉长期在高温、高压下工作，故要求耐火材料具有较高的耐火度。

（2）高温强度高，耐磨损和抗撞击能力强。

（3）荷重软化温度高。高炉炉衬不仅受到高温作用，还要承受重负荷，故要求其具有较高的荷重软化温度。

（4）Fe_2O_3 含量低。耐火材料中的 Fe_2O_3 和 SiO_2 在高温下反应可生成低熔相，易降低耐火材料的耐火度。另外，耐火材料中的 Fe_2O_3 还可能被渗入其内部的 CO 还原成海绵铁，而海绵铁又会促使 CO 分解产生石墨碳沉积，对炉衬产生破坏作用。

（5）重烧收缩率小。重烧收缩率也称残余收缩率，可表征耐火材料升至高温后产生裂纹的可能性大小。耐火材料的重烧收缩率越小，在高温下的稳定性越好。

（6）气孔率低。气孔率是耐火材料的一个重要指标，在高炉冶炼条件下，若炉衬材料的孔隙率大，则石墨和锌容易沉积，从而引起炉衬损毁。

为了适应现代化大型高炉日益苛刻的操作条件，不仅要在设计、施工、设备质量和操作技术等方面精益求精，还要根据高炉炉内冶炼条件，对高炉炉衬的不同部位，选用合适的耐火材料。

3.6.1.1　炉缸和炉底

炉缸为盛装铁水和炉渣的部位，炉缸上部是高炉温度最高区域，靠近风口区的温度高达 2000 ~ 2300℃。炉底温度为 1450 ~ 1500℃。炉缸和炉底承受高温、高压、渣铁冲刷侵蚀和渗透作用，其侵蚀损毁的程度在高炉大修和使用寿命高低上起着至关重要的作用。因此，一般应选用耐火度高、高温强度大、耐渣侵蚀性好、耐铁水侵蚀和渗透性好、导热性好、耐冲刷以及体积稳定性好的耐火材料砌筑，主要包括炭砖、微孔炭砖、超微孔炭砖、热压炭砖、炭复合 SiC 砖、石墨化炭砖等。高炉用炭砖的主要理化性能指标见表 3 – 3。

表 3 – 3　微孔炭砖和超微孔炭砖的性能

项　目		标准炭砖		微孔炭砖		超微孔炭砖
		A	B	C	D	
显气孔率/%		14	16	14	15	16
体积密度/$g \cdot cm^{-3}$		1.50	1.56	1.54	1.61	1.59
常温耐压强度/MPa		41	27	52	48	43
重烧线变化率（1500℃，2h）/%		+0.1	+0.1	+0.1	+0.1	+0.1
热导率 /$W \cdot (m \cdot K)^{-1}$	200℃	5.2	13.5	5.2	13.5	13.5
	400℃	6.0	13.2	6.0	13.2	13.3
	600℃	6.4	13.0	6.4	13.0	13.1
	800℃	6.7	12.4	6.7	12.4	12.1
灰分/%		4.0	2.5	11.0	10.0	10.0

国内外高炉炉缸和炉底结构主要包括以下 3 种基本形式：

（1）大块炭砖砌筑，炉底设陶瓷垫；

（2）热压小块炭砖砌筑，炉底设陶瓷垫；

（3）大块或小块炭砖砌筑，炉底和炉缸设陶瓷杯。

我国和日本的许多高炉多采用大块炭砖的砌筑结构。其特点是可全面改善耐火材料的质量，炉缸和炉底上部区域的侧墙采用具有高热导率的大块炭砖砌筑，而炉底部位采用微孔或超微孔大块炭砖砌筑。炉底上部砌筑优质陶瓷质耐火材料的衬垫（简称陶瓷垫）。宝钢 2 号高炉、武钢 5 号高炉的炉缸均采用日本炭砖，炉底设陶瓷垫，取得了良好的效果。

为了避免炉缸和炉底上部区域出现环裂，可采用热压小块炭砖取代该部位侧墙的大块炭砖。小块炭砖采用专门的泥浆砌筑。小块炭砖与冷却壁间不留膨胀缝，与冷却壁直接顶砌，其砌筑方法与一般耐火砖相同。宝钢 3 号高炉、鞍钢 10 号高炉和新 1 号高炉都是采用这种砌筑方式，其炉缸寿命均高于 10 年。

陶瓷杯结构是提高炉缸和炉底炉衬寿命的一项新技术，即在大块炭砖或热压小块炭砖的炉缸内，衬以导热性差的耐火材料并与炉底的陶瓷垫构成杯状的耐火衬。陶瓷杯具有隔热和保温作用，可减少通过炉缸及炉底的热损失，从而易于提高铁水温度。同时，由于陶瓷杯的保温作用，在高炉休风期间，炉体的冷却速度变慢，热损失减少，因此复风时易于恢复正常操作。此外，陶瓷杯外部的炭砖具有高导热性，可将陶瓷杯输入的热量迅速传导出去，从而达到提高炉衬寿命的目的。

3.6.1.2 炉腹、炉腰和炉身下部

高炉炉腹至炉身下部炉衬要承受煤气流和炉料的磨损、碱金属和锌蒸气的破坏、高FeO 初渣的侵蚀，还受到温度波动产生的热震破坏作用，是高炉内衬易损毁部位，应选用具有良好耐磨性、耐侵蚀性、高强度的优质耐火材料。生产实践表明，碳化硅砖尤其是氮化硅或赛隆结合碳化硅砖具有高的高温强度、热导率，低线膨胀系数以及良好的抗氧化性、抗渣与碱侵蚀性、抗热震稳定性和高温耐磨性，是高炉中部合适的炉衬材料。

1985 年鞍钢 6 号高炉炉身下部开始使用氮化硅结合的碳化硅砖，接着在武钢、太钢、攀钢和唐钢等高炉使用，炉龄均得到大幅度提高，取得了良好的使用效果。高炉的炉身下部一般也可选用优质刚玉砖、高铝砖和黏土砖，炉腹部位多采用碳化硅砖，炉腰部位多选用氮化硅结合碳化硅砖和碳化硅砖。不同相结合碳化硅砖的理化性能指标见表 3－4。

表 3－4 碳化硅砖的类型和性能指标

性能指标		结 合 相			
		氧化物	氧氮化物	自结合	氮化物
$w(SiC)/\%$		86	86	>90	75
体积密度/g·cm^{-3}		2.50	2.54	2.58	2.60
显气孔率/%		20	19	16	15
抗折强度/MPa	20℃	20	35	35	40
	1400℃	15	28	40	44
热导率/W·(m·K)$^{-1}$		11	13	17	16
抗热震性（5 次循环强度变化）/%		−16	±0	±0	−28

性能指标		结 合 相			
		氧化物	氧氮化物	自结合	氮化物
氧化，空气中失重（1300℃，20h）/%		0.25		0.42	0.79
抗碱试验：高温强度/MPa	侵蚀前	15	28	40	44
	侵蚀后	6	13	35	36

　　近年来，有人主张不砌筑耐火砖，采用喷涂料在冷却器内形成喷涂层，等高炉开炉后形成渣皮以维持内型。此外，在实际冶炼生产过程中，当炉腹、炉腰和炉身下部工作层损毁到一定程度时（炉壳发红），通过压入料或喷涂料进行热修补，从而能大幅度延长该部位的使用寿命。

3.6.1.3 炉身中上部和炉喉

　　高炉炉身中上部的温度较低，不超过700℃，主要受煤气流冲刷及炉料的磨损，可选用优质黏土砖、高铝砖和硅线石质耐火砖。

　　炉喉是高炉的咽喉，承受炉料下降时的直接冲击和摩擦，极易损毁，多采用高强度的黏土砖和高密度、硬度的高铝砖砌筑，并采用耐磨铸钢板保护。

3.6.2 高炉其他部位用耐火材料

　　高炉的风口、出铁沟和出铁口用耐火材料的设计也至关重要。

　　高炉风口主要承受很大的高温热风（高达2000℃）的高速冲刷，渣铁及炽热物料的撞击、冲刷以及很大的热应力。此外，喷吹煤粉时，风口还受高速煤粉的磨损；高炉出现崩料时，还受块状炉料的打击。因此，风口耐火材料经常发生损毁和漏气。高炉风口过去采用黏土砖或硅线石砖，目前则多采用抗碱性能优异、强度较高的氮化硅结合或自结合的碳化硅质耐火材料。我国宝钢新1号高炉风口耐火材料使用具有抗剥落和抗碱能力强的氮化硅结合碳化硅砖，并取得了满意的使用效果。

　　大型高炉的每个出铁沟的日通铁量约达3000t，故一般要求出铁沟耐火材料具有良好的耐侵蚀和冲刷性能及抗热震稳定性。20世纪50年代，出铁沟耐火材料一般是以黏土、碳化砖、石墨或焦炭粉以及沥青等为原料，经捣打制成。20世纪60年代，开发出出铁沟用 $Al_2O_3 - SiC - C$ 质耐火材料，其具有优异的抗剥落和耐侵蚀性，显著提高了出铁沟的使用寿命。20世纪80年代以来，大型高炉的出铁沟多采用浇注方式成型，使用的原料主要为电熔刚玉、碳化硅、少量的金属硅粉、铝粉及适量的促凝剂等。武钢开发的主沟和铁沟用耐火浇注料的性能分别见表3-5和表3-6。

表3-5 武钢开发的主沟浇注料的性能

主沟浇注料类别	在110℃×24h下			在1500℃×3h下			高温抗折强度（1400℃×2h，埋碳）/MPa
	体积密度/g·cm⁻³	显气孔率/%	耐压强度/MPa	体积密度/g·cm⁻³	显气孔率/%	耐压强度/MPa	
低水泥刚玉浇注料	2.89	11.43	82.50	2.81	22.60	43.70	1.50

续表 3 - 5

主沟浇注料类别	在 110℃ ×24h 下			在 1500℃ ×3h 下			高温抗折强度 (1400℃ ×2h, 埋碳)/MPa
	体积密度 /g·cm⁻³	显气孔率 /%	耐压强度 /MPa	体积密度 /g·cm⁻³	显气孔率 /%	耐压强度 /MPa	
溶胶结合快干浇注料	2.90	14.58	22.81	2.85	19.01	54.22	1.46
溶胶结合自流浇注料	2.88	13.52	20.51	2.84	18.53	43.75	4.5

表 3 - 6　武钢开发的铁沟浇注料和捣打料的性能

种　类	在 110℃ ×24h 下			在 1500℃ ×3h 下		
	体积密度 /g·cm⁻³	显气孔率 /%	耐压强度 /MPa	体积密度 /g·cm⁻³	显气孔率 /%	耐压强度 /MPa
铁沟浇注料	2.92	13.12	64.69	2.91	17.00	59.38
免烘烤捣打料	2.90	14.58	22.81	2.85	19.01	54.22
快速烘烤无公害捣打料	2.88	19.13	11.88	2.89	17.01	41.56

大型高炉主沟采用的材料主要为纯铝酸钙水泥结合浇注料，为了自流，增加细粉与水的用量，多用在 2 ~ 3 个铁口的高炉；加入快干剂与促凝剂后制得的浇注料称为快干浇注料，多用在单铁口的高炉或生产安排比较紧张的高炉。武钢开发的溶胶结合浇注料为自洁净结合的浇注料，不采用水泥结合，随温度增加，其耐压强度提高，且抗氧化性好，自流型浇注料在武钢 1513m³ 高炉的一次通铁量超过 15 万吨；快干型的浇注料成型后 1h 即可脱模，快速烘烤 2 ~ 3h 后可投入使用，某 2200m³ 高炉主沟使用，经过 1 ~ 2 次局部修补后通铁量超过 20 万吨。

铁沟耐火材料在平时不储存铁水，不会长时间被高温铁水和渣浸泡，故其渗透冲刷的破坏不如主沟严重。但铁沟在高温下不连续使用，故要求铁沟耐火材料应具有良好的抗热震性。大型高炉的铁沟多使用低水泥结合的浇注料及免烘烤捣打料。武钢开发的快速烘烤无公害捣打料，不使用有机结合剂，含水量低，可快速烘烤，获得了满意的使用效果。

出铁口要承受铁水、炉渣的侵蚀与冲刷及出铁产生的热冲击，故出铁口耐火材料的损毁较为严重。以前常使用黏土砖和高铝砖。目前，正在积极研发高性能的 $Al_2O_3 - SiC - C$ 质材料。用于堵塞出铁口的泥料称为炮泥，一般要求其具有如下特点：良好的可塑性、黏结性及烧结性；在使用过程中不产生裂纹和收缩；强度高；耐侵蚀性好；烧结后炮泥易于打开。炮泥一般使用黏土熟料、高铝熟料、莫来石、碳化硅、炭粒和黏土原料。大型高炉则使用电熔刚玉、碳化硅、绢云母、黏土等作为原料，用水或树脂进行混炼，制成有水炮泥或无水炮泥。武钢开发的高强度环保型炮泥的性能见表 3 - 7。

表 3 - 7　武钢开发的高强度环保炮泥的性能

性　能	250℃ ×24h	700℃ ×3h	1400℃ ×3h
体积密度/g·cm⁻³	2.14	2.02	2.07
气孔率/%	7.08	26.13	25.58

性　能	250℃ ×24h	700℃ ×3h	1400℃ ×3h
耐压强度/MPa	8.0	8.4	10.7
重烧线变化率/%	—	- 0.5	- 0.46

3.7 高炉的冷却器设计

冷却器设计是否合理对高炉长寿有着直接的影响。目前高炉采用的冷却器主要有冷却壁、冷却板以及板壁结合的形式。冷却壁又分为带凸台的冷却壁和光面冷却壁等形式。冷却壁的材质常选用球墨铸铁，它可以消除 Fe_3C 分解开裂的问题，而且延展性和强度都能满足高炉使用的要求。使用冷却板相对于冷却壁来说，炉皮开孔较多，因此高炉通常采用冷却壁。铜冷却壁的导热率高，冷却强度大，渣皮形成快而稳定，其设计厚度较薄，相应炉容扩大，产量增加。

高炉在冶炼过程中产生大量的热，如果不及时将这些热量散掉，高炉的炉衬就会被侵蚀，直接影响高炉的寿命，因此，改善高炉冷却效果是延长高炉寿命的重要因素。

3.7.1　高炉冷却目的

高炉的冷却目的主要包括以下 3 点：

（1）维持炉衬在一定的温度下工作，使其不失去强度，保持炉型；

（2）形成渣皮，保护炉衬，代替炉衬工作；

（3）保护炉壳及各种钢结构，使其不因受热而变形或破坏。

高炉炉衬的冷却，是由插入砌体或置于砌体外缘表面的金属冷却器件的内部通过冷却介质完成的，一般采用水冷。

3.7.2　冷却设备

高炉的冷却设备包括外部喷水冷却、风口和渣口的冷却、冷却壁、冷却水箱及风冷或水冷炉底等。

（1）喷水冷却装置。喷水冷却装置适用于碳质炉衬和小型高炉，而对于大型高炉仅在炉龄晚期冷却设备烧坏时进行辅助性的冷却。

在炉身和炉腹部位装有环形冷却水管，水管直径为 50 ~ 150mm，距炉壳约 100mm，水管上朝炉壳的斜上方钻有若干个直径为 5 ~8mm 的小孔，小孔间距为 100mm。冷却水经由小孔喷射到炉壳进行冷却。

（2）风口和渣口。风口由三个套组成，其中小套为腹腔式贯流风口。风口的中、小套一般由紫铜或青铜制造，空腔式结构；风口大套由铸铁铸成，内部铸有蛇形钢管。风口小套内径可根据入炉风速进行确定，大型高炉的标态入炉风速为 110 ~ 150m/s，超过 4000m³ 的高炉入炉风速可取 150 ~200m/s。

渣口装置通常由四个套组成，即大套、二套、三套和渣口小套。其中，大套、二套由铸铁铸成，内部铸有蛇形钢管；三套由青铜铸成空腔式结构；渣口小套由紫铜制造，一般为空腔式结构，直径 45 ~60mm。

高炉的铁口一般不需要冷却，4000m³ 左右大型高炉的铁口因负荷太重，故需要冷却，如宝钢 1 号高炉在铁口的上方和两侧插入冷却板。

（3）冷却壁。冷却壁设置于炉壳与炉衬之间，分为光面冷却壁和镶砖冷却壁，其基本结构是铸铁板内铸无缝钢管。光面冷却壁厚为 80~120mm，镶砖冷却壁（包括镶砖在内）厚 250~350mm，砖厚一般为 113~230mm。光面冷却壁用于炉底炉缸，风口区冷却壁的块数为风口数目的两倍。镶砖冷却壁用于炉腹、炉腰和炉身下部，镶砖的目的在于易结渣皮，代替炉衬工作。冷却壁宽度为 700~1500mm，圆周个数取偶数；冷却壁高度视炉壳折点而定，一般小于 3000mm。冷却壁用方头螺栓固定在炉壳上，每块四个螺栓。同段冷却壁间竖直缝 20mm，上下段间水平缝 30mm，两段竖直缝相互错开。

冷却壁的优点是不损坏炉壳强度，密封性好，冷却均匀，炉衬表面光滑平整。

（4）冷却水箱。冷却水箱是埋置于炉衬内的冷却设备，用于厚壁炉衬，分为扁水箱和支梁式水箱两种。

扁水箱（又称为冷却板）的厚度为 70~110mm，由铸铁铸成，内部铸有 $\phi 44.5 \times 6mm$ 的无缝钢管，常用于炉腰和炉身。炉腰部位比炉身部位密集一些，上下层间距一般为 500~900mm，同层间距 150~300mm。宝钢 1 号高炉从炉腹到炉身采用铸铜质冷却板，冷却效率高。

支梁式水箱是内部铸有无缝钢管的楔形铸铁水箱，常用于炉身中部，插入炉衬内。上下层间距为 600~800mm，同层横向间距为 1300~1700mm，水箱前端距炉衬设计工作面为 230~450mm。

（5）风冷、水冷炉底。因大型高炉的炉缸直径较大，径向周围冷却壁的冷却难以将炉底中心部分的热量全部散发，故需要在炉底中心部分进行风冷、水冷，以避免炉底被严重侵蚀。水冷炉底比风冷炉底冷却强度大，耗电低，可进一步减薄炉底厚度。

现代的大型高炉，多采用炉底封板，水冷管设置在封板以下，对炉壳没有损失，如宝钢 1 号高炉；若水冷管设置在封板以上，则炉壳开孔降低强度和密封性，但冷却效果比前一种结构好些。

3.7.3 冷却器的工作制度

冷却器的工作制度是指制定和控制冷却水的流量、流速、水压及出水与进水温差等。高炉各部位的热负荷不同，冷却器形式不同，故应制定不同的冷却器工作制度。

3.7.3.1 水的消耗量

高炉的热负荷是指高炉某部位需要由冷却水带走的热量，单位表面积炉衬或炉壳的热负荷即为冷却强度。热负荷的表达式为：

$$Q = C_水 \, m(t_出 - t_进)$$

式中 Q ——高炉热负荷，kJ/h；

m ——冷却水流量，t/h；

$C_水$ ——水的比热容，kJ/(kg·℃)；

$t_出$，$t_进$ ——冷却水的出水与进水的温度，℃。

由此可见，冷却水消耗量与热负荷和出进水温差有关。在高炉冶炼过程的某一段特定时间内（如炉龄的初期、中期和晚期等）可认为 Q 是一个常数，则冷却消耗量与出进水温差成反比，即提高冷却水的温差，可降低冷却水的消耗量。一般可通过降低水的流速或增加冷却器的串联个数来提高冷却水的温差。

3.7.3.2 流速和水压

由上面的分析可知，降低冷却水流速可提高冷却水温差，进而减少冷却水用量。但流速太低会使机械混合物沉淀，且局部冷却水可能沸腾，故冷却水流速不宜太低，其与冷却器的结构有关。在铸有无缝钢管的冷却器内，冷却水流速为 1.2 ~ 1.5m/s，空腔式冷却器内水的流速稍低。

在确定冷却水压力时，一定要保证冷却水压力大于炉内静压，以防止个别冷却器烧坏时煤气进入冷却系统。高炉风口冷却压力一般比热风的压力高 0.1MPa，炉身部位的冷却水压力比炉内静压高 0.05MPa。一般高炉的给水压力见表 3 – 8。

表 3 – 8　炉体给水压力　　　　　　　　　　　　　　　　　MPa

部　　位	炉容/m³			
	< 100	255	620	> 1000
供水主管（风口平台处滤水器以上）	0.18 ~ 0.25	0.25 ~ 0.30	0.30 ~ 0.35	0.35 ~ 0.40
炉体中部	0.12 ~ 0.20	0.15 ~ 0.20	0.20 ~ 0.25	0.20 ~ 0.25
炉体上部	0.08 ~ 0.10	0.10 ~ 0.14	0.14 ~ 0.16	0.15 ~ 0.18

风口小套是较易烧坏的冷却设备，采用高压大流速时使用的效果好。例如，宝钢 1 号高炉采用贯通式风口，为多空腔式结构，水压为 1.6MPa，风口前端空腔流速可达 16.9m/s。

3.7.3.3 冷却水温差

因水沸腾时，水中的钙离子、镁离子会以氧化物形式沉淀而产生水垢，从而降低冷却效果，故应避免冷却器内局部水产生沸腾。进水温度一般应低于 35 ~ 40℃。一般高炉的冷却水温差见表 3 – 9。

表 3 – 9　不同高炉炉体水温差　　　　　　　　　　　　　　℃

炉容/m³	250	944	1000
炉身上部	10 ~ 14	10 ~ 15	15 ~ 16
炉身下部	10 ~ 14	10 ~ 15	15 ~ 16
炉腰	8 ~ 12	7 ~ 10	10 ~ 12
炉腹	10 ~ 14	7 ~ 10	6 ~ 8
风口带	4 ~ 6	3 ~ 5	5
炉缸	< 3	< 3	< 3
风口、渣口大套	3 ~ 5	6 ~ 8	5 ~ 6
风口、渣口二套	3 ~ 5	7 ~ 10	3 ~ 5

4 高炉冶炼综合计算

高炉冶炼综合计算主要包括配料计算、物料平衡计算和热平衡计算，从计算中获得原燃料消耗量、鼓风消耗量、单位生铁的煤气产量、炉渣量及炉尘量等基本参数，以便进行高炉设计。其中，配料计算是物料平衡和热平衡计算的基础，物料平衡又是热平衡计算的基础。通过物料平衡和热平衡计算，可定量分析高炉的能量利用情况，了解高炉冶炼过程中全部物质与能量的来龙去脉，为进一步降低能耗，提高生产组织及操作水平指出方向。

4.1 配料计算概述

通过配料计算可确定加入高炉的矿石、熔剂和燃料等的比例，从而获得规定成分的生铁和适当成分的炉渣。配料计算前，应先确定冶炼的生铁品种及其成分，各元素或化合物在炉渣、生铁和煤气中的分配，高炉炉尘量及成分，以及冶炼焦比、炉渣碱度和某些成分的含量等，并将所有原燃料成分进行整理。

在冶炼制钢生铁时，生铁成分中 [Si] 和 [S] 的含量由生铁质量及冶炼水平确定，$w[Si] \approx 0.3\% \sim 0.8\%$，$w[S] \approx 0.015\% \sim 0.025\%$。[Mn] 和 [P] 的含量由原料条件确定，通常以 1.7t 矿中磷全部进入 1t 生铁中、锰 50% 进入生铁中进行估算。生铁中的 [Fe] 含量为 100% 减去 [Si]、[Mn]、[P]、[S] 和 [C] 的含量。而 [C] 含量为：

$$w[C] = 4.30\% - 0.27 \times w[Si] - 0.329 \times w[P] - 0.032 \times w[S] + 0.30 \times w[Mn]$$

表 4-1 列出不同元素在渣、铁及煤气中的分配率。元素 Si、S 和 Ti 在渣铁中的分配率由冶炼条件控制，不按分配率计算，当矿石含 TiO_2 时，$w[Ti] \approx 0.1\% \sim 0.3\%$。

表 4-1　元素在渣、铁及煤气中的分配率　　　　　　　　　　%

元　素	Fe	Mn	P	S	V	Cr
生铁	99.7	50.0	100.0	—	70 ~ 80	45 ~ 50
炉渣	0.3	50.0	0	—	20 ~ 30	50 ~ 65
煤气	0	0	0	5	0	0

高炉炉尘量根据高炉的原料条件确定，原料条件好时可以按约 20kg/t 生铁选取。炉尘成分必须有含碳量。

高炉焦比可根据技术规定，参考原燃料条件及冶炼条件选取，先确定综合焦比，然后确定干焦比及燃料喷吹量。目前燃料喷吹量在 80 ~ 200kg/t 生铁范围。

炉渣成分主要确定碱度 R，一般 $R = w(CaO)/w(SiO_2)$，其值为 1.00 ~ 1.20。目前，当炉渣 Al_2O_3 含量较高，渣量较少时，R 也可达到 1.20 ~ 1.28。

4.1.1 配料数据调整

因从工厂获得的原燃料数据不完全（如仅是元素分析、烧损、挥发分等），且成分之和不是 100%，因此，为了正确地进行配料计算，必须对其进行调整和整理，最终将成分之和调整为 100%。调整时应遵循以下方法。

（1）矿石的 TFe 表示矿石的全铁含量，应该转化成 Fe_2O_3 和 FeO，方法是先用 TFe 减去 FeO 中的含铁量，得到 Fe_2O_3 的含铁量，然后折算成 Fe_2O_3 含量。

（2）根据矿石种类及生成条件将元素转化成化合物，如将 P 转化成 P_2O_5，将 Mn 转化成 MnO。

（3）S 在矿石中往往是以 CaS、FeS 形式存在的，而实际数据中 CaO、FeO 中已经包括了硫化物中的铁和钙，由于硫化物按氧化物计算，氧的相对原子质量只是硫的一半，所以 S 不用转化成化合物，只需转化成 S/2 即可。

（4）当所有成分转化成化合物后，加和超过 100% 时，应折算成 100%。加和不到 100%，应考虑是否有烧损，如有烧损则将差值归入烧损；如果无烧损，但有可能某些成分没化验，无数据，此时可在成分中增加一项其他，使加和达到 100%，配料计算过程将其归入炉渣中；如果所有成分都有，也可以直接折算成 100%。

（5）焦炭挥发分往往没有成分分析，可根据资料中其他焦炭的挥发分成分折算。

（6）矿石中的烧损，对于生矿主要为 CO_2 和 H_2O。一般先按矿石中 CaO、MgO 含量折算成 CO_2，其余的则为 H_2O。

4.1.2 配料计算步骤

确定好各种条件和调整好原燃料成分后，按以下步骤进行配料计算。

（1）校正干焦比。进入高炉的焦炭，实际有一部分成为炉尘从高炉炉顶吹出，因此对于单位生铁实际在高炉内参加反应的焦炭量为：

实际焦耗量(干) = 设定干焦比 - 炉尘含焦量

（2）计算矿石配比及需要量和熔剂消耗量。现代高炉炼铁常采用 2~3 种矿石，如高碱度烧结矿、酸性球团矿和富块矿。配料计算主要就是计算矿石配比和使用量。计算矿石配比主要根据要求的生铁成分、矿石成分、燃料成分、熔剂成分、炉渣碱度及炉渣含 MgO 量确定。若生铁有含 Mn 要求，炉渣有含 MgO 要求，则在计算矿石配比时应考虑铁平衡、碱度平衡、Mn 平衡和 MgO 平衡，且此时需要有锰矿石和高 MgO 原料。若生铁对含 Mn 不要求，炉渣对含 MgO 不要求时，高炉矿石配比主要根据铁平衡和碱度平衡确定。在只有两个平衡方程和矿石配比和为 1 时，只能有三个变量，即矿石使用量和两种矿石配比，其他矿石的用量根据经验确定。

一般选取富块矿的配比为 8%~15%，根据铁平衡和碱度平衡计算高碱度烧结矿和酸性球团矿的配比。为了在高炉中少加和不加石灰石，在配料计算中往往先采用石灰石配比为零，估算矿石配比，然后将高碱度矿石配比向低取整，酸性矿石向高取整，获得最终矿石配比。确定矿石配比后，计算混合矿成分，再根据铁平衡、碱度平衡确定矿石用量和熔剂用量。在计算碱度平衡时应考虑到 Si 还原消耗的 SiO_2 量。

（3）炉渣成分计算及生铁成分校核。根据入炉原料、燃料成分及元素在渣、铁及煤气中的分配比，计算出生铁成分、炉渣量和炉渣成分，考查生铁成分与目标成分是否符合，借助相图可以考查炉渣性能是否满足炼铁的需要。

4.2 物料平衡计算概述

在配料计算的基础上，可进行物料平衡计算，以每吨铁为计算单位计算出风量、炉顶煤气发生量及其成分，最后编制物料平衡表。进行物料平衡计算旨在确定进入高炉和排出高炉物质的量，考查冶炼参数选取是否合理，配料计算是否正确，从而为高炉设计提供基础数据。

4.2.1 风量的计算

风量的计算步骤如下：先求出每吨铁由燃料带入高炉的总固定碳质量 $m_{C总}$，扣除生铁渗碳量 $m_{C渗}$ 及生成甲烷消耗的碳量 $m_{C甲烷}$，得到高炉内被氧化的碳量 $m_{C氧化}$；用 $m_{C氧化}$ 减去铁及各元素直接还原的耗碳量 $m_{C直}$，得到风口前燃烧的碳量 $m_{C燃}$；从风口前燃烧的碳量便可求出冶炼每吨生铁消耗的鼓风量 $V_风$。

$$m_{C总} = m_焦 w_{C焦固} + m_煤 w_{C煤}, kg$$

式中 $m_焦$——吨铁干焦量，kg；

　　　$w_{C焦固}$——焦炭固定碳含量，%；

　　　$m_煤$——吨铁喷煤量，kg；

　　　$w_{C煤}$——煤粉含碳量，%。

$$m_{C氧化} = m_{C总} - m_{C渗} - m_{C甲烷} = m_{C总} - m_{C渗} - (0.6\% \sim 1.5\%) m_{C总}, kg$$

式中 $m_{C渗}$——生铁中的渗碳量，kg；

　　　$m_{C甲烷}$——高炉内生成甲烷的碳量，kg。

$$m_{C甲烷} = (0.6\% \sim 1.5\%) m_{C总}，计算时一般取 1.0\%。$$

$$m_{C燃} = m_{C氧化} - m_{C直}, kg$$

式中 $m_{C直}$——直接还原耗碳量，kg。

$$m_{C直} = 1000 \times w[Si] \times \frac{24}{28} + 1000 \times w[Mn] \times \frac{12}{55} + 1000 \times w[P] \times \frac{60}{62} + 1000 \times w[Fe] \times \frac{12}{56} \times r'_d, kg$$

式中 r'_d——实际直接还原度，根据冶炼条件可取 0.35 ~ 0.50。

计算鼓风量时，不仅要考虑鼓风中所含氧气和水可燃烧碳，还应考虑喷吹煤粉中的氧和水也可消耗风口前的碳。故鼓风量 $V_风$ 按下式计算：

$$V_风 = \frac{m_{C燃} \times \frac{22.4}{24} - m_煤 \left(w_{O煤} + w_{H_2O煤} \times \frac{16}{18} \right) \times \frac{22.4}{32}}{w(1 - \varphi) + 0.5\varphi}, m^3/t$$

式中 $w_{O煤}$——煤粉含氧量，%；

　　　$w_{H_2O煤}$——煤粉含水量，%；

　　　w——鼓风含氧量，%；

　　　φ——鼓风含水量，%。

4.2.2 煤气量的计算

（1）煤气中甲烷量：包括高炉中生成甲烷和焦炭挥发分带入的甲烷。

$$V_{CH_4} = m_{C甲烷} \times \frac{22.4}{12} + m_焦 w_{CH_4焦} \times \frac{22.4}{16}, m^3/t$$

式中 V_{CH_4}——煤气中甲烷量，m^3/t；

      $w_{CH_4焦}$——焦炭中甲烷的含量，%。

（2）煤气中 H_2 量：由所有进入高炉的氢量（包括水、有机物中的氢）扣除氢还原消耗量和生成甲烷消耗的氢量后确定。

$$V_{H_2} = \left\{ V_风 \varphi + \left[m_焦 w_{H焦} + m_煤 \left(w_{H煤} + w_{H_2O煤} \times \frac{2}{18} \right) \right] \times \frac{22.4}{2} \right\} \times (1 - \eta_{H_2}) - 2 \times V_{CH_4}$$

式中 V_{H_2}——煤气含氢量，m^3/t；

      $w_{H焦}$——焦炭含氢量，包括挥发分中的氢和有机物中的氢，%；

      $w_{H煤}$——煤粉含氢量，%；

      $w_{H_2O煤}$——煤粉含水量，%；

      η_{H_2}——氢在高炉内的利用率，通常为 0.3~0.5；

      V_{CH_4}——煤气甲烷量，m^3/t。

（3）煤气中 CO_2 量：由高炉内 Fe_2O_3 间接还原成 FeO 产生的 CO_2、FeO 间接还原成 Fe 产生的 CO_2、熔剂分解产生的 CO_2 以及焦炭和煤粉挥发分中的 CO_2 组成。其计算过程如下：

1）计算 CO 参加间接还原产生的 CO_2 量。

$$V_{CO_2还} = m_{\Sigma Fe_2O_3原料} \times \frac{22.4}{160} + 1000 \times w[Fe] \times (1 - r_d) \times \frac{22.4}{56} - V_{H_2还}$$

式中 $V_{CO_2还}$——CO 参加间接还原（CO 还原 Fe_2O_3 为 FeO 和 CO 还原 FeO 为 Fe）产生的 CO_2 量，m^3；

      $m_{\Sigma Fe_2O_3原料}$——吨铁原料中 Fe_2O_3 量，kg；

      r_d——铁的直接还原度，根据冶炼条件可取 0.40~0.50；

      $V_{H_2还}$——氢代替 CO 参加间接还原的量，m^3，其按下式确定：

$$V_{H_2还} = (V_{H_2} + 2V_{CH_4}) \times \frac{\eta_{H_2}}{1 - \eta_{H_2}}$$

2）计算熔剂分解产生的 CO_2 量。

$$V_{CO_2熔剂} = m_熔剂 w_{CO_2熔剂} \times \frac{22.4}{44}$$

式中 $V_{CO_2熔剂}$——熔剂分解产生的 CO_2 量，m^3；

      $m_熔剂$——吨铁熔剂消耗量，kg；

      $w_{CO_2熔剂}$——熔剂含 CO_2 量，%。

3）计算焦炭挥发分产生的 CO_2 量。

$$V_{CO_2焦} = m_焦 w_{CO_2焦} \times \frac{22.4}{44}$$

式中 $w_{CO_2焦}$——焦炭含 CO_2 量，%。

最后可得到煤气中 CO_2 量 V_{CO_2}。

$$V_{CO_2} = V_{CO_2还} + V_{CO_2熔剂} + V_{CO_2焦}$$

（4）煤气中 CO 量：由高炉内氧化的碳 $m_{C氧化}$ 生成的 CO，加上焦炭挥发分中的 CO，减去间接还原消耗的 CO 量确定。

$$V_{CO} = m_{C氧化} \times \frac{22.4}{12} + m_焦 w_{CO焦} \times \frac{22.4}{28} - V_{CO_2还}$$

式中 $w_{CO焦}$——焦炭含 CO 量,%。

（5）煤气中 N_2 量：由鼓风中 N_2 量和燃料中氮量组成的。

$$V_{N_2} = V_风 \times (1 - \varphi) \times (1 - w) + (m_焦 w_{N焦} + m_煤 w_{N煤}) \times \frac{22.4}{28}$$

式中 w——鼓风含氧量,%；

$\quad\quad\varphi$——鼓风含水量,%；

$w_{N焦}$——焦炭的总含氮量，包括挥发分和有机物中的氮,%；

$w_{N煤}$——喷吹煤粉的总含氮量，包括挥发分和有机物中的氮,%。

（6）煤气成分表：根据高炉干煤气的总量及各气体的量，可以计算高炉干煤气的成分。

4.2.3 物料平衡表的编制

在编制物料平衡表时，应算出各种气体的质量。在进入高炉的物质中，应将干焦折算成湿焦炭，进入炉尘的矿石和焦炭也应考虑。在排出高炉的物质中应该考虑煤气中的水分和炉尘。

（1）鼓风质量 $m_风$。

$$m_风 = V_风 \times \frac{32 \times (1 - \varphi) \times w + 28 \times (1 - \varphi) \times (1 - w) + 18 \times \varphi}{22.4}, kg$$

（2）干煤气质量 $m_{煤气}$。

$$m_{煤气} = V_{煤气} \times \frac{44\varphi(CO_2) + 28\varphi(CO) + 28\varphi(N_2) + 2\varphi(H_2) + 16\varphi(CH_4)}{22.4}, kg$$

式中 $V_{煤气}$——吨铁干煤气量，m^3；

$\varphi(CO_2), \varphi(CO), \varphi(N_2), \varphi(CH_4)$——分别为煤气中 CO_2、CO、N_2 和 CH_4 的体积分数,%。

（3）煤气含水量 m_{H_2O}。煤气含水包括焦炭、熔剂带入的水分和氢还原产生的水分。

$$m_{H_2O} = m_焦 w_{H_2O焦} + m_熔 w_{H_2O熔剂} + V_{H_2还} \times \frac{18}{22.4}, kg$$

式中 $w_{H_2O焦}$——焦炭含水量,%；

$w_{H_2O熔剂}$——熔剂含水量,%。

编制物料平衡表后，应该进行计算误差校核，要求误差小于 0.3%。

$$误差 = \frac{入项 - 出项}{入项} \times 100\%$$

4.3 热平衡计算概述

为了确定冶炼过程热收入和热支出的分配，考查冶炼过程能量利用、冶炼参数选择是否合理，需要进行热平衡计算。热平衡的计算方法有两种：一是只考虑初态和末态的盖斯定律法；二是按高炉内实际过程计算热平衡的方法。在设计高炉的热平衡计算中主要采用盖斯定律法。热平衡中以每吨生铁为计算单位。

4.3.1 高炉的热量收入

高炉的热量收入包括碳的燃烧放热、热风物理热、氢氧化放热、甲烷生成放热、成渣热及入炉物料物理热。

（1）炭素燃烧放热。

生成 CO_2 的燃烧热 Q_{CO_2}：

$$Q_{CO_2} = V_{CO_2还} \times \frac{12}{22.4} \times 33436.2, kJ$$

式中　$V_{CO_2还}$——CO 参加间接还原产生 CO_2 的体积，m^3；

33436.2——C 氧化为 CO_2 的放热量，kJ/kg。

生成 CO 的燃烧热 Q_{CO}：

$$Q_{CO} = \left(V_{CO} - m_焦 W_{CO焦} \times \frac{22.4}{28} \right) \times \frac{12}{22.4} \times 9804.6, kJ$$

式中　V_{CO}——煤气中的 CO 体积，m^3；

$W_{CO焦}$——焦炭中的 CO 含量，%；

9804.6——C 氧化为 CO 的放热量，kJ/kg。

（2）热风物理热 $Q_风$。

$$Q_风 = V_{干风} q_{干风} + V_{H_2O} q_{H_2O}, kJ$$

式中　$V_{干风}$——扣除水分的干鼓风量，$V_{干风} = V_风 \times (1 - \varphi)$，$m^3$；

V_{H_2O}——鼓风含水量，m^3；

$q_{干风}$——给定温度干风（双原子气体）的热焓量，kJ/m^3；

q_{H_2O}——水蒸气的热焓量，kJ/m^3，见表 4-2。

表 4-2　某些气体从 0 到 t（℃）的热焓

温度/℃	双原子气体/kJ·m^{-3}	H_2O/kJ·m^{-3}	CO_2/kJ·m^{-3}
100	130	151	170
200	261	304	357
300	395	463	559
400	532	626	772
500	671	795	994
600	814	969	1224
700	959	1149	1462
800	1107	1334	1705
900	1257	1526	1952
1000	1409	1723	2203
1100	1564	1925	2458
1200	1719	2132	2716
1300	1876	2343	2976
1400	2034	2558	3238
1500	2193	2779	3502

（3）氢氧化放热 Q_{H_2O}。

$$Q_{H_2O} = V_{H_2还} \times \frac{18}{22.4} \times 13454.09, kJ$$

式中　$V_{H_2还}$——氢代替 CO 参加间接还原的量，m^3；

　　13454.09——水的生成热，kJ/kg。

（4）甲烷生成热 Q_{CH_4}。

$$Q_{CH_4} = m_{C甲} \times \frac{16}{12} \times 4709.56, kJ$$

式中　$m_{C甲}$——高炉内生成甲烷的碳量，kg；

　　4709.56——甲烷的生成热，kJ/kg。

（5）成渣热 $Q_{成渣}$。成渣热是指熔剂分解出的 CaO、MgO 与 SiO_2 反应生成渣时的放热。

$$Q_{成渣} = m_{熔剂} \times (w_{CaO熔剂} + w_{MgO熔剂}) \times 1131.3$$

式中　$w_{CaO熔剂}$，$w_{MgO熔剂}$——熔剂中的 CaO、MgO 含量，%；

　　1131.3——CaO、MgO 的成渣热，kJ/kg。

（6）炉料物理热 $Q_{炉料}$。高炉使用冷矿后，这部分热量常可忽略。

$$Q_{炉料} = m_{炉料} \times \overline{C}_{炉料} \times t_{炉料}, kJ$$

式中　$m_{炉料}$——入炉料的质量，kg；

　　$\overline{C}_{炉料}$——炉料的平均热容，取 0.67~0.70kJ/(kg·℃)；

　　$t_{炉料}$——入炉料的温度，℃。

4.3.2　高炉的热量支出

高炉热支出包括氧化物分解吸热、脱硫耗热、碳酸盐分解热、水分分解热、游离水蒸发热、铁水带走热、炉渣带走热、喷吹物分解热、煤气带走热、炉尘带走热、冷却水及其他热损失。

（1）氧化物分解吸热 $Q_{氧分}$。氧化物分解吸热包括铁氧化物分解吸热 $Q_{铁氧分}$、锰氧化物分解吸热 $Q_{锰氧分}$、硅氧化物分解吸热 $Q_{硅氧分}$ 和磷氧化物分解吸热 $Q_{磷盐分}$。

1）$Q_{铁氧分}$ 的计算。矿石中铁氧化物主要为赤铁矿（Fe_2O_3）、磁铁矿（Fe_3O_4）和硅酸铁。一般矿石中有 20% 的 FeO 存在于硅酸铁中，其余的存在于磁铁矿中。

硅酸铁中 FeO 的质量：　$m_{硅} = m_{矿} \times w_{FeO矿} \times 20\%, kg$

磁铁矿的质量：　$m_{磁} = m_{矿} \times w_{FeO矿} \times (1 - 20\%) \times \frac{232}{72}, kg$

赤铁矿的质量：　$m_{赤} = m_{矿} \times w_{Fe_2O_3矿} - m_{磁} \times \frac{160}{232}, kg$

式中　$m_{矿}$——生产 1t 生铁所需的矿石总质量，kg；

　　$w_{FeO矿}$——矿石中 FeO 的含量，%；

　　$w_{Fe_2O_3矿}$——矿石中 Fe_2O_3 的含量，%。

则：　　　　$Q_{铁氧分} = m_{硅} \times 4078.25 + m_{磁} \times 4803.33 + m_{赤} \times 5156.59, kJ$

式中　4078.25，4803.33，5155.59——硅酸铁中的 FeO、磁铁矿及赤铁矿的分解热，kJ/kg。

2）$Q_{锰氧分}$的计算。

$$Q_{锰氧分} = w[Mn] \times 1000 \times 7366.02, kJ$$

式中　$w[Mn]$——铁水中的 Mn 含量，%；

　　7366.02——由 MnO 分解产生 1kg 锰的分解热，kJ/kg。

3）$Q_{硅氧分}$的计算。

$$Q_{硅氧分} = w[Si] \times 1000 \times 31102.37, kJ$$

式中　$w[Si]$——铁水中的 Si 含量，%；

　31102.37——由 SiO_2 分解产生 1kg 硅的分解热，kJ/kg。

4）$Q_{磷盐分}$的计算。

$$Q_{磷盐分} = w[P] \times 1000 \times 35782.6, kJ$$

式中　$w[P]$——铁水中的 P 含量，%；

　35782.6——由 P_2O_5 分解产生 1kg 磷的分解热，kJ/kg。

则：

$$Q_{氧分} = Q_{铁氧分} + Q_{锰氧分} + Q_{硅氧分} + Q_{磷盐分}$$

（2）脱硫耗热 $Q_{脱硫}$。脱硫耗热是指从 FeS 脱硫成为 CaS 消耗的热。

$$Q_{脱硫} = m_{渣硫} \times 8359.05, kJ$$

式中　8359.05——脱除 1kg 硫消耗的热，kJ/kg。

（3）碳酸盐分解热 $Q_{熔剂}$。碳酸盐分解热是指熔剂中 $CaCO_3$ 和 $MgCO_3$ 分解耗热。

$$Q_{熔剂} = m_{熔剂} \times w_{CaO熔剂} \times \frac{44}{56} \times 4048 + \left(m_{熔剂} \times w_{CO_2熔剂} - m_{熔剂} \times w_{CaO熔剂} \times \frac{44}{56} \right) \times 2489, kJ$$

式中　$w_{CaO熔剂}$，$w_{CO_2熔剂}$——熔剂中 CaO、CO_2 含量，%；

　　4048，2489——$CaCO_3$ 和 $MgCO_3$ 分解为 1kg CO_2 消耗的热量，kJ/kg。

（4）水分分解吸热 $Q_{水分}$。水分分解吸热是指热风中水分和喷吹物中水分分解耗热。

$$Q_{水分} = \left(V_{风} \times \varphi \times \frac{18}{22.4} + m_{煤} \times w_{H_2O煤} \right) \times 13454.1, kJ$$

式中　$w_{H_2O煤}$——煤粉中含水量，%；

　　φ——鼓风含水量，%；

　13454.1——水分的分解热，kJ/kg。

（5）游离水蒸发吸热 $Q_{汽}$。

$$Q_{汽} = m_{焦} \times w_{H_2O焦} \times 2682, kJ$$

式中　2682——1kg 水从 0℃ 转化为 100℃ 的水蒸气时吸热，kJ/kg。

（6）铁水带走热 $Q_{铁水}$。

$$Q_{铁水} = 1000 \times 1173 = 1173000, kJ$$

式中　1173——铁水的热熔，kJ/kg。

（7）炉渣带走热 $Q_{渣}$。

$$Q_{渣} = m_{渣} \times 1760, kJ$$

式中　1760——炉渣的热熔，kJ/kg。

（8）喷吹物分解热 $Q_{煤}$。

$$Q_{煤} = m_{煤} \times 1048, kJ$$

式中　1048——喷吹物的分解热熔，kJ/kg。

（9）煤气带走热量 $Q_{煤气}$。从常温到200℃之间，煤气各组元的平均比热容见表4 - 3。

表4 - 3　煤气各组元的平均比热容　　　　　　　　　　　　　kJ/(m³·℃)

N₂	CO₂	CO	H₂	CH₄	H₂O汽
1.284	1.777	1.284	1.278	1.610	1.842

1）干煤气带走热量为：

$$Q_{干煤气} = [1.284 \times (V_{N_2} + V_{CO}) + 1.777 \times V_{CO_2} + 1.278 \times V_{H_2} + 1.610 \times V_{CH_4}] \times t_{煤气}, kJ$$

式中　$t_{煤气}$——炉顶煤气的温度，℃。

2）煤气中水带走热量为：

$$Q_{水} = 1.842 \times m_{水} \times (t_{煤气} - 100) \times \frac{22.4}{18}, kJ$$

则：

$$Q_{煤气} = Q_{干煤气} + Q_{水}$$

（10）炉尘带走热量 $Q_{尘}$。

$$Q_{尘} = m_{尘} \times 0.7542 \times t_{煤气}, kJ$$

式中　0.7542——炉尘的比热容，kJ/(kg·℃)。

（11）冷却水及其他热损失 $Q_{损失}$。冷却水带走热量可以由冷却水量和冷却水温差确定，炉壳散发热损失很难测定。冷却水及炉壳散发热损失在高炉热损失中对于制钢铁占3%～8%，对于铸造铁占6%～10%。一般由总热收入减去各项热支出获得，即 $Q_{损失} = Q_{收} - Q_{支}$。

4.3.3　能量利用的评价

在热平衡计算的基础上，编制热平衡表，以便分析高炉的能量利用。在热消耗中，氧化物分解、脱硫、碳酸盐分解、水分分解和蒸发、渣铁带走等热量是不可缺少的。这部分热量与高炉总热收入之比称为有效热量利用系数（K_T），通常 K_T 值为75%～85%。

$$K_T = \frac{总热收入 - 煤气带走热 - 冷却水带走热及热损失}{总热收入} \times 100\%$$

评价高炉能量利用好坏的另一个指标是炭素热能利用系数（K_C）。K_C 是除进入生铁中的碳燃烧生成 CO 和 CO_2 产生的热量与这些碳全部燃烧生成 CO_2 放出的热量之比。

$$K_C = \frac{Q_{CO} + Q_{CO_2}}{(V_{CO} + V_{CO_2}) \times \dfrac{12}{22.4} \times 33436.2} \times 100\%$$

式中　Q_{CO}——炭素氧化为 CO 的放热量，kJ；

　　　Q_{CO_2}——炭素氧化为 CO_2 的放热量，kJ；

　　　V_{CO}——煤气中 CO 量，m³；

　　　V_{CO_2}——煤气中 CO_2 量，m³；

　　　33436.2——C 氧化为 CO_2 的放热量，kJ/kg。

对于中小高炉，K_C 值一般为50%～60%；对于原料较好的大型高炉，其可达65%以上。

4.4 高炉冶炼综合计算实例

4.4.1 配料计算

4.4.1.1 原始条件

原料成分、燃料成分和预定生铁成分分别见表 4-4 ~ 表 4-8。

表 4-4 原料成分 (w)　　　　　　　　　　　　　　　%

原料	TFe	Mn	P	S	FeO	Fe₂O₃	SiO₂	Al₂O₃	CaO	MgO	MnO	FeS	P₂O₅	烧损 H₂O	烧损 CO₂	Σ
烧结矿	58.50	0.20	0.028	0.03	11.20	71.05	6.25	0.95	10.88	1.14	0.26	0.083	0.064			101.88
球团矿	64.50	0.40	0.031	0.03	1.350	90.57	3.85	1.24	0.21	0.01	0.52	0.083	0.071			97.89
块矿	66.10	0.25	0.07	0.035	1.90	92.23	2.83	1.52	0.05	0.80	0.32	0.096	0.16	2.80		102.71
石灰石	1.80	0.06	0.001	0.005	1.10	1.26	1.98	0.07	51.03	0.89	0.077	0.10	0.002	1.06	42.43	100.00
炉尘	43.39	0.24	0.026	0.088	15.30	44.76	13.80	1.31	8.30	1.99	0.31	0.24	0.06	1.97	C: 12.00	100.04

表 4-5 折合成 100% 后的原料成分 (w)　　　　　　　%

原料	配比	TFe	Mn	P	S	FeO	Fe₂O₃	SiO₂	Al₂O₃	CaO	MgO	MnO	FeS	P₂O₅	烧损 H₂O	烧损 CO₂	Σ	碱度 R
烧结矿	76.00	57.42	0.20	0.027	0.029	10.99	69.74	6.13	0.93	10.68	1.12	0.25	0.081	0.063			100.00	1.741
球团矿	16.00	65.89	0.41	0.031	0.031	1.38	92.52	3.93	1.27	0.21	0.01	0.53	0.084	0.072			100.00	0.053
块矿	8.00	64.36	0.24	0.068	0.034	1.85	89.80	2.76	1.48	0.05	0.78	0.31	0.094	0.16	2.73		100.00	0.018
混合矿	100.00	59.33	0.23	0.031	0.030	8.72	74.99	5.51	1.03	8.15	0.91	0.30	0.083	0.072	0.22		100.00	1.479
石灰石		1.80	0.06	0.001	0.036	1.10	1.26	1.98	0.07	51.03	0.89	0.077	0.10	0.002	1.06	42.43	100.00	25.773
炉尘		43.37	0.24	0.026	0.088	15.29	44.74	13.79	1.31	8.30	1.99	0.31	0.24	0.060	1.97	C: 11.99	100.00	0.601

表 4-6 焦炭成分 (w)　　　　　　　　　　　　　%

固定碳	灰分 SiO₂	灰分 Al₂O₃	灰分 CaO	灰分 MgO	灰分 FeO	挥发分 CO	挥发分 CO₂	挥发分 CH₄	挥发分 H₂	挥发分 N₂	有机物 H	有机物 N	有机物 S	Σ	游离水
84.74	7.61	4.56	0.52	0.14	0.68	0.16	0.15	0.017	0.026	0.077	0.30	0.25	0.77	100.00	4.00

表 4-7 煤粉成分 (w)　　　　　　　　　　　　　%

C	H	N	S	O	H₂O	SiO₂	Al₂O₃	CaO	MgO	Fe₂O₃	Σ
77.30	3.52	0.50	0.65	2.01	0.81	8.70	5.65	0.088	0.13	0.64	100.00

表 4-8 预定生铁成分 (w)　　　　　　　　　　%

Fe	Si	Mn	P	S	C
95.09	0.40	0.20	0.053	0.025	4.23

其中，$w[Si]$、$w[S]$ 由生铁质量要求定，$w[Mn]$、$w[P]$ 由原料条件定，$w[C]$ 由式 (4-1) 进行计算，其余为 $w[Fe]$。

$$w[C] = 4.30\% - 0.27 \times w[Si] - 0.329 \times w[P] - 0.032 \times w[S] + 0.30 \times w[Mn]$$

$$(4-1)$$

元素在生铁、炉渣和煤气中的分配率见表 4-9。

表 4-9 元素在生铁、炉渣和煤气中的分配率   %

元 素	Fe	Mn	S	P
生 铁	99.70	50.00	—	100.00
炉 渣	0.30	50.00	—	0
煤 气	0	0	5.00	0

燃料消耗量，焦炭为 300kg/t（干）或 312kg/t（湿），煤粉为 200kg；置换比为 0.70；鼓风湿度为 12g/m³；相对湿度为 $\varphi = 12/1000 \times 22.4/18 \times 100\% = 1.493\%$；风温为 1200℃；炉尘量为 20kg/t（生铁）；入炉熟料温度为 80℃；炉顶煤气温度为 200℃；高炉利用系数为 2.1t/（m³·d）。

4.4.1.2 计算 1t 生铁所需矿石量（$m_{矿}$）

（1）燃料带入的铁量（$m_{Fe燃}$）。首先计算 20kg 炉尘中的焦粉量：

$$m_{焦粉} = m_{尘} \times w_{C尘}/w_{C焦} = 20 \times 11.99\%/84.74\% = 2.831kg$$

高炉内参加反应的焦炭量为：

$$m_{焦} = 300 - 2.831 = 297.169kg$$

故：

$$m_{Fe燃} = m_{焦} \times w_{FeO焦} \times \frac{56}{72} + m_{煤} \times w_{Fe_2O_3煤} \times \frac{112}{160}$$

$$= 297.16 \times 0.68\% \times \frac{56}{72} + 200 \times 0.64\% \times \frac{112}{160} = 2.466kg$$

（2）进入炉渣中的铁量。

$$m_{Fe渣} = 1000 \times w[Fe]_{生铁} \times \frac{0.30\%}{99.70\%} = 1000 \times 95.09\% \times \frac{0.30\%}{99.70\%} = 2.861kg$$

（3）需要由铁矿石带入的铁量。

$$m_{Fe矿} = 1000 \times w[Fe]_{生铁} + m_{Fe渣} - m_{Fe燃}$$

$$= 1000 \times 95.09\% + 2.861 - 2.466 = 951.289kg$$

（4）冶炼 1t 生铁的铁矿石需要量。

$$m_{矿} = \frac{m_{Fe矿}}{w_{Fe矿}} = \frac{951.289}{59.33\%} = 1603.343kg$$

考虑到炉尘吹出量，入炉铁矿石量为：

$$m'_{矿} = m_{矿} + m_{尘} - m_{焦粉} = 1603.343 + 20 - 2.831 = 1620.512kg$$

4.4.1.3 碱度相关计算

（1）设定炉渣碱度为 $R = 1.11$，制钢生铁时的炉渣碱度 $R = 1.10 \sim 1.20$；铸造生铁时的炉渣碱度 $R = 1.00 \sim 1.10$。

（2）生产 1t 生铁所需原料、燃料带入的 CaO 量 m_{CaO}。铁矿石带入的 CaO 量为：

$$m_{CaO矿} = m_{矿} \times w_{CaO矿} = 1603.343 \times 8.15\% = 130.736kg$$

焦炭带入的 CaO 量为：

$$m_{CaO焦} = m_{焦} \times w_{CaO焦} = 297.169 \times 0.52\% = 1.545kg$$

煤粉带入的 CaO 量为：

$$m_{CaO煤} = m_{煤} \times w_{CaO煤} = 200 \times 0.088\% = 0.176kg$$

故：

$$m_{CaO} = m_{CaO矿} + m_{CaO焦} + m_{CaO煤} = 130.736 + 1.545 + 0.176 \approx 132.458kg$$

（3）生产 1t 生铁所需原料、燃料带入的 SiO_2 量 m_{SiO_2}。铁矿石带入的 SiO_2 量为：

$$m_{SiO_2矿} = m_{矿} \times w_{SiO_2矿} = 1603.343 \times 5.51\% = 88.379kg$$

焦炭带入的 SiO_2 量为：

$$m_{SiO_2焦} = m_{焦} \times w_{SiO_2焦} = 297.169 \times 7.61\% = 22.615kg$$

煤粉带入的 SiO_2 量为：

$$m_{SiO_2煤} = m_{煤} \times w_{SiO_2煤} = 200 \times 8.70\% = 17.409kg$$

硅素还原消耗的 SiO_2 量为：

$$m_{SiO_2还} = 1000 \times w[Si]_{生铁} \times \frac{60}{28} = 1000 \times 0.40\% \times \frac{60}{28} = 8.571kg$$

故

$$m_{SiO_2} = m_{SiO_2矿} + m_{SiO_2焦} + m_{煤} - m_{SiO_2还}$$
$$= 88.379 + 22.615 + 17.409 - 8.571 = 119.832kg$$

（4）石灰石的有效熔剂性。

$$w(CaO)_{有效} = w(CaO)_{熔} - R \times w(SiO_2)_{熔} = 51.03\% - 1.11 \times 1.98\% = 48.83\%$$

需要加入的熔剂量：

$$m_{熔} = \frac{R \times m_{SiO_2} - m_{CaO}}{w(CaO)_{有效}} = \frac{1.11 \times 119.832 - 132.458}{48.83\%} = 1.138kg$$

4.4.1.4 熔渣成分的计算

原料、燃料及熔剂带入的有关成分见表 4-10。

表 4-10　每吨生铁带入的有关物质的量

原燃料	质量/kg	SiO₂		CaO		Al₂O₃		MgO		MnO		S	
		w/%	m/kg	w/%	m/kg	w/%	m/kg	w/%	m/kg	w/%	m/kg	w/%	m/kg
混合矿	1603.343	5.51	88.379	8.15	130.736	1.03	16.511	0.91	14.661	0.30	4.844	0.030	0.481
焦 炭	297.169	7.61	22.615	0.52	1.545	4.56	13.551	0.14	0.416	0.00	0.000	0.77	2.288
石灰石	1.138	1.98	0.023	51.03	0.581	0.070	0.001	0.89	0.010	0.077	0.001	0.036	0.000
煤 粉	200.00	8.70	17.409	0.088	0.176	5.65	11.304	0.13	0.252	0.00	0.000	0.65	1.300
合 计			128.426		133.038		41.366		15.339		4.845		4.070

（1）炉渣中 CaO 的量。由表 4-10 可知：

$$m_{CaO渣} = 133.038kg$$

（2）炉渣中 SiO_2 的量。

$$m_{SiO_2渣} = 128.426 - 8.571 = 119.854kg$$

式中　128.426——原燃料带入 SiO_2 的总量（见表 4-10），kg；

　　　　8.571——还原消耗的 SiO_2 量（$m_{SiO_2还}$）。

（3）炉渣中 Al_2O_3 的量。由表 4-10 可知：

$$m_{Al_2O_3渣} = 41.366kg$$

（4）炉渣中 MgO 的量。由表 4 - 10 可知：

$$m_{MgO渣} = 15.339kg$$

（5）炉渣中 MnO 的量。

$$m_{MnO渣} = 4.845 \times 50\% = 2.423kg$$

式中　4.845——原燃料带入 MnO 的总量（见表 4 - 10），kg；

50%——锰元素在炉渣中的分配率（见表 4 - 9）。

（6）炉渣中 FeO 的量。进入渣中的铁量为：

$$m_{Fe渣} = 1000 \times w[Fe]_{生铁} \times \frac{0.30\%}{99.70\%} = 2.861kg$$

并以 FeO 形式存在，故炉渣中 FeO 的量：

$$m_{FeO渣} = 2.861 \times \frac{72}{56} = 3.679kg$$

（7）炉渣中 S 的量。由表 4 - 10 可知原燃料带入的总硫量 $m_S = 4.070kg$。进入生铁的硫量为：

$$m_{S生铁} = 1000 \times w[S]_{生铁} = 1000 \times 0.025\% = 0.250kg$$

进入煤气中的硫量为：

$$m_{S煤气} = m_S \times 5\% = 4.070 \times 5\% = 0.203kg$$

式中　5%——硫元素在煤气中的分配率（见表 4 - 9）。

故：　　　　$$m_{S渣} = m_S - m_{S生铁} - m_{S煤气} = 4.070 - 0.250 - 0.203 \approx 3.616kg$$

炉渣成分见表 4 - 11。

表 4 - 11　炉渣成分

组元	CaO	SiO$_2$	Al$_2$O$_3$	MgO	MnO	FeO	S/2[①]	合计	R
kg	133.038	119.853	41.366	15.339	2.423	3.679	1.808	317.508	1.110
%	41.90	37.75	13.03	4.83	0.76	1.16	0.57	100.00	

①渣中 S 以 CaS 形式存在，计算中的 Ca 全部按 CaO 形式处理，O 相对原子质量为 16，S 相对原子质量为 32，相当已计入 S/2，故表中再计入 S/2。

将 CaO、SiO$_2$、Al$_2$O$_3$、MgO 四元组成换算成 100%，见表 4 - 12。

表 4 - 12　炉渣组成（w）　　　　　　　　　%

CaO	SiO$_2$	Al$_2$O$_3$	MgO	合　计
41.90	37.75	13.03	4.83	97.51
42.97	38.71	13.36	4.96	100.00

按四元相图（见图 4 - 1 和图 4 - 2）查验炉渣性质，查得：炉渣熔化温度 $t_熔 = 1400 \sim 1450℃$；炉渣黏度，1500℃ 时为 0.5Pa·s，1400℃ 时为 1.5Pa·s。故硫分配系数：

$$L_S = w(S)/w[S] = \frac{3.616}{317.508 \times 0.025\%} = 45.558$$

式中　$w(S)$——炉渣中 S 的含量，%；

$w[S]$——预定生铁中 S 的含量（见表 4 - 8），%。

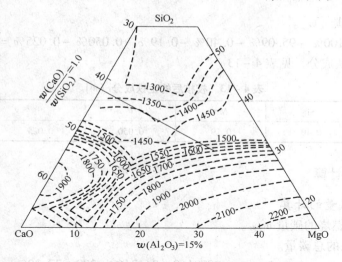

图 4 – 1 CaO – SiO₂ – MgO – Al₂O₃ 四元系熔化温度（℃）

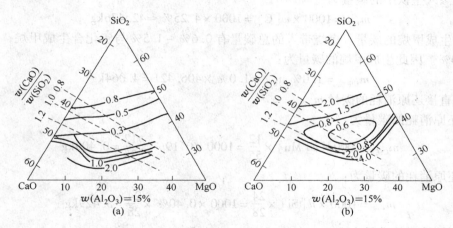

图 4 – 2 Al₂O₃ 质量分数为 15% 的 CaO – SiO₂ – MgO – Al₂O₃ 渣系黏度（Pa·s）

（a）1500℃；（b）1400℃

4.4.1.5 校核生铁成分

（1）生铁含磷［P］。按原料带入的磷全部进入生铁计算。

铁矿石带入的磷量为：

$$m_{P矿} = m_矿 \times w[P]_矿 = 1603.343 \times 0.031\% = 0.503 kg$$

石灰石带入的磷量为：

$$m_{P熔} = m_熔 \times w[P]_熔 = 1.138 \times 0.001\% \approx 0$$

$m_{P熔}$ 忽略不计。故：

$$w[P] = 0.503/1000 = 0.050\%$$

（2）生铁含锰［Mn］。按原料带入的锰 50% 进入生铁计算，由表 4 – 10 查得，原燃料带入 MnO 总量为 4.845kg，故：

$$w[Mn] = 4.845 \times 50\% \times 55/71/1000 = 0.19\%$$

（3）生铁含碳［C］。

$$w[\text{C}] = 100\% - 95.09\% - 0.40\% - 0.19\% - 0.050\% - 0.025\% = 4.25\%$$

校核后的生铁成分，见表 4-13。

表 4-13　校核后的生铁成分（w）　　　　　　%

Fe	Si	Mn	P	S	C
95.09	0.40	0.19	0.050	0.025	4.25

4.4.2　物料平衡计算

4.4.2.1　风量的计算

（1）风口前燃烧的碳量 $m_{\text{C燃}}$。

1）燃烧带入的总碳量。

$$m_{\text{C总}} = m_{\text{焦}} \times w_{\text{C焦固}} + m_{\text{煤}} \times w_{\text{C煤}} = 297.169 \times 84.74\% + 200 \times 77.30\% = 406.421\text{kg}$$

2）渗入生铁中的碳量。

$$m_{\text{C渗}} = 1000 \times w[\text{C}] = 1000 \times 4.25\% \approx 42.476\text{kg}$$

3）生成甲烷的碳量。燃烧带入的总碳量有 0.6% ~ 1.5% 与氢化合生成甲烷，本次计算取 1.0%。因此生成甲烷的碳量为：

$$m_{\text{C甲烷}} = 1.0\% m_{\text{C总}} = 1.0\% \times 406.421 = 4.064\text{kg}$$

4）直接还原消耗的碳量 $m_{\text{C直}}$。

锰还原消耗的碳量为：

$$m_{\text{C锰}} = 1000 \times w[\text{Mn}] \times \frac{12}{55} = 1000 \times 0.19\% \times \frac{12}{55} = 0.409\text{kg}$$

硅还原消耗的碳量为：

$$m_{\text{C硅}} = 1000 \times w[\text{Si}] \times \frac{24}{28} = 1000 \times 0.40\% \times \frac{24}{28} = 3.429\text{kg}$$

磷还原消耗的碳量为：

$$m_{\text{C磷}} = 1000 \times w[\text{P}] \times \frac{60}{62} = 1000 \times 0.050\% \times \frac{60}{62} = 0.487\text{kg}$$

铁直接还原消耗的碳量为：

$$m_{\text{C铁直}} = 1000 \times w[\text{Fe}] \times \frac{120}{56} \times r_{\text{d}}'$$

$$r_{\text{d}}' = r_{\text{d}} - r_{\text{H}_2}$$

式中，r_{d}' 为实际直接还原度，一般为 0.35 ~ 0.50；r_{d} 为基准直接还原度，$r_{\text{d}} = 0.40$ ~ 0.55，还原性好的原料取低些，还原性差的原料取高些，本次计算取 0.50；r_{H_2} 由下式确定：

$$r_{\text{H}_2} = \frac{\frac{56}{2} \times \left[m_{\text{焦}} \times (w_{\text{H}_2\text{焦挥发}} + w_{\text{H焦有机}}) + m_{\text{煤}} \times w_{\text{H煤}} + \frac{2}{18} \times \left(V_{\text{风}}' \varphi \frac{18}{22.4} + m_{\text{煤}} \times w_{\text{H}_2\text{O煤}} \right) \right] \eta_{\text{H}_2}}{1000 \times w[\text{Fe}]} \times \alpha$$

式中，η_{H_2} 为氢气在高炉内的利用率，一般为 0.30 ~ 0.50，本次计算取 0.35；α 为被利用氢量中，参加还原 FeO 的百分量，一般为 0.85 ~ 1.0，本次计算取 0.9；$V_{\text{风}}'$ 为设定的每吨生铁的耗风量，本次计算 $V'_{风} = 1200\text{m}^3$。代入数据计算，有：

$$r_{H_2} = \frac{56}{2} \times \Big[297.169 \times (0.026\% + 0.30\%) + 200 \times 3.52\% + \frac{2}{18} \times \Big(1200 \times 1.493\% \times \frac{18}{22.4} +$$

$$200 \times 0.81\% \Big) \Big] \times 0.35 \div (1000 \times 95.09\%) \times 0.9 = 0.091$$

故：
$$r'_{d} = 0.50 - 0.091 = 0.409$$

则：
$$m_{C铁直} = 1000 \times 95.09\% \times \frac{12}{56} \times 0.409 = 83.381\text{kg}$$

故：
$$m_{C直} = m_{C锰} + m_{C硅} + m_{C磷} + m_{C铁直} = 0.409 + 3.429 + 0.487 + 83.381 = 87.706\text{kg}$$

风口前燃烧的碳量为：

$$m_{C燃} = m_{C总} - m_{C渗} - m_{C甲烷} - m_{C直} = 406.421 - 42.476 - 4.064 - 87.706 \approx 272.174\text{kg}$$

（2）计算鼓风量 $V_{风}$。

1）鼓风中氧的浓度。

$$N = w \times (1 - \varphi) + 0.5\varphi = 21\% \times (1 - 1.493\%) + 0.5 \times 1.493\% = 21.40\%$$

2）$m_{C燃}$ 燃烧时需要氧的体积。

$$V_{O_2} = m_{C燃} \times \frac{22.4}{24} = 272.174 \times \frac{22.4}{24} = 254.029\text{m}^3$$

3）煤粉带入氧的体积。

$$V_{O_2煤} = m_{煤} \Big(w_{O煤} + w_{H_2O煤} \times \frac{16}{18} \Big) \times \frac{22.4}{32} = 200 \times \Big(2.01\% + 0.81\% \times \frac{16}{18}\Big) \times \frac{22.4}{32} = 3.822\text{m}^3$$

4）需鼓风供给氧的体积。

$$V_{O_2风} = V_{O_2} - V_{O_2煤} = 254.029 - 3.822 = 250.207\text{m}^3$$

故：
$$V_{风} = \frac{V_{O_2风}}{N} = \frac{250.207}{21.40\%} = 1167.394\text{m}^3$$

4.4.2.2 炉顶煤气成分及数量的计算

（1）甲烷的体积 V_{CH_4}。

1）由燃料炭素生成的甲烷量为：

$$V_{CH_4碳} = m_{C甲烷} \times \frac{22.4}{12} = 4.064 \times \frac{22.4}{12} = 7.587\text{m}^3$$

2）焦炭挥发分中的甲烷量为：

$$V_{CH_4焦} = m_{焦} \times w_{CH_4焦} \times \frac{22.4}{16} = 297.169 \times 0.017\% \times \frac{22.4}{16} = 0.071\text{m}^3$$

故：
$$V_{CH_4} = V_{CH_4碳} + V_{CH_4焦} = 7.587 + 0.071 \approx 7.657\text{m}^3$$

（2）氢的体积 V_{H_2}。

1）由鼓风中水分分解产生的氢量为：

$$V_{H_2分} = V_{风}\varphi = 1167.394 \times 1.493\% = 17.429\text{m}^3$$

2）焦炭挥发分及有机物中的氢量为：

$$V_{H_2焦} = m_{焦} \times (w_{H_2焦挥发} + w_{H焦有机}) \times \frac{22.4}{2}$$

$$= 297.169 \times (0.026\% + 0.30\%) \times \frac{22.4}{2}$$

$$= 10.850\text{m}^3$$

3）煤粉分解产生的氢量为：

$$V_{H_2煤} = m_煤 \times \left(w_{H煤} + V_{H_2O煤} \times \frac{2}{18} \right) \times \frac{22.4}{2}$$

$$= 200 \times \left(3.52\% + 0.81\% \times \frac{2}{18} \right) \times \frac{22.4}{2} = 80.864 m^3$$

4）炉缸煤气中氢的总产生量为：

$$V_{H_2总} = V_{H_2分} + V_{H_2焦} + V_{H_2煤} = 17.429 + 10.850 + 80.864 = 109.143 m^3$$

5）生成甲烷消耗的氢量为：

$$V_{H_2烷} = 2V_{CH_4} = 2 \times 7.657 \approx 15.315 m^3$$

6）参加间接还原消耗的氢量为：

$$V_{H_2间} = V_{H_2总} \times \eta_{H_2} = 109.143 \times 0.350 = 38.200 m^3$$

故：

$$V_{H_2} = V_{H_2总} - V_{H_2烷} - V_{H_2间} = 109.143 - 15.315 - 38.200 \approx 55.629 m^3$$

（3）二氧化碳的体积 V_{CO_2}。

1）由 CO 还原 Fe_2O_3 为 FeO 生成的 CO_2 量 $V'_{CO_2还}$。

由矿石带入的 Fe_2O_3 的质量为：

$$m_{Fe_2O_3} = m_矿 \times w_{Fe_2O_3矿} = 1603.343 \times 74.99\% = 1202.367 kg$$

参加还原 Fe_2O_3 为 FeO 的氢气量为：

$$m_{H_2还} = V_{H_2总} \eta_{H_2} (1 - \alpha) \times \frac{2}{22.4} = 109.143 \times 0.350 \times (1 - 0.9) \times \frac{2}{22.4} = 0.341 kg$$

由氢气还原 Fe_2O_3 的质量为：

$$m'_{Fe_2O_3} = m_{H_2还} \times \frac{160}{2} = 0.341 \times \frac{160}{2} = 27.286 kg$$

由 CO 还原 Fe_2O_3 的质量为：

$$m''_{Fe_2O_3} = m_{Fe_2O_3} - m'_{Fe_2O_3} = 1202.367 - 27.286 = 1174.081 kg$$

故：

$$V'_{CO_2还} = m''_{Fe_2O_3} \times \frac{22.4}{160} = 1174.081 \times \frac{22.4}{160} = 164.511 m^3$$

2）由 CO 还原 FeO 为 Fe 生成 CO 量 $V''_{CO_2还}$。

$$V''_{CO_2还} = 1000 \times w[Fe] \times (1 - r'_d - r_{H_2}) \times \frac{22.4}{56}$$

$$= 1000 \times 95.09\% \times (1 - 0.409 - 0.091) \times \frac{22.4}{56} = 190.179 m^3$$

3）石灰石分解产生的 CO 量 $V_{CO_2分}$。

$$V_{CO_2分} = m_熔 \times w_{CO_2熔} \times \frac{22.4}{44} = 1.138 \times 42.43\% \times \frac{22.4}{44} = 0.246 m^3$$

4）焦炭挥发分中的 CO_2 量 $V_{CO_2焦挥}$。

$$V_{CO_2焦挥} = m_焦 \times w_{CO_2焦} \times \frac{22.4}{44} = 297.169 \times 0.15\% \times \frac{22.4}{44} = 0.227 m^3$$

故：

$$V_{CO_2} = V'_{CO_2还} + V''_{CO_2还} + V_{CO_2分} + V_{CO_2焦挥}$$

$$= 164.511 + 190.179 + 0.246 + 0.227 = 355.163 m^3$$

（4）一氧化碳的体积 V_{CO}。

1) 风口前炭素燃烧生成的 CO 量为：

$$V_{CO燃} = m_{C燃} \times \frac{22.4}{12} = 272.174 \times \frac{22.4}{12} = 508.058 m^3$$

2) 直接还原生成的 CO 量为：

$$V_{CO直} = m_{C直} \times \frac{22.4}{12} = 87.706 \times \frac{22.4}{12} = 163.718 m^3$$

3) 焦炭挥发分中的 CO 量为：

$$V_{CO焦挥} = m_焦 \times w_{CO焦} \times \frac{22.4}{28} = 297.169 \times 0.16\% \times \frac{22.4}{28} = 0.380 m^3$$

4) 间接还原消耗的 CO 量为：

$$V_{CO间} = V'_{CO_2还} + V''_{CO_2还} = 164.511 + 190.179 = 354.690 m^3$$

故：
$$V_{CO} = V_{CO燃} + V_{CO直} + V_{CO焦挥} - V_{CO间}$$
$$= 508.058 + 163.718 + 0.380 - 354.690 \approx 317.467 m^3$$

(5) 氮气的体积 V_{N_2}。

1) 鼓风带入的 N_2 量为：

$$V_{N_2风} = V_风 \times (1 - \varphi) \times w_{N_2风} = 1167.394 \times (1 - 1.493\%) \times 79\% = 908.472 m^3$$

2) 焦炭带入的 N_2 量为：

$$V_{N_2焦} = m_焦 \times (w_{N_2焦发挥} + w_{N有机}) \times \frac{22.4}{28}$$

$$= 297.169 \times (0.077\% + 0.25\%) \times \frac{22.4}{28} = 0.777 m^3$$

3) 煤粉带入的 N_2 量为：

$$V_{N_2煤} = m_煤 \times w_{N煤} \times \frac{22.4}{28} = 200 \times 0.50\% \times \frac{22.4}{28} = 0.800 m^3$$

故：
$$V_{N_2} = V_{N_2风} + V_{N_2焦} + V_{N_2煤} = 908.472 + 0.777 + 0.800 \approx 910.050 m^3$$

煤气成分见表 4-14。

表 4-14 煤气成分

成 分	CO_2	CO	N_2	H_2	CH_4	Σ
体积/m^3	355.163	317.467	910.050	55.629	7.657	1645.966
体积/%	21.58	19.29	55.29	3.38	0.47	100.00

4.4.2.3 编制物料平衡表

(1) 鼓风质量 $m_风$。1m^3 鼓风的质量为：

$$r_风 = \frac{0.21 \times (1 - \varphi) \times 32 + 0.79 \times (1 - \varphi) \times 28 + 18 \times \varphi}{22.4}$$

$$= \frac{0.21 \times (1 - 1.493\%) \times 32 + 0.79 \times (1 - 1.493\%) \times 28 + 18 \times 1.493\%}{22.4}$$

$$= 1.280 kg/m^3$$

鼓风的质量为：

$$m_风 = V_风 \times r_风 = 1167.394 \times 1.280 = 1494.264 kg$$

（2）煤气质量 $m_{煤气}$。$1m^3$ 煤气的质量为：

$$r_气 = \frac{44\varphi(CO_2) + 28\varphi(CO) + 28\varphi(N_2) + 2\varphi(H_2) + 16\varphi(CH_4)}{22.4}$$

$$= \frac{44 \times 21.58\% + 28 \times 19.29\% + 28 \times 55.29\% + 2 \times 3.38\% + 16 \times 0.47\%}{22.4}$$

$$= 1.362 kg/m^3$$

煤气的质量为：

$$m_{煤气} = V_{煤气} \times r_气 = 1645.966 \times 1.362 = 2242.474 kg$$

（3）煤气中所含水分质量 $m_水$。

1）焦炭带入的水分为：

$$m_{H_2O焦} = m_焦 \times w_{H_2O焦} = 297.169 \times 4.00\% = 11.887 kg$$

2）石灰石带入的水分为：

$$m_{H_2O熔} = m_{熔剂} \times w_{H_2O熔剂} = 1.138 \times 1.06\% = 0.012 kg$$

3）氢气参加还原生成的水分为：

$$m_{H_2O还} = V_{H_2间} \times \frac{2}{22.4} \times \frac{18}{2} = 38.200 \times \frac{2}{22.4} \times \frac{18}{2} = 30.697 kg$$

故：

$$m_水 = m_{H_2O焦} + m_{H_2O熔} + m_{H_2O还} = 11.887 + 0.012 + 30.697 = 42.595 kg$$

物料平衡列入表 4-15。

表 4-15　物料平衡表

入　项			出　项		
项　目	质量/kg	质量分数/%	项　目	质量/kg	质量分数/%
混合矿	1620.512	44.67	生　铁	1000.000	27.60
焦炭（湿）	312.000	8.60	炉　渣	317.508	8.76
石灰石	1.138	0.03	煤气（干）	2242.474	61.90
鼓风（湿）	1494.264	41.19	煤气中水	42.595	1.18
煤　粉	200.000	5.51	炉尘量	20.000	0.55
总　计	3627.914	100.00	总　计	3622.577	100.00

编制物料平衡表后，应该进行计算误差校核，要求误差小于 0.30%。

$$相对误差 = \frac{入项 - 出项}{入项} \times 100\%$$

$$= \frac{3627.914 - 3622.577}{3627.914} \times 100\% = 0.15\% < 0.30\%$$

4.4.3　热平衡计算

4.4.3.1　热量收入 $Q_收$

（1）炭素氧化放热 Q_C。

1）炭素氧化为 CO_2 放出的热量 Q_{CO_2}。炭素氧化产生 CO_2 的体积为：

$$V_{CO_2氧化} = V_{CO_2煤气} - V_{CO_2分} - V_{CO_2焦挥} = 354.690 m^3$$

$$Q_{CO_2} = V_{CO_2氧化} \times \frac{12}{22.4} \times 33436.2 = 354.690 \times \frac{12}{22.4} \times 33436.2 = 6353298.779 kJ$$

式中 33436.2——C 氧化成 CO_2 放热量，kJ/kg。

2）炭素氧化为 CO 放出的热量 Q_{CO}。

炭素氧化产生 CO 的体积为：

$$V_{CO氧化} = V_{CO煤气} - V_{CO焦挥} = 317.087 m^3$$

$$Q_{CO} = V_{CO氧化} \times \frac{12}{22.4} \times 9804.6 = 317.087 \times \frac{12}{22.4} \times 9804.6 = 1665486.197 kJ$$

式中 9804.6——C 氧化成 CO 放热量，kJ/kg。

故： $$Q_C = Q_{CO_2} + Q_{CO} = 6353298.779 + 1665486.197 = 8018784.976 kJ$$

（2）鼓风带入的热量 $Q_风$。

$$Q_风 = V_风(1 - \varphi) \times q_{干风} + V_风 \varphi \times q_{H_2O}$$

$$= 1167.394 \times (1 - 1.493\%) \times 1719 + 1167.394 \times 1.493\% \times 2132 = 2013948.891 kJ$$

式中 $q_{干风}$——在 1200℃下干风的热熵，1719kJ/m^3；

q_{H_2O}——在 1200℃下水蒸气的热熵（见表 4-2），2132kJ/m^3。

（3）氢氧化为水放热 Q_{H_2O}。

$$Q_{H_2O} = m_{H_2O还} \times 13454.09 = 30.697 \times 13454.09 = 412994.690 kJ$$

式中 13454.09——H_2 氧化为水放热，kJ/kg。

（4）甲烷生成热 Q_{CH_4}。

$$Q_{CH_4} = V_{CH_4碳} \times \frac{16}{22.4} \times 4709.56 = 7.587 \times \frac{16}{22.4} \times 4709.56 = 25520.859 kJ$$

式中 4709.56——甲烷的生成热，kJ/kg。

（5）成渣热 $Q_{成渣}$。石灰石分解产生的 CaO 和 MgO 与 SiO_2 反应放热，1kg 的（CaO + MgO）放热 1131.3kJ。

$$Q_{成渣} = m_{熔剂} \times (w(CaO)_熔 + w(MgO)_熔) \times 1131.3$$

$$= 1.138 \times (51.03\% + 0.89\%) \times 1131.3 = 668.347 kJ$$

（6）炉料物理热 $Q_物$。80℃冷烧结矿的平均热容为 0.674kJ/(kg·℃)。

$$Q_物 = m_矿 \times 0.674 \times 80 = 1603.343 \times 0.674 \times 80 = 87377.998 kJ$$

故热量总收入为：

$$Q_收 = Q_C + Q_风 + Q_{H_2O} + Q_{CH_4} + Q_{成渣} + Q_物$$

$$= 8018784.976 + 2013948.891 + 412994.690 + 25520.859 + 668.347 + 87377.998$$

$$= 10559295.761 kJ$$

4.4.3.2 热量支出 $Q_支$

（1）氧化物分解吸热 $Q_{氧分}$。

1）铁氧化物分解吸热 $Q_{铁氧分}$。由于原料是熔剂性烧结矿，可以考虑其中有 20% FeO 以硅酸铁形式存在，其余以 Fe_3O_4 形式存在。因此：

$$m_{FeO硅} = m_矿 \times w_{FeO矿} \times 20\% = 1603.343 \times 8.72\% \times 20\% = 27.975 kg$$

$$m_{FeO磁} = m_矿 \times w_{FeO矿} - m_{FeO硅} = 1603.343 \times 8.72\% - 27.975 = 111.898 kg$$

$$m_{Fe_2O_3磁} = m_{FeO磁} \times \frac{160}{72} = 111.898 \times \frac{160}{72} = 248.663 kg$$

$$m_{Fe_2O_3游} = m_矿 \times w_{Fe_2O_3矿} - m_{Fe_2O_3磁} = 1603.343 \times 74.99\% - 248.663 = 953.704 kg$$

$$m_{Fe_3O_4} = m_{FeO磁} + m_{Fe_2O_3磁} = 111.898 + 248.663 = 360.561kg$$

$$Q_{FeO硅} = m_{FeO硅} \times 4087.52 = 27.975 \times 4087.52 = 114346.658kJ$$

$$Q_{Fe_3O_4} = m_{Fe_3O_4} \times 4803.33 = 360.561 \times 4803.33 = 1731894.729kJ$$

$$Q_{Fe_2O_3游} = m_{Fe_2O_3游} \times 5156.59 = 953.704 \times 5156.59 = 4917861.767kJ$$

式中 4087.52，4803.33，5156.59——分别为 $FeSiO_3$、Fe_3O_4、Fe_2O_3 分解热，kJ/kg。

故：

$$Q_{铁氧分} = Q_{FeO硅} + Q_{Fe_3O_4} + Q_{Fe_2O_3游}$$
$$= 114346.658 + 1731894.729 + 4917861.767 = 6764103.154kJ$$

2）锰氧化物分解吸热 $Q_{锰氧分}$。

$$Q_{锰氧分} = w[Mn] \times 1000 \times 7366.02 = 0.19\% \times 1000 \times 7366.02 = 13817.831kJ$$

式中 $w[Mn]$——铁水中的 Mn 含量，%；

7366.02——由 MnO 分解产生 1kg 锰的分解热，kJ/kg。

3）硅氧化物分解吸热。

$$Q_{硅氧分} = w[Si] \times 1000 \times 31102.37 = 0.40\% \times 1000 \times 31102.37 = 124409.480kJ$$

式中 $w[Si]$——铁水中的 Si 含量，%；

31102.37——由 SiO_2 分解产生 1kg 硅的分解热，kJ/kg。

4）磷酸盐分解吸热。

$$Q_{磷盐分} = w[P] \times 1000 \times 35782.6 = 0.050\% \times 1000 \times 35782.6 = 18000.370kJ$$

式中 $w[P]$——铁水中的 P 含量，%；

35782.6——由 P_2O_5 分解产生 1kg 磷的分解热，kJ/kg。

故：

$$Q_{氧分} = Q_{铁氧分} + Q_{锰氧分} + Q_{硅氧分} + Q_{磷盐分}$$
$$= 6764103.154 + 13817.831 + 124409.480 + 18000.370$$
$$= 6920330.835kJ$$

（2）脱硫吸热 $Q_{脱硫}$。

$$Q_{脱硫} = m_{渣硫} \times 8359.05 = 3.616 \times 8359.05 = 30228.676kJ$$

式中 8359.05——假定矿石中硫以 FeS 形式存在，脱出 1kg 硫的吸热量，kJ。

（3）碳酸盐分解吸热 $Q_{熔剂分}$。熔剂中碳酸钙和碳酸镁分解出二氧化碳的量为：

$$V_{CO_2钙} = m_{熔} \times w(CaO)_{熔} \times \frac{22.4}{56} = 1.138 \times 51.03\% \times \frac{22.4}{56} = 0.232m^3$$

$$V_{CO_2镁} = V_{CO_2分} - V_{CO_2钙} = 0.246 - 0.232 = 0.014m^3$$

$$Q_{熔剂分} = V_{CO_2钙} \times \frac{44}{22.4} \times 4048 + V_{CO_2钙} \times \frac{44}{56} \times 2489$$
$$= 0.232 \times \frac{44}{22.4} \times 4048 + 0.014 \times \frac{44}{56} \times 2489 = 1912.931kJ$$

式中 4048，2489——分别为由碳酸钙、碳酸镁分解 1kg CO_2 的吸热量，kJ。

（4）水分分解吸热 $Q_{水分解}$。

$$Q_{水分解} = \left(V_{风} \times \varphi \times \frac{18}{22.4} + m_{煤} \times w_{H_2O煤} \right) \times 13454.1$$

$$= \left(1167.394 \times 1.493\% \times \frac{18}{22.4} + 200 \times 0.81\% \right) \times 13454.1 = 210228.432kJ$$

式中 $w_{H_2O煤}$——煤粉中含水量，%；

   φ——鼓风含水量，%；

  13454.1——水分的分解热，kJ/kg。

（5）炉料游离水蒸发吸热 $Q_汽$。

$$Q_汽 = m_焦 \times w_{H_2O焦} \times 2682 = 297.169 \times 4.00\% \times 2682 = 31880.298kJ$$

式中 2682——1kg 水从 0℃ 转化为 100℃ 的水蒸气时的吸热，kJ/kg。

（6）铁水带走的热 $Q_{铁水}$。

$$Q_{铁水} = 1000 \times 1173 = 1173000.000kJ$$

式中 1173——铁水的热焓，kJ/kg。

（7）炉渣带走的热 $Q_渣$。

$$Q_渣 = m_渣 \times 1760 = 317.508 \times 1760 = 558813.496kJ$$

式中 1760——炉渣的热焓，kJ/kg。

（8）喷吹物分解吸热 $Q_{喷分}$。

$$Q_{喷分} = m_煤 \times 1048 = 200 \times 1048 = 209600.000kJ$$

式中 1048——喷吹物煤粉的分解热焓，kJ/kg。

（9）炉顶煤气带走的热量 $Q_{煤气}$。从常温到 200℃ 之间，各种气体的平均比热容见表 4-16。

表 4-16 几种气体的平均比热容   kJ/(kg·℃)

N_2	CO_2	CO	H_2	CH_4	$H_2O_汽$
1.284	1.777	1.284	1.278	1.610	1.842

1）干煤气带走的热量为：

$$Q_{干煤气} = [1.284 \times (V_{N_2} + V_{CO}) + 1.777 \times V_{CO_2} + 1.278 \times V_{H_2} + 1.610 \times V_{CH_4}] \times t_{煤气}$$

$$= [1.284 \times (910.050 + 317.467) + 1.777 \times 355.163 + 1.278 \times 55.629 +$$

$$1.610 \times 7.657] \times 200$$

$$= 458135.526kJ$$

式中 $t_{煤气}$——炉顶煤气的温度，本计算为 200℃。

2）煤气中水蒸气带走的热为：

$$Q_水 = 1.842 \times m_{H_2O} \times (t_{煤气} - 100) \times \frac{22.4}{18}$$

$$= 1.842 \times 42.595 \times (200 - 100) \times \frac{22.4}{18} = 9764.005kJ$$

故：

$$Q_{煤气} = Q_{干煤气} + Q_水 = 458135.526 + 9764.005 \approx 467899.530kJ$$

（10）炉尘带走的热量 $Q_尘$。

$$Q_尘 = m_尘 \times 0.7542 \times t_{煤气} = 20 \times 0.7542 \times 200 = 3016.800kJ$$

式中 0.7542——炉尘的比热容，kJ/(kg·℃)。

故：

$$Q_支 = Q_{氧分} + Q_{脱硫} + Q_{熔剂分} + Q_{水分} + Q_汽 + Q_{铁水} + Q_渣 + Q_{喷分} + Q_{煤气} + Q_尘$$

$$= 6920330.835 + 30228.676 + 1912.931 + 210228.432 + 31880.298 +$$

$$1173000.000 + 558813.496 + 209600.000 + 467899.530 + 3016.800$$

$$= 9606910.998 \text{kJ}$$

（11）冷却水带走及炉壳散发热损失 $Q_{损失}$。

$$Q_{损失} = Q_{收} - Q_{支} = 10559295.761 - 9606910.998 = 952384.763 \text{kJ}$$

4.4.3.3 热量平衡表

热量平衡表见表 4-17。

表 4-17 热平衡表

热 收 入			热 支 出		
项 目	kJ	%	项 目	kJ	%
炭素氧化放热	8018784.976	75.94	氧化物分解	6920330.835	65.54
热风带的热	2013948.891	19.07	脱 硫	30228.676	0.29
氢氧化放热	412994.690	3.91	碳酸盐分解	1912.931	0.02
甲烷生成热	25520.859	0.24	水分分解	210228.432	1.99
成渣热	668.347	0.01	游离水蒸发	31880.298	0.30
物料物理热	87377.998	0.83	铁水带热	1173000.000	11.11
总 计	10559295.761	100.00	炉渣带热	558813.496	5.29
热量利用系数	86.55%		喷吹物分解	209600.000	1.98
			煤气带热	467899.530	4.43
炭素利用系数	66.56%		炉尘带热	3016.800	0.03
			热损失	952384.763	9.02
			总 计	10559295.761	100.00

4.4.3.4 能量利用的评价

（1）热量利用系数 K_T。

$$K_T = (Q_{收} - Q_{煤气} - Q_{损失})/Q_{收} = (10559295.761 - 467899.530 - 952384.763)/10559295.761$$
$$= 86.55\%$$

对于一般中小型高炉，K_T 值在 75% ~ 85% 范围之间，近代高炉由于大型化和原料条件的改善可达到近 90%。

（2）炭素利用系数 K_C。K_C 是指进入生铁中的碳燃烧生成 CO 和 CO_2 产生的热量与这些碳全部燃烧生成 CO_2 放出的热量之比。

$$K_C = \frac{Q_{CO} + Q_{CO_2}}{(V_{CO} + V_{CO_2}) \times \dfrac{12}{22.4} \times 33436.2} \times 100\%$$

$$= \frac{8018784.976}{(317.467 + 355.163) \times \dfrac{12}{22.4} \times 33436.2} = 66.56\%$$

式中 Q_{CO} ——炭素氧化为 CO 的放热量，kJ；

Q_{CO_2} ——炭素氧化为 CO_2 的放热量，kJ；

V_{CO} ——煤气中 CO 量，m^3；

V_{CO_2} ——煤气中 CO_2 量，m^3；

33436.2——C 氧化为 CO_2 的放热量，kJ/kg。

4.5 Excel 在高炉冶炼综合计算中的应用

4.5.1 Excel 简介

从上述高炉冶炼综合计算实例中可以看出，计算所处理的数据是十分繁杂的，因此可利用 Excel 丰富的函数及数组公式来处理这些数据。

在 Excel 中，公式是一个要以"="开头的等式。公式中可以包含各种运算符、常量、函数及单元格引用等。如在 D1 单元格中输入"= A1 − B1 * C1"，见图 4 − 3；或在 E1 单元格中利用求和函数对 A1、B1、C1、D1 进行求和计算，输入"= SUM（A1：D1）"，如图 4 − 4 所示。

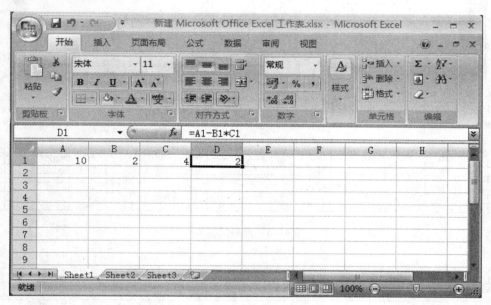

图 4 − 3 Excel 中公式的输入（D1）

在本次计算中，主要就是要利用 Excel 中的公式对原料、燃料等数据进行处理，并通过相关参数的选取、计算，使生铁成分、焦比、物料平衡误差、热损失等合乎要求。

4.5.2 具体步骤

4.5.2.1 配料计算

（1）配料数据调整。首先，在各单元格中输入原料（矿石、石灰石、炉尘等）的数据，如图 4 − 5 所示。然后再通过元素含量和化合物含量的关系等，输入其关系公式，并对各种化合物含量求和。如图 4 − 6 所示，由 Mn 含量计算 MnO 含量时，在单元格 M4 输入以下公式"= D4 * 71/55"即可；类似的确定 Fe_2O_3、P_2O_5、FeS 的含量。"合计"项 R4 采用"= SUM（G4:Q4）"即可。最后对原料进行 100% 折算，对混合矿，需先预设一种矿石的配比来确定混合矿的配料数据，如图 4 − 7 所示。同理对燃料（焦炭、煤粉）数

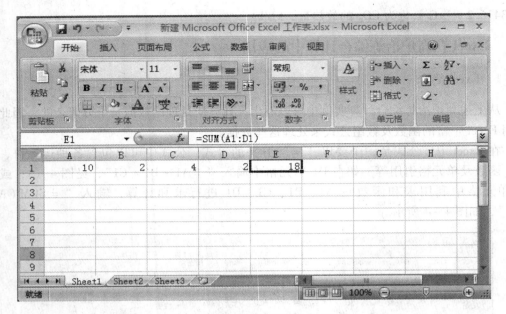

图 4 - 4　Excel 中公式的输入 （E1）

| 原料 | 原料成分(w)/% | | | | | | | | | | | | | | 烧损 | | 合计 |
	TFe	Mn	P	S	FeO	Fe₂O₃	SiO₂	Al₂O₃	CaO	MgO	MnO	FeS	P₂O₅	H₂O	CO₂	
烧结矿	58.50	0.20	0.028	0.03	11.20	71.05	6.25	0.95	10.88	1.14	0.26	0.083	0.064			101.88
球团矿	64.50	0.40	0.031	0.03	1.35	90.57	3.85	1.24	0.21	0.01	0.52	0.083	0.071			97.89
块矿	66.10	0.25	0.07	0.035	1.90	92.23	2.83	1.52	0.05	0.80	0.32	0.096	0.16	2.80		102.71
石灰石	1.80	0.06	0.001	0.036	1.10	1.26	1.98	0.07	51.03	0.89	0.077	0.10	0.002	1.06	42.43	100.00
炉尘	43.39	0.24	0.026	0.088	15.30	44.76	13.80	1.31	8.30	1.99	0.31	0.24	0.06	1.97	12.00	100.04

图 4 - 5　原料的输入

M4　　=D4*71/55

	B	C	D	E	F	G	H	I	J	K	L	M	N	O	P	Q	R
1								原料成分(w)/%									
2	原料	TFe	Mn	P	S	FeO	Fe₂O₃	SiO₂	Al₂O₃	CaO	MgO	MnO	FeS	P₂O₅	H₂O	CO₂	合计
4	烧结矿	58.50	0.20	0.028	0.03	11.20	71.05	6.25	0.95	10.88	1.14	0.26	0.083	0.064			101.88
5	球团矿	64.50	0.40	0.031	0.03	1.35	90.57	3.85	1.24	0.21	0.01	0.52	0.083	0.071			97.89
6	块矿	66.10	0.25	0.07	0.035	1.90	92.23	2.83	1.52	0.05	0.80	0.32	0.096	0.16	2.80		102.71
7	石灰石	1.80	0.06	0.001	0.036	1.10	1.26	1.98	0.07	51.03	0.89	0.077	0.10	0.002	1.06	42.43	100.00
8	炉尘	43.39	0.24	0.026	0.088	15.30	44.76	13.80	1.31	8.30	1.99	0.31	0.24	0.06	1.97	12.00	100.04

图 4 - 6　化合物含量的确定

据进行调整，如图 4 - 8 所示。

（2）配料相关计算。将元素分配率数据列入表中，然后再预定生铁成分，如图 4 - 9
所示。生铁成分中 ［Si］ 和 ［S］ 的含量由生铁质量及冶炼水平确定，$w[Si] \approx 0.3\% \sim$
0.8%，$w[S] \approx 0.015\% \sim 0.025\%$。Mn、P 含量由原料条件决定，其分别由 1.7t 矿中锰
50%、磷 100% 进入生铁中进行估算。确定 Mn 含量输入 "H51 = E31 * 1.7 * H45%"，其
中 H51 表示生铁中 Mn 含量；E31 表示混合矿中 Mn 含量；H45 表示 Mn 在生铁中的分配
比，即 50%。同理预定好 P 含量，再根据相关公式确定 C、Fe 的含量。

同时，输入其他条件，且焦比为预设，如图 4 - 10 所示。然后按照配料计算步骤，输

| I28 | | | 攵 | =H6/R6*100 | | | | | | | | | | | | | | |

	B	C	D	E	F	G	H	I	J	K	L	M	N	O	P	Q	R	S	T
23								折算成100%后的原料成分(w)/%											
24 25	原料	配比	TFe	Mn	P	S	FeO	Fe₂O₃	SiO₂	Al₂O₃	CaO	MgO	MnO	FeS	P₂O₅	烧损		合计	R
																H₂O	CO₂		
26	烧结矿	76.00	57.42	0.20	0.027	0.029	10.99	69.74	6.13	0.93	10.68	1.12	0.25	0.081	0.063			100.00	1.741
27	球团矿	16.00	65.89	0.41	0.031	0.031	1.38	92.52	3.93	1.27	0.21	0.53	0.084	0.072				100.00	0.053
28	块矿	8.00	64.36	0.24	0.068	0.034	1.85	89.80	2.76	1.48	0.05	0.78	0.31	0.094	0.16	2.73		100.00	0.018
29	石灰石		1.80	0.06	0.001	0.036	1.10	1.26	1.98	0.07	51.03	0.89	0.077	0.10	0.002	1.06	42.43	100.00	25.773
30	炉尘		43.37	0.24	0.026	0.088	15.29	44.74	13.79	1.31	8.30	1.99	0.31	0.24	0.060	1.97	11.99	100.00	0.601
31	混合矿	100.00	59.33	0.23	0.031	0.030	8.72	74.99	5.51	1.03	8.15	0.91	0.30	0.083	0.072	0.22	C=	100.00	1.479

图 4-7 原料成分折算成 100%

C固	灰分					焦炭成分(w)/% 挥发分(0.43)					有机物(1.32)			Σ	游离水	灰分
	SiO₂	Al₂O₃	CaO	MgO	FeO	CO	CO₂	CH₄	H₂	N₂	H	N	S			
84.74	7.61	4.56	0.52	0.14	0.68	0.16	0.15	0.017	0.026	0.077	0.30	0.25	0.77	100.00	4.00	13.51

品种	C	H	N	S	O	H₂O	喷吹煤粉成分(w)/% 灰分(15.21)					Σ
							SiO₂	Al₂O₃	CaO	MgO	Fe₂O₃	
煤粉	77.30	3.52	0.50	0.65	2.01	0.81	8.70	5.65	0.088	0.13	0.64	100.00

图 4-8 燃料数据调整

元素分配率/%	Fe	Mn	S	P
生铁	99.70	50.00	—	100.00
炉渣	0.30	50.00	—	
煤气			5.00	

预定生铁成分(w)/%					
Fe	Si	Mn	P	S	C
95.09	0.40	0.20	0.053	0.025	4.23

图 4-9 预定生铁成分

燃料消耗/(kg/t)				
焦炭/kg	(干)	(湿)		
	300	312		
煤粉/kg	200	置换比	0.70	
鼓风湿度/(g/m3)	12.00			
相对湿度φ=12/1000×22.4/18×100%	1.493%			
风温/℃	1200			
炉尘量kg/t生铁	20			
入炉熟料温度/℃	80			
炉顶煤气温度/℃	200			
利用系数η/(d·m3)	2.10			
(注意：焦比为预设，若热损失>10%，需降低焦比；热损失<3%，需增加焦比，重新计算)				

图 4-10 其他相关参数

入 "计算矿石需要量、碱度相关计算" 所需的公式，如图 4-11 所示；并输入 "确定炉渣成分、校核生铁成分" 所需的公式，如图 4-12~图 4-14 所示。

D69	▼	f_x	=D67/D31*100			
	B		C	D	E	F	G

	B	C	D	E	F	G
58						
59						
60	一、计算矿石需要量					
61		1、燃料带入的铁量$m_{铁燃}$=	2.466	kg		
62		（1）煤粉带入量=	0.894	kg		
63		（2）焦炭带入的量=	1.572	kg		
64		a、炉尘中的焦粉=	2.831	kg		
65		b、高炉参加反应的焦炭$m_{焦}$=	297.169	kg		
66		2、进入渣中的铁量$m_{铁渣}$=	2.861	kg		
67		3、需要铁矿石带入的铁量$m_{铁矿}$= 951.289		kg		
68		4、冶炼1t生铁的铁矿石用量				
69		$m_{矿}$=	1603.343	kg		
70		考虑到炉尘吹出量，则$m_{矿}'$=	1620.512	kg		
71	二、炉渣碱度校核（计算溶剂需要量）	设定炉渣碱度R=	1.110	石灰石的有效溶剂性 CaO有效=	48.83	
72						
73		1、原料、燃料带有的CaO量				
74		（1）铁矿石带入的CaO量 $m_{CaO矿}$=		130.736	kg	
75		（2）焦炭带入的CaO量 $m_{CaO焦}$=		1.545	kg	
76		（3）煤粉带入的CaO的量 $m_{CaO煤}$=		0.176	kg	
77		故		132.458	kg	
78		2、原料、燃料带入的SiO$_2$量				
79		（1）铁矿石带入的量 $m_{SiO_2矿}$=		88.379	kg	
80		（2）焦炭带入的量 $m_{SiO_2焦}$=		22.615	kg	
81		（3）煤粉带入的量 $m_{SiO_2煤}$=		17.409	kg	
82		（4）硅素还原消耗的量 m_{SiO_2}=		8.571	kg	
83		$m_{SiO_2带}$=		119.832	kg	
84		熔剂（石灰石）需要量为 $m_{石}$=		1.138	kg	

图 4-11　矿石需要量和碱度的相关计算

E102	▼	f_x	=N96*H46/100

	C	D	E	F	G	H	I	J	K	L	M	N	O	P
87	三、炉渣成分的计算													
88	原料、燃料及熔剂带入的有关成分													
89					每吨生铁带入的有关物质的量									
90	原燃料	数量kg	SiO$_2$		CaO		Al$_2$O$_3$		MgO		MnO		S	
91			%	kg	%	kg	%	kg	%	kg	%	kg	%	kg
92	配合矿	1603.343	5.51	88.379	8.15	130.736	1.03	16.511	0.91	14.661	0.30	4.844	0.030	0.481
93	焦炭	297.169	7.61	22.615	0.52	1.545	4.56	13.551	0.14	0.416	0.00	0.000	0.77	2.288
94	煤粉	200.000	8.70	17.409	0.088	0.176	5.65	11.304	0.13	0.252	0.00	0.000	0.65	1.300
95	石灰石	1.138	1.98	0.023	51.03	0.581	0.070	0.001	0.89	0.010	0.077	0.001	0.036	0.000
96	Σ			128.426		133.038		41.366		15.339		4.845		4.070
97														
98	1、炉渣中CaO的量 $m_{CaO渣}$=	133.038	kg											
99	2、炉渣中SiO$_2$的量 $m_{SiO_2渣}$=	119.854	kg											
100	3、炉渣中Al$_2$O$_3$的量 $m_{Al_2O_3渣}$=	41.366	kg											
101	4、炉渣中MgO的量 $m_{MgO渣}$=	15.339	kg											
102	5、炉渣中MnO的量 $m_{MnO渣}$=	2.423	kg											
103	6、炉渣中FeO的量 $m_{FeO渣}$=	3.679	kg											
104	7、炉渣中S的量													
105		（1）原料、燃料带入的总硫量												
106	$m_{硫}$=	4.070	kg											
107		（2）进入生铁中的硫量												
108	$m_{硫铁}$=	0.250	kg											
109		(3)进入煤气中的硫量												
110	$m_{硫煤气}$=	0.203	kg											
111														
112														
113	故炉渣中的硫量 $m_{硫渣}$=	3.616	kg											
114					炉渣成分表									
115	组元	CaO	SiO$_2$	Al$_2$O$_3$	MgO	MnO	FeO	S/2	Σ	R=m(CaO)/m(SiO$_2$)				
116	kg	133.038	119.854	41.366	15.339	2.423	3.679	1.808	317.508	1.110				
117	%	41.90	37.75	13.03	4.83	0.76	1.16	0.57	100.00					
118	表中S/2：渣中S以CaS形式存在，计算渣中的Ca全部放CaO形式处理，氧原子量为16，硫原子量为32，相当于已经计入S/2，故渣中再计入S/2。													

图 4-12　炉渣成分的计算

　　至此，配料计算中所涉及的"输入量"（包括原料和燃料成分、矿石配比、元素分配率、炉尘量、焦比、喷煤量及预定生铁成分等）和"输出量"（包括矿石量、碱度相关计

E128		▼	fx	=E113/K116/(J51/100)			
	C		D	E	F	G	H
120							
121	按四元相图查验炉渣的性质:		将CaO、SiO₂、Al₂O₃、MgO四元组成换算成100%后(w)/%				
122			CaO	SiO₂	Al₂O₃	MgO	Σ
123			41.90	37.75	13.03	4.83	97.51
124			42.97	38.71	13.36	4.95	100.00
125	由图查得:		炉渣熔化温度	1400~1450℃			
126			炉渣黏度	1500℃时为0.5(Pa·s)	1400℃时为1.5(Pa·s)		
127							
128	硫的分配系数		L = w(S)/w[S]=	45.558			

图4-13 炉渣成分转换成四元渣系的计算

F138		▼	fx	=(100-F51-G51-J51-F133*100-F136*100)/100			
	C		D	E	F	G	H
130	四、校核生铁成分			熔剂带入的磷量	0.000	kg	
131	1、生铁中含磷量[P]。按原料带入的磷全部进入生铁计算						
132			铁矿石带入的磷	mₚ=	0.503	kg	
133			故	w[P]=	0.050%		
134	2、生铁含锰[Mn]。按原料的锰有50%进入生铁计算						
135			进入生铁中的锰量	1.877	kg		
136			故	w[Mn]=	0.19%		
137	3、生铁含碳[C]						
138				w[C]=	4.25%		
139			校核后的生铁成分(w)/%				
140	[Fe]		[Si]	[Mn]	[P]	[S]	[C]
141	95.09		0.40	0.19	0.050	0.025	4.25

图4-14 校核生铁成分

算、炉渣的量和成分、生铁成分等)已整理完毕,且只要调整"输入量","输出量"也会随之改变。一般来说,"输入量"中,原料和燃料成分、元素分配率已确定;炉尘量、喷煤量由原料条件决定;焦比(预设)、喷煤量由燃料和冶炼条件选取;预定的生铁成分由生铁质量和原料条件决定。因此只要定好矿石配比后,就能确定出"输出量",同时还需检验"输出量"中炉渣的碱度、组成、性能是否满足要求以及校核生铁成分。通过矿石配比和"输出量"的动态调整,就能找到合适的混合矿。如碱度 $R = 1.25$ 时,可以降低高碱度烧结矿的配比,增加酸性球团矿配比来降低炉渣碱度,使其满足要求。

4.5.2.2 物料平衡计算

在配料计算的基础上,进一步进行物料平衡的计算。同理,确定好"输入量"和"输出量"。"输入量"有 r_d(直接还原度)、η_{H_2}(氢在高炉内的利用率)、α(被利用氢量中参加还原 FeO 的百分量)、$V'_风$(预定的耗风量)等。"输出量"有鼓风量、炉顶煤气量及其成分。

(1)列出"输出量"的计算公式,如图4-15~图4-17所示。

(2)编制物料平衡表,并进行计算误差校核,如图4-18所示。

4.5.2.3 热平衡计算

热平衡计算在于确定冶炼过程热收入和热支出的分配,并考查冶炼过程能量利用、冶炼参数是否合理。在配料计算和物料平衡计算的基础上,最后进行热平衡计算。同理,确定"输入量"和"输出量"。"输入量"有相对湿度、风温、炉顶煤气温度、入炉料温度等,"输出量"有热量收入和热量支出。"输入量"已在配料计算中其他条件给出(见图4-10)。

	E168		f_x	=E167/E164						
	B	C	D	E	F	G	H	I	J
143	II、物料平衡计算								
144	1、风量计算								
145		(1)风口前燃烧的总碳量	mc=	272.174					
146		1）燃料带入的总碳量	$mc_燃$=	406.421	kg				
147		2）渗入生铁中的碳量	$mc_渗$=	42.476	kg				
148		3）生成甲烷的碳量	$mc_甲烷$=	4.064	kg	燃料带入的总碳量的1%~1.5%与氢化合成甲烷，本例取1%			
149		4）直接还原消耗碳量							
150		a、锰还原消耗的碳量	$mc_锰$=	0.409	kg				
151		b、硅还原消耗的碳量	$mc_硅$=	3.429	kg				
152		c、磷还原消耗碳量	$mc_磷$=	0.487	kg				
153		d、铁直接还原消耗碳量	$mc_铁$=	83.381	kg	$r'_d=r_d-r_H$		r_d一般取0.5左右，本计算取 0.500	
154		故	mc=	87.706	kg				
155									
156									
157									
158		风口前燃烧的碳量为	mc=	272.174		r_H=	0.091		
159						r'_d=	0.409		
160						η_H=	氢在高炉内的利用率，一般取0.3~0.5，本计算取	0.350	
161						α	被利用氢量中，参加还原FeO的百分含量，一般为0.85~1.0，本计算取	0.900	
162						$V'_{风}$	设定的每吨生铁耗风量，本计算取	1200	m3
163		（2）计算鼓风量$V_风$							
164		（1）鼓风中氧的浓度	N=	0.214					
165		（2）mc燃烧需要氧的体积	V_{O_2}=	254.029	m3				
166		（3）煤粉带入氧的体积	$V_{O_2煤}$=	3.822	m3				
167		（4）需鼓风供给氧的体积	$V_{O_2鼓}$=	250.207	m3				
168		故	$V_风$=	1167.394	m3				

图 4-15　风量的计算

	E180		f_x	=E177-E178-E179	
	B	C	D	E	F
169	2、炉顶煤气成分及数量的计算				
170		（1）甲烷的体积V_{CH_4}	V_{CH_4}=	7.657	m3
171		1）由燃料碳素生成的甲烷量	$V_{CH_4碳}$=	7.587	m3
172		2）焦炭挥发分中的甲烷量	$V_{CH_4挥}$=	0.071	m3
173		（2）氢的体积V_H			
174		1）由鼓风中水分分解产生的氢量	$V_{H_2分}$=	17.429	m3
175		2）焦炭挥发分及有机物中的氢量	$V_{H_2挥}$=	10.850	m3
176		3）煤粉分解产生的氢量	$V_{H_2煤}$=	80.864	m3
177		4）炉缸煤气中氢的总产量	$V_{H_2总}$=	109.143	m3
178		5）生成甲烷消耗的氢量	$V_{H_2甲}$=	15.315	m3
179		6）参加间接还原消耗的氢量	$V_{H_2间}$=	38.200	m3
180		故	V_H=	55.629	m3
181		（3）二氧化碳的体积V_{CO_2}			
182		1）由CO还原Fe_2O_3为FeO生成的CO，$V_{CO_2还}$			
183		由矿石带入的Fe_2O_3的质量	$m_{Fe_2O_3}$=	1202.367	kg
184		参加还原Fe_2O_3为FeO的氢气量	$m_{H_2还}$=	0.341	kg
185		由氢气还原Fe_2O_3的质量	$m'_{Fe_2O_3}$=	27.286	kg
186		由CO还原Fe_2O_3的质量	$m''_{Fe_2O_3}$=	1175.081	kg
187		故	V'_{CO_2}=	164.511	m3
188		2）由CO还原FeO为Fe生成的CO_2量	V''_{CO_2}=	190.179	m3
189		3）石灰石分解产生的CO_2量	$V_{CO_2石}$=	0.246	m3
190		4）焦炭挥发分中的CO_2量	$V_{CO_2挥}$=	0.227	m3
191		故	V_{CO_2}=	355.163	m3
192		（4）一氧化碳的体积V_{CO}			
193		1）风口前碳素燃烧生成的CO量	$V_{CO燃}$=	508.058	m3
194		2）直接还原生成的CO量	$V_{CO直}$=	163.718	m3
195		3）焦炭挥发分中的CO量	$V_{CO挥}$=	0.380	m3
196		4）间接还原消耗的CO量	$V_{CO间}$=	354.690	m3
197		故	V_{CO}=	317.467	m3
198		（5）氮气的体积V_{N_2}			
199		1）鼓风带入的N_2量	$V_{N_2风}$=	908.472	m3
200		2）焦炭带入的N_2量	$V_{N_2焦}$=	0.777	m3
201		3）煤粉带入的N_2量	$V_{N_2煤}$=	0.800	m3
202		故	V_{N_2}=	910.050	m3

图 4-16　炉顶煤气各成分含量的计算

| G206 | | fx | =G205/H205*100 | | | |

	B	C	D	E	F	G	H
203			煤气成分				
204	成分	CO_2	CO	N_2	H_2	CH+	Σ
205	体积/m3	355.163	317.467	910.050	55.629	7.657	1645.966
206	%	21.58	19.29	55.29	3.38	0.47	100.00

图 4-17 炉顶煤气量成分表

| E219 | | fx | =E216+E217+E218 | | |

	B	C	D	E	F
208	3、编制物料平衡表				
209		（1）鼓风质量的计算。			
210			1m3鼓风的质量r风=	1.280	kg/m3
211		鼓风的质量为	m风=	1494.586	kg
212		（2）煤气质量的计算			
213			1m3煤气的质量r气=	1.362	kg/m3
214		煤气质量为	m气=	2242.474	kg
215		（3）煤气中的水分			
216		1）焦炭带入的水分	mH_2O=	11.887	kg
217		2）石灰石带入的水分	mH_2O=	0.012	kg
218		3）氢气参加还原反应生成的水分	mH_2O=	30.697	kg
219		故	mH_2O=	42.595	kg
220	物料平衡列入表				
221		物料平衡表			
222	入项	kg	%		
223	混合矿	1620.512	44.66		
224	焦炭(湿)	312.000	8.60		
225	石灰石	1.138	0.03		
226	鼓风(湿)	1494.586	41.19		
227	煤粉	200.000	5.51		
228	总计	3628.235	100.00		
229	出项				
230	生铁	1000.000	27.60		
231	炉渣	317.508	8.76		
232	煤气	2242.474	61.90		
233	煤气中的水	42.595	1.18		
234	炉尘	20.000	0.55		
235	总计	3622.577	100.00		
236					
237	相对误差=	0.16%	< 0.30%		

图 4-18 物料平衡表的编制

（1）输入"热量收入"计算公式，如图 4-19 所示。

（2）输入"热量支出"计算公式，如图 4-20 所示。

（3）编制热平衡表，并评价高炉能量利用，如图 4-21 所示。若热损失大于 10%，需降低焦比；热损失小于 3%，需增加焦比。

通过以上 Excel 的计算可以看出，无论对配料计算、物料平衡计算还是热平衡计算，当所有"输入量"和"输出量"整理完毕后，只要调整任一"输入量"，相应的"输出

	E255	▼	f_x	=E245+E246+E249+E250+E251+E253				
	B	C	D	E	F	G	H	I
239	III、热平衡计算							
240	一、热量收入	1、碳素氧化放热Qc						
241		(1)碳素氧化成CO₂放出的热	Q_{co_2}=	6353298.779	kJ	其中C氧化成CO₂放热	33436.200	kJ/kg
242		碳素氧化生成CO₂的体积	$V_{CO_2氧化}$=	354.690	m3			
243		(2)碳素氧化成CO放出的热量	Q_{co}=	1665486.197	kJ	其中C氧化成CO放热	9804.600	kJ/kg
244		碳素氧化成CO的体积	$V_{CO氧化}$=	317.087	m3			
245		故	Q_c=	8018784.976	kJ			
246		2、鼓风带入的热量		2013948.891	kJ	在1200℃下空气和水汽的热焓		
247						$q_{空气}$=	1719.000	kJ/m3
248						q_{H2O}=	2132.000	kJ/m3
249		3、氢氧化为水放热	Q_{H2O}=	412994.690	kJ	H₂氧化为水放热为:	13454.090	kJ/kg
250		4、甲烷生成热	Q_{CH4}=	25520.859	kJ	甲烷生成热为:	4709.560	kJ/kg
251		5、成渣热	$Q_{渣}$=	668.347	kJ	石灰石分解产生的CaO和MgO成渣定	1131.300	kJ/kg
252		6、炉料物理热	80.00	℃冷矿石的比热容	0.674	kJ/(kg·℃)		
253			$Q_{物}$=	87377.998	kJ			
254								
255		则热量总收入	$Q_{收}$=	10559295.761	kJ			

图 4-19 热量收入计算

	E289	▼	f_x	=E270+E272+E276+E278+E279+E280+E281+E282+E287+E288				
	B	C	D	E	F	G	H	I
256	二、热量支出	1、氧化物分解吸热Q氧、分						
257		(1)铁氧化物分解吸热	$Q_{铁氧分}$=	由于原料是烧结矿，可以考虑	20%	FeO以硅酸铁形式存在，其余以Fe₂O₃形式存在)		
258		故	m_{FeO}=	27.975	kg			
259			m_{FeO}=	111.898	kg			
260			$m_{Fe2O3渣}$=	248.663	kg			
261			m_{Fe2O3}=	953.704	kg	分解热		
262			m_{FeSiO3}=	360.561	kg	FeSiO₃	4087.520	kJ/kg
263			Q_{FeO}=	114346.658	kJ	Fe₃O₄	4803.330	kJ/kg
264			Q_{Fe3O4}=	1731894.729	kJ	Fe₂O₃	5156.590	kJ/kg
265			Q_{Fe2O3}=	4917861.767	kJ			
266			$Q_{铁氧分}$=	6764103.154	kJ			
267		(2)锰氧化物分解吸热	$Q_{锰氧分}$=	13817.831	kJ	由MnO分解产生1kg锰吸收的热量为	7363.020	kJ
268		(3)硅氧化物分解吸热	$Q_{硅氧分}$=	124409.480	kJ	由SiO₂分解产生1kg硅吸收热量为	31102.370	kJ
269		(4)磷酸盐分解吸热	$Q_{磷酸盐}$=	18000.370	kJ	Ca₃(PO₄)₂分解产生1kg磷吸收热量为	35782.600	kJ
270		故	$Q_{氧分}$=	6920330.835	kJ			
271								
272		2、脱硫吸热	$Q_{脱硫}$=	30228.676	kJ	假定矿石中硫以FeS形式存在，脱出1kg硫吸热量	8359.050	kJ
273		3、碳酸盐分解吸热Q碳酸剂						
274		烧结矿碳酸约有8%碳酸钙分解出二氧化碳的量	$V_{CO2钙}$=	0.232	m3	由碳酸钙分解1kg的CO₂吸热	4048.000	kJ/kg
275			$V_{CO2镁}$=	0.014	m3	由碳酸镁分解1kg的CO₂吸热	2489.000	kJ/kg
276			$Q_{碳酸剂}$=	1912.931	kJ			
277								
278		4、水分分解吸热	$Q_{水分}$=	210228.432	kJ	水分分解吸热	13454.100	kJ/kg
279		5、炉料游离水蒸发吸热	$Q_{水汽}$=	31880.298	kJ	1kg水由0℃变为100℃水汽吸热	2682.000	kJ
280		6、铁水带走的热	$Q_{铁水}$=	1173000.000	kJ	铁水热焓	1173.000	kJ/kg
281		7、炉渣带走的热	$Q_{炉渣}$=	558813.496	kJ	炉渣热焓	1760.000	kJ/kg
282		8、喷吹物分解吸热	$Q_{喷分}$=	209600.000	kJ	煤粉分解热	1048.000	kJ/kg
283								
284		9、炉顶煤气带走的热量Q煤气						
285		(1)干煤气带走的热量为	$Q_{煤气}$=	458135.526	kJ			
286		(2)煤气中水汽带走的热为	$Q_{水汽}$=	9764.005	kJ			
287		故	$Q_{煤气}$=	467899.530	kJ			
288		10、炉尘带走的热量	$Q_{尘}$=	3016.800	kJ	炉尘的比热容	0.7542	kJ/(kg·℃)
289		故 热量总支出	$Q_{支}$=	9606910.998	kJ			

图 4-20 热量支出计算

	H304	▼	f_x	=G304/G305*100			
	B	C	D	E	F	G	H
292	三、热量平衡表						
293		热收入	kJ	%	热支出	kJ	%
294		碳素氧化放热	8018784.976	75.94	氧化物分解	6920330.835	65.54
295		热风带的热	2013948.891	19.07	脱硫	30228.676	0.29
296		氢氧化放热	412994.690	3.91	碳酸盐分解	1912.931	0.02
297		甲烷生成热	25520.859	0.24	水分分解	210228.432	1.99
298		成渣热	668.347	0.01	游离水蒸发	31880.298	0.30
299		物料物理热	87377.998	0.83	铁水带热	1173000.000	11.11
300		总计	10559295.761	100.00	炉渣带热	558813.496	5.29
301					喷吹物分解	209600.000	1.98
302					煤气带热	467899.530	4.43
303					炉尘带热	3016.800	0.03
304					热损失	952384.763	9.02
305					总计	10559295.761	100.00
306		热量利用系数	K_T=	86.55%	~90%		
307		碳素利用系数	K_C=	66.56%	>65%		

图 4-21 热平衡表的编制

量"就会随之变化。因此，对于利用 Excel 进行的高炉冶炼综合计算，当得到的"输出量"不合理时，仅需调整"输入量"，就能确定一组合理的"输出量"，而无须如手算那样既调整"输入量"又重新计算"输出量"。在高炉冶炼综合计算时，采用 Excel 可极大简化计算量，提高效率及计算的准确性。

5 炼 钢

5.1 炼钢原料与产品

5.1.1 炼钢原料及其要求

炼钢所用的原料可分为金属料和非金属料两大类。金属料包括生铁、废钢、脱氧剂和合金剂等；非金属料包括熔剂（造渣料）、氧化剂、冷却剂、还原剂和增碳剂等。前者又称为钢铁料，也称主原料，后者又称为辅助原料。

炼钢原料的质量包括化学成分、物理性质及其稳定性，它们对炼钢的操作和钢的质量有很大的影响，均做了严格要求。

5.1.1.1 金属料及其要求

A 生铁

生铁是炼钢的主要原料，主要包括由高炉和化铁炉熔炼出来的铁水、铸成的生铁块以及回收的废铁。生铁的成分和温度是影响钢质量和钢水温度的重要因素，对稳定炼钢操作并获得良好的技术经济指标十分重要。

（1）铁水。铁水温度是炼钢的主要热源，对炼钢而言，一般要求其应大于 1200 ~ 1300℃，而且要稳定，以利于保持炼钢炉内热量，迅速成渣，减少喷溅。铁水成分要求如下：

1）Si：用废钢作冷却剂时，铁水含硅量以 0.4% ~ 0.6% 为宜；用矿石作冷却剂时，由于矿石带入 SiO_2，铁水含硅量应适当降低。因铁水含硅量过高，不仅高炉炼铁焦比升高，而且炼钢时石灰耗量多、渣量大、炉衬侵蚀严重，随渣带走的铁损失多，从而使钢水的收得率降低，炉衬寿命缩短。另外，渣中 SiO_2 超过一定浓度时，易恶化去除磷、硫的条件，加大耗氧量，延长吹炼时间。相反，铁水含硅量过低，也会使石灰熔解缓慢，渣量过少也不利于去除磷、硫，而且炉渣覆盖钢水不足会引起金属喷溅，降低金属收得率。所以，要求铁水含硅量在规定范围内保持稳定。

2）Mn：铁水含锰量高，虽然有利于促进化渣脱硫，减少氧枪黏钢，延长炉龄，但高炉炼高锰生铁时焦比显著增高。因此，在我国锰矿不多、能源紧张的情况下，不易提高铁水含锰量。

3）P：磷使钢具有冷脆性，是钢的有害元素，所以，应尽量减少铁水的含磷量。

4）S：硫使钢具有热脆性，是钢的有害元素，因此，应尽量减少铁水的含硫量。

5）C：铁水的含碳量，要求稳定在规定范围之内。

（2）生铁块。生铁块是铁水经铸铁机铸块而得。它的化学成分及其影响与铁水的化学成分及其影响一样。生铁块不宜加入过多，否则不易熔化完全。在冷装料的电炉中，生铁块又是碳的重要来源，按精炼需要的钢中含碳量配加生铁块。另外，有的转炉炼钢车间配有熔化生铁块的化铁炉。

（3）废铁。废铁包括各种废生铁、生铁制品和生铁切屑等。用作炼钢原料时，有以下几点要求：

1）不允许混有合金钢、铁合金和有色金属等，供炼钢、化铁炉使用的废铁内允许掺有质量分数不大于5%的炭素废钢。

2）不允许混有两端封闭的管状物和其他封闭容器，废武器及危险品必须经过妥善处理。

3）废铁的块度应大小适宜。

（4）海绵铁。在回转窑、竖炉或其他反应器内，用煤、焦炭、天然气或氢气，使铁矿石或铁精矿球团在低于物料熔化温度下进行低温还原，变成多孔状的产物。被还原出来的铁呈细小铁核，形如海绵，即为海绵铁。海绵铁经冷却、破碎、磁选，可除去脉石或其他杂质。用海绵铁代替废钢，具有以下优点：

1）电炉炼钢直接采用海绵铁代替废钢铁料，可以解决废钢供应不足的困难。

2）因海绵铁中金属铁含量较高，P、S含量较低，杂质较少，故能起到稀释有害元素、降低气体和夹杂物含量的作用。

3）缩短冶炼时间，提高电炉生产率，降低电极和耐火材料消耗。

B 废钢

废钢是电炉炼钢的基本原料，用量占钢铁料的70%～90%；氧气转炉用铁水炼钢时，由于热量富裕，可以加入多达30%以上的废钢，作为调整吹炼温度的冷却剂。采用废钢冷却，可以降低钢铁料、造渣剂和氧气的消耗，而且比用铁矿石冷却的效果稳定，喷溅少。

废钢的种类很多，有半截钢锭、中注管、切头、钢板切边、废轧件、废铸件和已经损坏的机械武器等。根据废钢块度的大小可将其分为轻型废钢、中型废钢和重型废钢三类。轻型废钢包括车床屑、切边、细小的报废零件等，一般规定不大于100～120mm。轻型废钢在炉内极易熔化，由于本身体积小，质量轻，故选料时要适当搭配用，数量不得过多。中型废钢每块质量通常不超过30kg。重型废钢主要有大型废钢坯、废钢板、大型废零件等。重型废钢在炉内较难熔化，块度不应过大。

使用废钢时要注意以下几点：

（1）不允许含磷、含硫高的废钢入炉；

（2）禁止带有锡、铅、锌、铜的废钢件入炉，因为这些有色金属装入炉内会引起破坏，如铅的密度大，熔化后会渗入炉底砖缝中，很容易使炉底漏穿，造成漏钢事故；铜和锡能使钢变脆，锻造或轧制时，钢材易产生裂纹；

（3）军用废钢必须经过仔细检查处理后才能入炉；

（4）空桶和其他封闭容器应先割开，以免爆炸；

（5）形状不规则的大块废钢要先砸碎，或用氧气割开，让它能够顺利地进入炉内；

（6）轻小或散碎废钢要打成包，这样装起来方便，熔化也快。

C 脱氧剂和合金剂

为了使炼得的钢水化学成分达到规定的要求和除掉某些氧化物对钢质量的影响，各种钢在出钢前（或出钢时）要加入脱氧剂和合金剂。常用的脱氧剂和合金剂有硅铁、锰铁、铝、硅锰铁、硅钙合金、铬铁、钨铁、钼铁、钒铁、钛铁、铌铁、硼铁和稀土金属等。几种常用铁合金的化学成分见表 5 – 1。

表 5 – 1　几种常用铁合金的化学成分（w）　　　　　%

铁种		牌号		化学成分								
		汉字	代号	Si	Mn	C	S	P 1	P 2	Cr	Al	Ca
硅铁		硅90	Si90	87~95	<0.4	不规定	<0.02	<0.4		<0.2		
		硅75	Si75	72~80	<0.5		<0.02	<0.4		<0.5		
		硅45	Si45	40~47	<0.7		<0.02	<0.4		<0.5		
锰铁	低碳	锰0	Mn0	<2.0	>80	<0.5	<0.02	<0.15	<0.30			
	中碳	锰1	Mn1	<2.0	>78	<1.0	<0.02	<0.20	<0.30			
		锰2	Mn2	<2.5	>75	<1.5	<0.02	<0.20	<0.30			
	碳素	锰3	Mn3	<2.5	>76	<7.0	<0.02	<0.20	<0.33			
		锰4	Mn4	<3.0	>70	<7.0	<0.03	<0.20	<0.38			
		锰5	Mn5	<4.0	>65	<7.0	<0.03	<0.20	<0.40			
硅锰合金		锰硅23	Mn23	>23	>63	<0.5		<0.15	<0.25			
		锰硅20	Mn20	>20	>65	<1.0		<0.15	<0.25			
		锰硅17	Mn17	>17	>65	<1.7		<0.15	<0.25			
		锰硅14	Mn14	>14	>60	<0.25		<0.3				
		锰硅12	Mn12	>12	>60	<3.0		<0.3				
硅钙合金		硅钙31	SiCa31	Si + Ca: >90		<1.0	<0.04	<0.04			<2.5	>31
		硅钙28	SiCa28	Si + Ca: >85		<1.0	<0.04	<0.04			<2.5	>28
		硅钙24	SiCa24	Si + Ca: >80		<1.0	<0.04	<0.04			<3.0	>24
高炉锰铁		锰7	Mn7	≤2.0	≥75.1	≤7.0	≤0.03	≤0.6				
		锰8	Mn8	≤2.0	70~75	≤7.0	≤0.03	≤0.6				
		锰9	Mn9	≤2.0	65~69.9	≤7.0	≤0.03	≤0.6				
		锰10	Mn10	≤2.0	60~64.9	≤7.0	≤0.04	≤0.7				
		锰11	Mn11	≤0.35	50~59.9	≤7.0	≤0.05	≤0.7				
		锰12	Mn12	≤0.35	40~49.9	≤7.0	≤0.05	≤0.7				
镜铁				2.0	10~25		0.03	0.02				

　　硅铁是硅和铁的合金，含硅量波动在 10% ~ 90%。硅铁既是脱氧剂又是炼高硅钢（如弹簧钢、变压器钢）的合金剂。含硅低的硅铁是用高炉炼得，含硅高的硅铁是用电炉炼得。作为脱氧用的硅铁含量为 30% ~ 50%。含硅高的硅铁受潮时易放出毒气，必须放在干燥处妥善保管。

　　锰铁是使用最广的脱氧剂。它分为高碳锰铁和低碳锰铁两种。高碳锰铁是用高炉炼得的，其含锰 70% ~80%、含碳 6% ~7%；低碳锰铁是用电炉炼得的，其含碳小于 1%，价格较贵。含锰在 10% ~25% 之间的锰铁称做镜铁，也是用高炉炼得的。它主要是用来提高钢水的含锰量和含碳量，特别是在钢水中碳量低于成品规格，而温度尚未达到规定的情况下使用。硅锰铁也称硅锰合金，是一种复合脱氧剂，在炼高锰、高硅、低碳钢脱氧时使用。硅锰铁含硅量为 15% ~25%、含锰量为 60% ~70%、碳含量低于 1%。用硅锰铁脱氧，生成物容易上浮到炉渣中，钢的质量纯净。硅钙铁也称硅钙合金，是一种很强的复合脱氧剂。其含钙量在 23% ~31% 之间、含硅量为 59% ~67%。

铝是一种强脱氧剂，常用的铝块含铝量为 98% ~99.5%。因为它很轻，易浮在钢渣中而失去脱氧的能力，所以使用时大都加进钢包或钢锭模内。

铬铁也称铁铬合金，含铬量为 60% ~70%、含碳量为 0.06% ~8.0%。炼不锈钢和耐酸钢都要加进铬铁。钼铁用于炼结构钢、不锈钢和工具钢。钼加入钢中能改善淬火状态下钢的组织，使其晶粒细化，并能提高淬火钢的韧性，但钼铁价格极为昂贵。钨铁在炼工具钢和结构钢时使用。由于高合金工具钢通常是用不氧化法炼制，所以钨铁一般是在装料时加入。钒铁是钢的良好脱氧剂，但其因价格昂贵，一般不作脱氧剂使用，只有炼制铬钒钢时才使用。少量钒加入钢中，可改进钢的性能，提高钢的弹性（韧性保持不变）。

钛铁虽然是一种强的脱氧剂，但很少作为脱氧剂使用，一般用作合金剂。由于钛铁容易被氧化，所以在出钢前 10 ~15min 加入炉内。钛可与钢中的氮结合生成氮化物，不易溶于钢中，因而钛可清除钢中的氮。铌铁在熔炼不锈钢和特殊物理性质的合金钢时使用。当钢加热时，铌能阻止碳化铬沿钢的晶粒边界处析出，降低晶粒间腐蚀的敏感性。磷铁在炼易切削钢和薄板钢时使用，其含磷量为 18% ~25%、含碳量约为 0.25%。

对炼钢用脱氧剂和合金剂的要求有以下几点：

（1）合金元素成分要多；

（2）硫、磷等有害杂质含量要低；

（3）脱氧剂脱氧后的生成物能够很快上浮到炉渣内，避免残留在钢水中造成夹杂物；

（4）价格要便宜。

5.1.1.2 非金属料及其要求

A 造渣材料

为了除去钢中的有害杂质，在冶炼过程中必须加入造渣材料，以调整炉渣成分，炼出合格的钢。由于炼钢方法不同，所使用的造渣材料也不同。如碱性炼钢法常用的造渣材料有石灰石、石灰、白云石、萤石、铁矾土和黏土块等。酸性炼钢法常用的造渣材料有河沙、石英砂和黏土块等。对各种造渣材料的具体要求如下：

（1）石灰石。石灰石的作用是提高炉渣碱度，除去钢中的磷和硫。石灰石主要由 CaCO$_3$ 组成，在高温下分解为 CaO 和 CO$_2$，即 CaCO$_3$→CaO + CO$_2$。该反应为吸热反应，生成 1kg CaO 可吸收 1778.2kJ 的热量。因此，当转炉铁水配比高时，石灰石亦可用作冷却剂，且放出的 CO$_2$ 还能起到搅拌作用。

一般要求石灰石中的硫和 SiO$_2$ 含量要低。若石灰石中的硫含量过高，在冶炼时就会转入钢中；若石灰石中 SiO$_2$ 含量高，则其有效的 CaO 含量就低。通常要求：$w(CaO) > 50\%$，$w(SiO_2) < 3\%$，$w(MgO) < 3.5\%$，$w(S) < 0.08\%$。

（2）石灰。它由石灰石煅烧而得。其主要化学成分是 CaO，作用是提高炉渣碱度，除去钢中的磷和硫。一般要求石灰中的 CaO 含量为 80% ~ 85%，SiO_2 含量低于 4.5%，MgO 含量低于 4.5%，硫含量低于 0.2%，其中未烧透的石灰石应低于 10%。炼钢车间所用的石灰应是新煅烧好的，不应含有粉状的熟石灰。因为粉状熟石灰对炉衬寿命有不良影响，而且其中水分进入钢中，会使钢产生白点，因此不能用熟石灰作造渣剂。石灰块度要适宜。若石灰块度过大，则熔解慢，甚至到吹炼终点还不能熔解，不能及时而充分地起作用；若石灰过细，则易被炉气带走。

（3）萤石。其主要化学成分为 CaF_2，是转炉炼钢有效的助熔剂。它的作用是降低碱性炉渣的黏度。纯萤石的熔点为 1418℃，因含有 SiO_2、S 等成分，其熔点降低至 930℃。加入萤石后，其能与 CaO、石灰外壳（$2CaO \cdot SiO_2$）生成低熔点（1362℃）的化合物 $3CaO \cdot CaF_2 \cdot 2SiO_2$，显著降低 CaO 的熔点，加速石灰的熔解；同时也可与 MgO 生成低熔点（1350℃）的化合物，从而可迅速改善碱性炉渣的流动性。但大量使用萤石会增加喷溅，加剧对炉衬的侵蚀，并造成环境污染。所以，转炉炼钢时应尽量不用或少用萤石造渣。通常要求萤石中 CaF_2 含量大于 90% ~ 95%，含磷、硫和 SiO_2 量越低越好，SiO_2 含量应小于 15%，因为它会降低炉渣碱度。

（4）白云石。白云石分为生白云石和轻烧白云石。生白云石的主要成分为 $CaCO_3 \cdot MgCO_3$，在 900 ~ 1200℃下焙烧即为轻烧白云石，轻烧白云石的成分为 CaO、MgO。近年来，国内外普遍采用白云石作为造渣材料。加入一定量白云石代替部分石灰，增加渣料中 MgO 含量，可以减少炉衬中的 MgO 向炉渣中转移，而且还能促进前期化渣，减少萤石用量和稠化终渣，减轻炉渣对炉衬的侵蚀，延长炉衬寿命。通常炼钢对生白云石的要求为：$w(MgO) \geq 20\%$，$w(CaO) \geq 29\%$，$w(SiO_2) \leq 2.0\%$，烧损量不大于 47%，块度为 5 ~ 30mm；对轻烧白云石的要求为：$w(MgO) \geq 35\%$，$w(CaO) \geq 50\%$，$w(SiO_2) \leq 3.0\%$，烧损量不大于 10%，块度为 5 ~ 40mm。

（5）铁钒土。通常用铁矾土代替萤石来稀释碱性渣，虽然其效果不如萤石好，但其害处亦比萤石小。炼钢对铁矾土的质量要求为：$w(Al_2O_3) = 40\%$ ~ 57%，$w(SiO_2) = 10\%$ ~ 17%，$w(Fe_2O_3) = 12\%$ ~ 26%，$w(H_2O) = 7\%$ ~ 22%；同时，铁钒土含有许多水分，当冶炼优质钢时，最好干燥后使用。

（6）河沙、石英砂。其主要化学成分是 SiO_2，用作酸性渣的造渣材料。

（7）黏土块。用于加速造渣和稀释炉渣，其化学成分为：$w(SiO_2) = 58\%$ ~ 70%，$w(Al_2O_3) = 27\%$ ~ 35%，$w(Fe_2O_3) = 1.2\%$ ~ 2.2%。

（8）菱镁矿和镁碳压块。菱镁矿是调渣剂，其主要成分为 $MgCO_3$。炼钢对菱镁矿的质量要求如下：$w(MgO) \geq 45\%$，$w(CaO) \leq 1.5\%$，$w(SiO_2) \leq 1.5\%$，烧损量不大于 50%，块度为 5 ~ 30mm。镁碳压块由轻烧菱镁矿和碳压制而成，在吹炼终点钢水碳含量低时或冶炼低碳钢溅渣时也可作为调渣剂。对镁碳压块的要求为：$w(MgO) = 50\%$ ~ 60%，$w(C) = 15\%$ ~ 20%，块度为 10 ~ 30mm。

B 氧化剂

常用的氧化剂有氧气、铁矿石、氧化铁皮、烧结矿和锰矿石等，其作用是为炼钢提供氧。

（1）氧气。目前，氧气已经成为各种炼钢方法中氧的重要来源。炼钢用的氧气一般由厂内附设的制氧车间供应，用管道输送。一般要求氧气的纯度应大于 98%，冶炼含氧量低的钢种时，氧气的纯度应大于99.5%。氧气的使用压力一般为0.6~1.2MPa。考虑到输氧过程中的压力损失，一般将氧气加压到2.5~3.0MPa储存。由于炼钢是周期性用氧，必须有储氧装置。

（2）铁矿石。为了改善脱磷条件，还需使用一定量的铁矿石。作为氧化剂而使用的铁矿石，要求其含铁量高于58%~62%，SiO_2含量应低于7%，含磷、硫量要低，水分含量不高于4%，使用前应干燥。

（3）氧化铁皮。它是钢锭在加热和轧制过程的产物，含铁量为70%~75%。氧化铁皮的密度小，加入后浮在渣面上。因此，它的氧化能力较铁矿石低。如氧化铁皮潮湿、油污较多，使用前应烘烤。

（4）锰矿石。它的氧化能力比铁矿石差，也是炼钢的原料，其含锰量一般为35%~45%。

C 冷却剂

作为炼钢用的冷却剂除废钢铁料外，还有富铁矿、烧结矿、球团矿、氧化铁皮和石灰石等。

富铁矿和氧化铁皮等炼铁原料，既可作为炼钢的氧化剂，又可作为炼钢的冷却剂。作为冷却剂是利用它们所含的Fe_xO_y在氧化金属中杂质时要吸收大量热。这部分炼铁原料既可直接炼成钢，又利用了其中的氧，同时也起到了冷却作用。与废钢铁料相比，它们又是助熔剂，有利于化渣。其缺点是带入的脉石使石灰的消耗量和渣量增大；一次加入矿石过多时会产生严重喷溅。对此类冷却剂的要求是含铁量要高，SiO_2和硫的含量要低，其成分和块度要稳定，并需要进行烘烤干燥。

在缺乏废钢料和富铁矿等冷却剂的炼钢厂，可以利用石灰石作为炼钢的冷却剂，即利用$CaCO_3$分解时吸收大量热进行冷却。实践表明，与加入铁矿石和氧化铁皮相比，加入石灰石时喷溅少，且在去除磷、硫程度相同情况下渣中$\sum(FeO)$低。其缺点是比加废钢铁料冷却时的金属损失多，又没有加铁矿石冷却时的收益，钢铁料消耗较高。

D 增碳剂

由于配料不准或因操作不当，使用炉料熔化后含碳过低或在熔炼过程脱碳过多，使钢中含碳量低于规格要求，此时要进行增碳操作。常用的增碳剂有生铁、焦粉、碎电极块（粉）等。生铁由于密度大，沉入钢水下面，增碳量比较稳定，但易降低炉温，因此很少采用；焦粉和碎电极密度小，浮在渣面上，增碳数量不稳定；但电极块含S、P低，是很好的增碳剂。目前，氧气转炉炼中、高碳钢时，一般采用含灰分很少的石油焦增碳。

表5-2列出了各种非金属料的化学成分要求。

表5-2 非金属料的化学成分（w） %

种类	炉别	Fe	Mn	S	P	C	SiO_2	CaO	MgO	Al_2O_3	CaF_2	Fe_2O_3	H_2O
富铁矿	转炉	≥50		≤0.2			≤10						
	电炉	≥50		≤0.1	<0.1		<8						<0.5
铁皮	—	>70		<0.04	<0.05		<3						<0.5

种类	炉别	Fe	Mn	S	P	C	SiO$_2$	CaO	MgO	Al$_2$O$_3$	CaF$_2$	Fe$_2$O$_3$	H$_2$O
石灰	转炉			<0.2			<3.5	>85					
	电炉			<0.15			<2	>85		Fe$_2$O$_3$ + Al$_2$O$_3$：<3			<0.3
萤石	转炉						≤5				>85		
	电炉			<0.2			<4	<5			>85		<0.5
铁钒土	—						<10			>50		12~16	7~22
黏土块	—						27~35			58~70		12~22	—
电极粉	电炉			<0.1		>95	(灰分)	<2					<0.5
焦粉	电炉			<0.1		>80	(灰分)	<15					<0.5
石油焦	焦粉	(>25,m/m)	<4.0~6.0	<1.0~1.5			(灰分)	<0.5	0.8	1.2(挥发分)	<7.0~12	<3.0	
白云石	—						<2		>17			<2	

E　其他气体

炼钢过程使用的气体除 O$_2$ 外，还有 N$_2$、Ar 和 CO$_2$ 气体。

N$_2$ 是制取 O$_2$ 过程中的副产物，它是顶底复吹转炉炼钢和溅渣护炉的主要气体。对其要求如下：满足复吹和溅渣要求的供气流量，气压稳定，纯度大于 99.95%，无水，无油。

Ar 气是复吹转炉炼钢和钢包吹氩精炼工艺的主要气体来源，对其要求为：满足复吹和吹氩要求的供气流量；气压稳定，纯度大于 99.95%，无水，无油。

部分钢厂转炉底吹 CO$_2$ 代替底吹 Ar 气，CO$_2$ 制取方便，可从转炉煤气中制取，也可回收利用石灰窑废气中的 CO$_2$。对其要求为：满足复吹需要的供气流量，气压稳定，纯度大于 99.95%，无水，无油。

5.1.2　炼钢产品及主要技术经济指标

5.1.2.1　钢与生铁的区别

通常所说的钢铁是熟铁、钢和生铁等大量使用的黑色金属的统称。它们都不是纯铁，而是含有一定量其他元素的铁碳合金。熟铁、钢和生铁最主要的区别是含碳量的范围不同（见表 5 - 3），从而具有不同的金相组织及熔点、塑性等物理性能和力学性能，见表 5 - 4。

表 5 - 3　熟铁、钢和生铁的化学成分（w）　　　　　　　　　　%

项　目	C	Si	Mn	S	P
熟铁	0.02~0.05	—	0.06	0.05	0.05
钢	0.05~1.7	<0.5	<1.0	≤0.05	≤0.05
生铁	1.7~4.5	1.0	1.0	≤0.06	<0.3

表5-4 熟铁、钢与生铁的性能

项 目	含碳量/%	熔点/℃	塑性	焊接性	铸造性	力学性能
熟铁	<0.05	1530	好	适中	适中	适中
钢	0.05~1.7	1450~1500	适中	好	适中	好
生铁	1.7~4.5	~1100	不好	不好	好	不好

一般将含碳量小于0.05%的称为熟铁（极软铁）；介于0.05%~1.7%（实际可提高到2.0%）的称为钢；大于1.7%的称为生铁。由表5-3可见，除含碳量不同，钢和生铁中所含的其他元素量也不相同，即各元素在生铁中含量高于在钢中含量。因此，为了使生铁转变成钢，必须除去生铁中过多的元素。这些元素主要通过氧化反应除去，所以炼钢过程主要是氧化过程。

由表5-4可以看出，生铁除铸造性能优于钢，其他性能都不如钢的性能好。钢不仅强度高，韧性好，而且易于铸造和锻轧成型，还可以通过机械加工和热处理在很大范围内改变其性能。向钢中添加适量的各种合金元素时，可显著改善以下性能：耐热性、抗腐蚀性、强度、耐磨性、高速切削工具用钢高温下的耐用性、电机和变压器用钢最小的磁滞损失等。

钢由于具有优于生铁的很多性能，因此可以满足制造各种设备的日新月异的要求。因此，钢是现代工业生产中最重要的金属材料。

5.1.2.2 钢的分类

一般，钢可按化学成分、冶炼方法、脱氧程度、主要质量等级、钢的特性和用途等进行分类。

（1）按化学成分分类，可分为非合金钢、低合金钢和合金钢三类。

非合金钢即碳素钢。我国的"碳素钢"通常包括普通碳素结构钢、优质碳素结构钢、碳素工具钢、易切钢等；而"非合金钢"包括"碳素钢"、电工用纯铁、原料纯铁及具有其他特殊性能的"非合金钢"。故"非合金钢"比"碳素钢"的含义更具有广泛性和科学性。

国际上通常把低合金钢归到合金钢一类，我国在《钢的分类》标准中，将低合金钢与非合金钢、合金钢并列。

通常将合金元素的总含量大于10%的合金钢，称为"高合金钢"，如不锈钢、耐热钢和高速工具钢等。

在实际生产中常使用"低碳钢"、"中碳钢"和"高碳钢"的术语。一般将碳含量$w[C]<0.25\%$的钢称为低碳钢，其塑性和可焊性能好，建筑结构用钢多属此类；$w[C]=0.25\%~0.60\%$为中碳钢，如机械结构钢；$w[C]>0.60\%$为高碳钢，如弹簧钢和工具钢。

（2）按冶炼方法分类，可分为平炉钢、转炉钢和电炉钢四类。目前平炉已淘汰，被氧气转炉代替；电炉钢又可分为电弧炉钢、感应炉钢、电渣炉钢、真空感应炉钢和电子束炉钢等。

（3）按脱氧程度分类，可分为沸腾钢、镇静钢和半镇静钢三类。沸腾钢也有普通质量钢和优质钢，而优质钢和合金钢均为镇静钢。

（4）按质量等级分类，可分为普通质量钢、优质钢和特殊质量钢三类。

常见的"普通质量钢"，有普通碳素结构钢、普通质量低合金结构钢和钢筋钢等；常见的"优质钢"，有优质碳素结构钢、压力容器用钢、硅钢板带、重轨钢和锅炉钢等；常见的"特殊质量钢"，有弹簧钢、耐热钢、不锈钢、轴承钢、碳素工具钢、合金工具钢、高速工具钢及航空、舰船和兵器等专用钢。

非合金钢可分为普通质量非合金钢、优质非合金钢、特殊质量非合金钢；低合金钢分为普通质量低合金钢、优质低合金钢、特殊质量低合金钢；合金钢分为优质合金钢和特殊质量低合金钢。

（5）按钢的特性和用途分类，非合金钢分为最高强度或最低强度为主要特性的非合金钢，以限制碳含量为主要特性的非合金钢及非合金的易切钢、工具钢等；低合金钢可分为可焊接高强度结构钢、低合金耐候钢、钢筋钢、铁道用钢、矿用钢等；合金钢可分为工程结构钢、机械结构钢、不锈钢、耐蚀钢、耐热钢、工具、轴承钢和特殊物理性能合金钢等。

5.1.2.3　炼钢技术经济指标

炼钢的技术经济准则是高效、优质、多品种、低消耗，综合利用资源，提高经济效益。因此，各项技术经济指标能反映炼钢的生产水平和管理水平，转炉炼钢和电炉炼钢的主要技术经济指标包括产量、质量、品种和消耗4个方面。

A　产量

（1）合格钢产量（t）。

$$实际合格钢产量 = 实际检验产量 - 废品量$$

（2）冶炼时间（min/炉）。冶炼时间是指冶炼一炉钢所需时间。

$$冶炼时间（min/炉）= 炼钢作业时间（min）/出钢炉数（炉）$$

炼钢作业时间与日历作业率计算内容相同。炼钢出钢炉数不包括全炉废品、全炉钢水回炉、事故回炉等。

（3）利用系数。

1）转炉利用系数是指转炉在日历工作时间内，每公称吨位所生产合格钢的数量。

$$转炉的利用系数[t/（公称吨位·d）] = 合格钢产量（t）/（转炉公称吨数 \times$$
$$转炉座数 \times 日历天数）$$

式中　转炉公称吨数——转炉设计总吨位，用于修砌和烘烤的炉座可不计算在内；

　　　　日历天数——在规定的实际日历天数，其中包括转炉大、中修停工的天数。

2）电炉利用系数是指每 MV·A 变压器容量每昼夜（24h）生产的合格钢产量。其计算公式为：

$$电炉利用系数[t/（MV·A·d）] = 合格钢产量（t）/（变压器容量 \times 日历昼夜）$$

式中　变压器容量——变压器额定容量（kV·A）$\times 10^{-3}$；

　　　　日历昼夜——统计期，一般按月、季、年度进行统计，但应扣除计划检修和计划停电的时间。

3）冷装电炉利用系数通常为 $15 \sim 30 t/（MV·A·d）$。

（4）作业率（%）。作业率是指炼钢炉作业时间占日历时间的百分比。其计算公式为：

作业率 =（实际炼钢作业时间/日历时间）×100% =（1 - 停工时间/日历时间）×100%

转炉炼钢作业时间是指扣除停炉的非作业时间，包括吹氧时间和装料、等铁水、等废钢、等钢包、等吊车、等浇注、等氧气等辅助时间，只要炉与炉的间隔时间在 10min 以内，都计算在炼钢作业时间之内，超过 10min 便统计为非作业时间。

对电弧炉而言，停工时间是指接电极、检修机械电器、更换水冷设备、等吊车、中修炉、非计划停电等时间的总和。

（5）时间利用率（%）和功率利用率（%）。这两个指标可反映出电弧炉车间的生产组织能力及管理、操作、维护水平。时间利用率是指一炉钢总通电时间与总冶炼时间的比值，即

$$t_u = [(t_2 + t_3)/(t_1 + t_2 + t_3 + t_4)] \times 100\% \qquad (5-1)$$

式中　t_u——时间利用率；

t_1——上炉出钢至下炉通电的时间；

t_2——熔化时间；

t_3——精炼时间；

t_4——冶炼过程中停电时间。

功率利用率是指冶炼一炉钢实际耗电量与通电时以额定功率进行的最大耗电量的比值。

$$P_u = [(P_{熔} t_2 + P_{精} t_3)/P_{额}(t_2 + t_3)] \times 100\% \qquad (5-2)$$

式中　P_u——功率利用率；

$P_{熔}$——熔化期的平均功率；

$P_{精}$——精炼期的平均功率；

$P_{额}$——炉用变压器额运功率。

（6）劳动生产率（t/人）。劳动生产率分为实物劳动生产率和全员劳动生产率。

实物劳动生产率 = 合格铸坯产量/车间生产工人（含学徒工）人数

全员劳动生产率 = 合格铸坯产量/车间人员总数

（7）炉龄。炉龄即炉衬寿命，转炉炉龄是指新砌内衬后，从开始炼钢到更换炉衬的一个炉役时间内炼钢的炉数。

炉龄 = 炉钢总炉数/炉衬更换次数

B　质量

质量指标包括合格率和废品率。

（1）合格率（%）。合格率又称质量合格率，是指合格钢产量与实际检验产量的百分数，按钢种分月、季、年统计。

合格率 =（合格钢产量/实际检验产量）×100%

（2）废品率（%）。废品值指废品量与实际检验产量的比值。

废品率 =（废品量/实际检验产量）×100% = 1 - 合格率

C　品种

（1）品种完成率（%）。品种完成率是指完成品种与计划品种的百分数。

品种完成率 =（完成品种/计划品种）×100%

（2）合金比（%）。合金比是指合金钢合格产量占合格钢总产量的百分数。

$$合金比 = （合金钢合格产量/合格钢总产量）\times 100\%$$

高合金比是指合格高合金钢（合金元素总含量大于 10%）产量占合格钢总产量的百分数。

$$高合金比 = （合格高合金钢产量/合格钢产量）\times 100\%$$

D　消耗

（1）钢铁料消耗。钢铁料消耗是指生产 1t 合格钢（铸锭）所消耗的钢铁原料质量。

$$钢铁料消耗（kg/t） = 入炉钢铁原料质量/合格钢（铸锭）$$

对转炉而言，钢铁原料质量为铁水量和废钢铁量之和，其中废钢铁量包括废钢、生铁块及废铁等用量；对电弧炉而言，钢铁原料质量为废钢和生铁之和。

（2）金属料消耗（kg/t）。金属料消耗是指每冶炼 1t 合格钢（铸锭）所消耗的金属材料。

$$金属料消耗 = 金属消耗总量/合格钢产量$$

对转炉而言，金属消耗总量包括钢铁原料和铁合金的消耗数量铁合金包括脱氧剂、提温剂和发热剂及调整成分用的铁合金，还要将铁矿石、氧化铁皮等含铁原料折合成铁后计入消耗。其折算方法为：轻薄废钢按 60% 折算；压块废钢按 65% 折算；渣钢按 70% 折算；砸碎加工的渣钢按 90% 折算；钢丝和铁屑按 40% 折算；粉状铁合金按 50% 折算；除此之外的其他材料均按实物量计入。

对电炉而言，金属消耗总量包括废钢、生铁及其他合金材料、氧化铁皮和铁矿石等的总耗量。

（3）电力消耗（kW·h/t）。电力消耗是指生产 1t 合格钢消耗的电量。

$$电力消耗量 = 炼钢用电量/合格钢产量$$

（4）电极消耗和钢锭模消耗。电极消耗和钢锭模消耗分别指生产 1t 合格钢消耗的电极量和钢锭模质量。

$$电极消耗 = 电极用量/合格钢产量$$

$$钢锭模消耗 = 耗用的钢锭模质量/合格钢产量$$

（5）氧气消耗（标态，m^3/t）。氧气消耗是指冶炼 1t 合格铸坯耗用的氧气总量。

$$氧气消耗量 = 耗氧总量/合格铸坯总量$$

5.2　炼钢任务及工艺流程

5.2.1　钢中常见元素及其影响

钢中除铁元素外，还含有一定量其他元素，其中常见的元素有 Si、Mn、C、S、P 等。这些元素对钢的性能有很大影响。

增加钢中的含碳量，将提高钢的强度极限、屈服点、硬度和脆性，降低其伸长率、收缩率和冲击强度。因此，应对钢中含碳量加以控制。

钢中含硅量小于 0.15% 时对钢的性能影响不大。增加钢中含硅量，将提高钢的强度、硬度、淬火性和弹性，降低其塑性。此外，硅和铬结合可使钢具有耐氧化性，还可以改善钢的磁性，因此在制造电机和变压器芯子的钢中含有 1.0% ~ 4.5% 的硅。当硅含量超过 14.5% 时，钢的耐蚀性和耐酸性将会大大提高，成为耐酸钢。另外，硅能使钢中氧含量减少，是炼钢脱氧剂。

增加钢中的锰含量，同样可提高钢的强度、硬度和淬火性，降低其塑性，但其降低程度小于硅。钢中含锰量达 11.0% ~ 13.5% 时，将使钢具有很强的耐磨性。另外，锰也是炼钢脱氧剂。

钢中 S、P 是有害杂质，S 能使钢热脆，P 能使钢冷脆，都能降低钢的力学性能，特别是冲击强度。此外，S 和 P 都是容易偏析的元素。故钢中的 S、P 含量要严格控制。

综上可知，要炼制性能良好的钢种，必须将其化学成分严格控制在规定范围之内。

5.2.2 炼钢的基本任务

炼钢过程主要是熔炼和浇注两个环节。因此，炼钢的基本任务也主要是指熔炼和浇注这两个部分。

（1）熔炼的任务。钢的熔炼任务可概括为："四脱"（脱 C、P、S、O）、"二去"（去除气体和非金属杂质）、"一升温"（升高钢水温度）、"一合金化"（添加合金剂调整钢液成分）。

1）脱碳：通过氧化途径将铁水中多余的碳降低到所炼钢种要求的规定范围。

2）脱磷、硫：通过加入熔剂造渣将钢液中的元素磷、硫去除到所炼钢种允许的限度内。

3）升温：依靠铁水带入物理热和冶炼过程钢中元素（C、Si、Mn 等）氧化放热（化学热）或外加热源放热，将金属温度提高到出钢要求的温度，以保证钢水能够顺利地浇注出合乎规格的钢锭或铸坯。

4）脱氧和合金化：通过加入脱氧剂和合金元素，脱除钢液中多余的氧，并调整钢液成分达到所炼钢种要求的规定范围。

5）除去钢中气体（O、H、N）和非金属杂质（氧化物和硫化物等），以保证钢的质量。

（2）浇注的任务。将温度和成分均符合要求的钢液进行浇注，并凝固成具有一定形状和尺寸、结构合理以及符合内部和表面质量要求的钢锭或钢坯。

总之，炼钢的任务是将去除杂质、炼成温度和成分均符合要求的钢液，浇注凝固成符合要求的钢锭或钢坯。

5.2.3 炼钢的工艺流程

炼钢是介于炼铁和轧钢之间的工序，它从炼铁接受原料，向轧钢输送产品。由于钢材质量主要取决于炼钢设备及其工艺过程，所以炼钢成为钢铁生产流程中的关键环节。

炼钢主要由 4 个部分组成：原料准备、冶炼、浇注和精整送锭（坯），其生产流程如图 5-1 所示。可以看出，炼钢用的金属料和非金属料经过准备处理后，装入炼钢炉进行冶炼，经过冶炼得到的钢水送到浇注车间进行浇注。如果要求钢的质量高，须经炉外精炼后送去浇注。浇注后得到的钢锭或钢坯，经过精整后送到轧钢厂进行轧制成材。

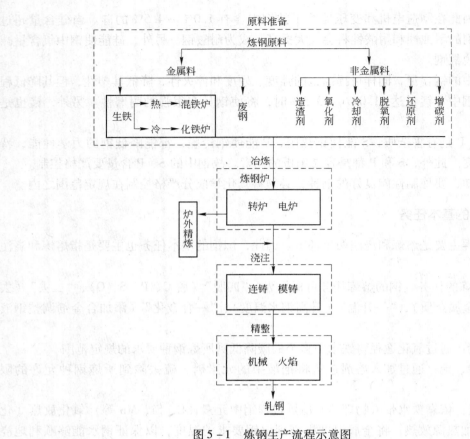

图 5 – 1　炼钢生产流程示意图

5.3　炼钢方法的发展历程

炼钢技术的发展是与炼铁紧密联系在一起的。人们最早是在山坡上挖掘的土坑里放入木炭和铁矿石，点火并鼓入空气进行冶炼，由于冶炼温度低，得到的是未熔海绵状的熟铁，熟铁经过加热锻打可以制成器具和兵器。随着铁需要量的增加，建造的炉子增高，炉内温度也随之升高，炼出的铁不再是海绵铁而是吸收碳（渗碳）的液体铁。这种铁冷却后很脆，不能锻造成器具或兵器，称之为生铁。以后人们把冷却的生铁放在另外的炉子中用木炭熔化，并利用铁矿石作氧化剂把生铁中碳和其他杂质（硅、锰、磷等）氧化掉，又得到可锻的熟铁，此方法称为精炼法。由于木炭缺乏，到18世纪改用煤作燃料，称之为搅拌法。

熟铁虽然柔软可锻，但是不能制造具有一定硬度的器具或兵器。所以，人们又利用熟铁和木炭在高温下接触能使熟铁吸收碳而使其强度增加的原理，炼出了渗碳钢，此方法称为渗碳法。我国春秋战国时代著名的宝剑"干将"、"莫邪"和国外的大马士革剑，就是用这种方法制造的。渗碳法虽然提高了钢的强度，但渗碳钢成分不均匀，外部含碳量比内部高得多。

1740年，国外出现了可以熔炼液体钢的方法，称为坩埚法。该方法是在石墨或黏土制成的坩埚内放入低磷、低硫、低杂质的生铁和废钢，将坩埚置于炉内加热，使炉料熔化而得到钢液。此法虽提高了钢的质量，但产量低、成本高。

1856 年，英国人亨利、贝氏麦发明了使用酸性炉衬的空气底吹转炉炼钢法。由于它不能去除生铁中的磷，因此受到低磷铁矿石缺乏的限制。1874 年，英国人托马斯将炉衬改为碱性耐火材料，这样可以去除生铁中的磷。1952 年我国发展出碱性侧吹转炉炼钢法。

1864 年，法国人佩尔、马丁兄弟与英国人西门子合作，建成了第一座炼钢平炉。其中有酸性平炉炼钢（不能去除磷、硫，对原材料要求严格，炼出的钢质量好）和碱性平炉炼钢（能去除磷、硫，对原材料要求宽，炼出的钢质量也好）两种。后者很快发展成为一种主要的炼钢方法。

20 世纪 50 年代以前，平炉钢在世界总钢产中占绝对优势。随着制氧技术的发展，20 世纪 50 年代出现了一项新炼钢技术，即氧气顶吹转炉炼钢法（LD 法）。它生产效率高，一座 300t 氧气顶吹转炉，冶炼时间仅需 30 ~ 40min，是同容量的平炉熔炼时间的几十分之一。1978 年，法国钢铁研究院与卢森堡阿尔贝德公司合作开发了顶底复吹转炉炼钢新方法。此后，顶底复吹转炉炼钢技术在世界范围内得到迅速发展。

电弧炉炼钢法于 20 世纪初出现，它是冶炼高质量合金钢的主要方法。20 世纪 50 ~ 60 年代，电弧炉炼钢经历了"普通功率电弧炉—高功率电弧炉—大型超高功率电弧炉"的发展历程，电弧炉的炼钢工艺和冶金功能由传统的三期操作变成只提供初炼钢水，冶炼周期由 180min 缩短至 60min 以下。电弧炉的生产效率提高，钢成本降低，设备得以充分利用，加快了投资回收。20 世纪 80 年代后期，出现了直流电弧炉，它的电极和耐火材料明显低于交流电弧炉。

目前，钢铁生产流程是长流程和短流程共同发展。前者是高炉—转炉流程，是从自然界的铁矿石资源中得到钢的提取流程；后者是电炉流程，是资源再生利用流程。同时，为冶炼一些特殊钢或合金，还采用了真空感应电炉、真空电弧炉、电渣炉及各种炉外精炼法、电子轰击炉等进行炼钢。

5.4 炼钢的基本原理

炼钢的基本任务是去除原材料中的杂质（包括多余的和有害的元素），获得成分和温度符合要求的钢液，并浇注成钢锭或钢坯。

现代的各种炼钢方法，虽然加热方式有所不同，但是完成炼钢任务的基本过程都是一样的。因此，在学习各种炼钢工艺操作和设备构造之前，了解掌握炼钢过程中的造渣、传氧和各种元素的反应规律是十分必要的。

5.4.1 炼钢炉渣

炉渣是参与炼钢过程的重要物质，炼钢过程主要通过控制炉渣来进行。因此，炼钢过程造渣极为重要，只有造好渣才能炼出好钢。

5.4.1.1 炼钢炉渣的来源和组成

A 炉渣来源

炉渣来源主要包括：金属料内杂质的氧化产物；被侵蚀或碰撞掉的炉衬耐火材料；装料混入的砂石、泥土等杂质；特意加入的造渣剂等材料，如石灰、白云石、萤石、铁皮、铁钒土、砖块和硅石等。

　　B 炉渣组成

　　炼钢炉渣主要是由氧化物构成的熔体。其按性质不同，可分为碱性渣、酸性渣和两性渣三类。碱性渣主要由 CaO、MgO、FeO 和 Na_2O 等组成，酸性渣主要由 SiO_2、P_2O_5、Cr_2O_3、V_2O_5、MoO_3 和 TiO_2 等组成，两性渣的组成为 Al_2O_3、Fe_2O_3 等。此外，炉渣中还有硫化物，如 FeS、MnS、CaS 等炉渣的主要成分见表 5-5。

表 5-5　炼钢炉渣的化学成分（w）　　　　　　　%

名　称	SiO_2	CaO	FeO	MnO	P_2O_5	MgO	Al_2O_3	S
氧气顶吹转炉渣	6~21	35~56	7~30	2~8	1~4	2~12	0.5~4.0	0.05~0.4
碱性侧吹转炉渣	8~12	38~45	5~40	4~15	5~20	4~7	1~2	0.1~0.4
碱性电炉氧化渣	8~15	40~50	12~30	5~7	0.5~2.0	8~10	1~2	—
碱性电炉还原渣	10~15	55~65	0.5~1.0	0.1~0.2	—	8~10	2~3	0.2~0.5
酸性电炉渣	56~62	3~8	10~14	10~27				
半酸性还原渣	30~35	20~34	1~4			22~30		
合成渣	<3	~55	<0.25			<3	~42	
液态保护浇注碱性渣	≤6.0	50~55	≤0.5				40~45	
液态保护浇注中性渣	30~35	25~30	≤0.5				15~20	
液态保护浇注酸性渣	50~55	20~30	≤0.5				10~15	

　　上述氧化物的熔点都很高，见表 5-6。炼钢熔池温度一般为 1300~1700℃，在该温度下，这些氧化物难以熔化。但在炼钢成渣过程中，它们往往相互化合，生成多种低熔点的复杂化合物，使炉渣在炼钢温度下得以熔化。形成的复杂化合物主要包括硅酸盐（如 $FeO \cdot SiO_2$、$2FeO \cdot SiO_2$、$MnO \cdot SiO_2$、$CaO \cdot SiO_2$、$2CaO \cdot SiO_2$、$3CaO \cdot SiO_2$）、铝酸盐（如 $2FeO \cdot Al_2O_3$、$FeO \cdot Al_2O_3$、$3CaO \cdot Al_2O_3$）、铁酸盐（如 $FeO \cdot Fe_2O_3$、$CaO \cdot Fe_2O_3$、$3FeO \cdot Fe_2O_3$）和磷酸盐（如 $3FeO \cdot P_2O_5$、$3CaO \cdot P_2O_5$、$4CaO \cdot P_2O_5$）等。

表 5-6　几种氧化物的熔点　　　　　　　℃

氧化物	CaO	MgO	SiO_2	FeO	Fe_2O_3	MnO	Al_2O_3
熔　点	2570	3000	1710	1370	1457	1785	2060

5.4.1.2　炼钢炉渣的作用

　　由于炼钢炉渣的成分不同，其作用也不同。以氧气顶吹转炉为例，炉渣的作用主要有：

　　（1）去除有害杂质（磷和硫等）；

　　（2）参与传氧并氧化熔池中的碳和其他杂质；

　　（3）保存熔池热量和防止金属吸收有害气体（氮和氢等）；

　　（4）洗涤金属，吸附金属中的非金属杂质。

　　但炉渣也有侵蚀炉衬、夹带金属并降低金属收得率等不利作用。

　　碱性电弧炉氧化期炉渣主要作用是去磷、传氧，但还原期炉渣的作用是脱氧、去硫并减少合金烧损。电渣炉炉渣主要是用作电阻，通电后电能在熔渣中转换为热能将金属电极熔化，并利用熔渣洗涤金属液滴以便去除硫及氧化物夹杂，提高金属的纯净度。炉渣保护浇注则主要是为了防止钢液二次氧化，以便改善钢锭（或铸坯）质量。

总之，炉渣的作用，应针对不同的情况作具体分析。

5.4.1.3 炼钢炉渣的性质

炉渣的性质包括物理性质和化学性质，前者主要是指黏度、流动性、表面张力和界面张力等，后者包括炉渣碱度、氧化性和还原性等。

（1）碱度。炉渣中碱性氧化物与酸性氧化物的比值，称为炉渣碱度，用 R 表示。根据炼钢原料条件不同，炉渣碱度的计算方法也不一样。

1）炉料含磷量较低时，有：

$$R = w(CaO)/w(SiO_2) \tag{5-3}$$

2）炉料含磷量较高时，假定生成 $3CaO \cdot P_2O_5$ 稳定化合物，则有：

$$R = w(CaO - 1.18P_2O_5)/w(SiO_2) \tag{5-4}$$

假定生成 $4CaO \cdot P_2O_5$ 稳定化合物，则有：

$$R = w(CaO)/w(SiO_2 + 0.634P_2O_5) \tag{5-5}$$

或
$$R = w(CaO)/w(SiO_2 + P_2O_5) \tag{5-6}$$

式（5-4）中 1.18 为 $3CaO/P_2O_5 = 3 \times 56/142 = 1.18$；式（5-5）中 0.634 为 $P_2O_5/4CaO = 142/4 \times 56 = 0.634$。

通常用 CaO 与 SiO_2 的比值表示炉渣的碱度 R。比值 R 约为 1.5 的渣为低碱度渣（或酸性渣）；R 约为 2.0 的渣为中碱度渣；$R \geq 2.5$ 的渣为高碱度渣。

碱性渣能去除钢液中磷和硫，酸性渣不能去除钢液中的磷和硫。

（2）氧化性和还原性。

1）氧化性。它是指炉渣向金属供氧的能力，也可以认为是氧化金属中杂质的能力。在炼钢过程中，若炉渣氧化性强则能加速氧化过程。炉渣的氧化能力决定于渣中自由氧化亚铁的浓度和炉渣的黏度。炉渣中自由氧化铁的数量越大，炉渣的黏度越小时，则炉渣的氧化能力越大。假设排除炉渣黏度的影响，则炉渣的氧化能力取决于渣中自由 FeO 的浓度。

2）还原性。它是指炉渣夺取金属中氧的能力。在电炉还原期操作中，需造高碱度、低氧化铁、流动性良好的还原渣，以达到脱氧、脱硫和减少合金烧损的目的。

（3）黏度。它也是炉渣的重要性质之一，对渣-钢间反应的动力学过程影响极大。通常来说，若炉渣黏度大，流动性不好，其传氧、传热能力低。对氧化渣而言，若炉渣黏度大，则不利于脱碳、脱磷和脱硫；黏度大的还原渣也不利于脱氧和脱硫；转炉炉渣常常夹有大量的钢粒，造成金属损失。过稀的熔渣，其热反射能力强，使炉衬温度升高，增加热损失和炉衬侵蚀；电弧炉要扒尽太稀的氧化渣极为困难。总之，炼钢操作中，炉渣控制好坏的标志之一是黏度是否正常。

炉渣黏度主要决定于炉渣成分和温度。由图 5-2 可见，温度升高，其炉渣黏度下降。当炉渣碱度为 0.9 或更小时，酸性渣随温度升高其黏度下降不多。由 1500℃ 上升到 1600℃ 时，其黏度由 0.1 下降到 0.075Pa·s，此时在同一温度下，酸性渣比一般碱性渣的黏度都要大。这主要是由于 SiO_2 是以正硅酸根离子 SiO_4 形式存在的缘故。但当温度低于 1500℃ 时，酸性渣的黏度比碱性渣的低。正因为在低温下具有较高流动性的特点，浇注用保护渣多选择偏酸性的渣系。

5.4.2　传氧和元素的氧化次序

　　目前，各种炼钢方法尽管在加热方式上存在差异，但去除杂质的基本过程相同。大多数炼钢过程中去除杂质的主要手段是向熔池吹入氧气（或加入矿石）并加入石灰等材料造碱性熔渣。因此，在了解炉渣的组成和性质的基础上，掌握炼钢过程中熔池传氧和各种元素的反应规律至关重要。

5.4.2.1　炼钢熔池传氧

　　炼钢过程主要是氧化精炼的过程，钢中元素的化学反应大多是氧化反应。因此，需要向熔池提供足够数量的氧。

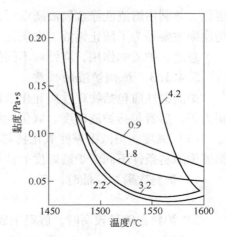

图 5-2　氧化性炉渣的碱度、
温度和黏度间的关系

　　使用工业纯氧炼钢时，在顶吹转炉中，高压氧气是经水冷喷枪以某种距离从熔池上面吹入的（见图 5-3）。在其他炼钢方法中，如底吹转炉和某些吹氧的电炉，氧气经吹氧管直接吹入熔池。为使氧流有足够的能力穿入熔池，前者使用出口为拉瓦尔型的多孔或单孔喷枪，氧气的使用压力为 1.0~1.5MPa，氧流出口速度可达 450~500m/s；后者一般使用直筒型圆管，氧气的使用压力为 1.0~1.2MPa，氧流出口速度为 300~350m/s。

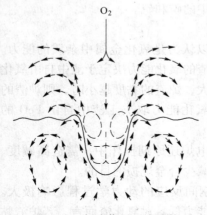

图 5-3　氧流作用下熔池的
循环运动

　　高压氧流从喷孔流出后，以很高的速度冲击熔池，使熔池形成了强烈的循环运动和高度弥散的气体－熔渣－金属乳化相，这是吹氧炼钢的特点。图 5-4 所示为氧气顶吹转炉炼钢过程。在作用区的金属液面或通过金属液滴，氧气射流和金属液进行强烈的精炼反应。

　　向熔池吹氧时，氧传递方式分为直接传氧和间接传氧两种。

　　（1）直接传氧。直接传氧分三步：

　　1）气体氧分子分解并吸附在金属表面上，然后溶解在液态金属中：

$$\frac{1}{2}O_2(g) === [O]_{吸附}$$

$$[O]_{吸附} === [O]$$

　　2）溶于金属中的氧与铁或其他元素进行氧化反应生成氧化物：

$$[O] + Fe(l) === FeO(l)$$

$$[O] + [Me] === [MeO]$$

　　3）生成的氧化物转入渣中：

$$FeO(l) === (FeO)$$

$$[MeO] === (MeO)$$

　　（2）间接传氧。直接传氧是把氧直接传入金属，而间接传氧是通过炉渣（或氧化铁）

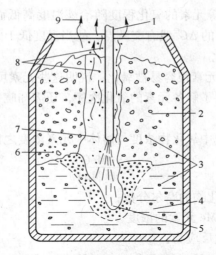

图 5-4 氧气顶吹转炉熔池和乳化相示意图

1—氧枪；2—气-渣-金属乳化相；3—CO 气泡；4—金属熔池；5—火点；6—金属液滴；
7—由作用区释放出的 CO 气流；8—溅出的金属液滴；9—离开转炉的烟尘

把氧传入金属，其传递过程也分三步：

1）氧首先与铁结合成 FeO，其中一部分溶于金属中，另一部分成为炉渣。

$$O_2(g) + 2Fe(l) = 2(FeO)$$

$$2(FeO) \Big\langle{}^{(FeO)}_{FeO(l)}$$

2）渣中 FeO 又被氧氧化成 Fe_2O_3，而后 Fe_2O_3 与金属液接触时，又被还原成 FeO（生成的 FeO 再重复 1）、2）步）。

$$2(FeO) + 1/2O_2(g) = (Fe_2O_3)$$

$$(Fe_2O_3) + Fe(l) = 3(FeO)$$

3）溶于金属中的 FeO 进行分解，生成的氧溶于金属液中或与其他元素进行氧化反应。

$$(FeO) \longrightarrow FeO(l) = Fe(l) + [O]$$

$$[O] + [Me] = [MeO]$$

$$[MeO] = (MeO)$$

其平衡常数即为分配系数（L），与温度 T 的关系式为：

$$\lg L = \lg \frac{w[O]}{a_{(FeO)}} = -\frac{6320}{T} + 2.734 \tag{5-7}$$

利用式（5-7）可由 FeO 活度 $a_{(FeO)}$ 求出不同温度时与炉渣相平衡的金属含氧量。

5.4.2.2 钢液中元素的氧化次序

钢液中元素的氧化次序，可通过其与 1mol 氧气反应的标准吉布斯自由能变化（$\Delta G^{\ominus}$）来判断。

（1）在炼钢吹炼过程中，Cu、Ni、W、Mo 等元素受到铁的保护，不会被氧化。

（2）Cr、Mn、V、Nb 等元素的氧化程度随冶炼温度高低而变化。由于这些元素氧化的 $\Delta G^{\ominus}$ 线与 C 氧化生成 CO 的 $\Delta G^{\ominus}$ 线有交叉点，故当温度低于此点时，元素优先于 C 被氧化；反之，则 C 优先被氧化。

（3）Al、Ti、Si、B 等元素很容易被氧化，说明这些元素可作为强氧化剂使用。

在炼钢过程中，不仅要了解各元素的氧化次序，还需知晓每个元素的氧化程度及其影响因素。

元素的氧化程度常用渣中氧化物浓度与熔体中元素浓度之比（β）表示，即：

$$\beta = \frac{x(\mathrm{MeO})}{w[\mathrm{Me}]}$$

式中　$x(\mathrm{MeO})$——渣中氧化物的摩尔分数；

　　　$w[\mathrm{Me}]$——钢液中 Me 元素的浓度。

金属熔体中元素的氧化反应为：

$$[\mathrm{Me}] + (\mathrm{FeO}) =\!=\!= (\mathrm{MeO}) + \mathrm{Fe}(1)$$

平衡常数（K）为：

$$K = \frac{a_{(\mathrm{MeO})} \cdot a_{\mathrm{Fe}(1)}}{a_{(\mathrm{FeO})} \cdot a_{[\mathrm{Me}]}} = \frac{\gamma_{(\mathrm{MeO})} \cdot x_{(\mathrm{MeO})}}{a_{(\mathrm{FeO})} \cdot w[\mathrm{Me}]}$$

式中　$a_{(\mathrm{MeO})}$，$a_{\mathrm{Fe}(1)}$，$a_{(\mathrm{FeO})}$，$a_{[\mathrm{Me}]}$——相应元素或氧化物的活度；

　　　$\gamma_{(\mathrm{MeO})}$——渣中氧化物的活度系数。

由此得：

$$\beta = K \cdot \frac{a_{(\mathrm{FeO})}}{\gamma_{(\mathrm{MeO})}} \qquad\qquad (5-8)$$

由式（5-8）可看出，随着平衡常数 K 和渣中 FeO 的活度提高，元素的氧化程度（β）增加；随渣中非铁氧化物的活度系数 $\gamma_{(\mathrm{MeO})}$ 增加，β 减小。

由于元素的氧化反应均为放热反应，温度升高使 K 值减小，所以提高温度不利于提高元素的氧化反应。

例如，假定转炉炼钢废气中 CO 与 CO_2 的质量比为 90∶10，铁氧化成 FeO 与 Fe_2O_3 之比为 80∶20，渣量为铁水量的 1.6%（渣中含铁量为 20%），并已知铁水成分（见表 5-7），求 100kg 的铁水需要供的氧量，计算过程见表 5-7。

表 5-7　铁水中元素的氧化产物及其耗氧量

元　素	铁　水	钢　水	元素的氧化量/kg		产　物	耗氧量/kg
$w[\mathrm{C}]$/%	4.30	0.10	4.2	4.2×90% = 3.78	CO	3.78×16/12 = 5.04
				4.2×10% = 0.42	CO_2	0.42×32/12 = 1.12
$w[\mathrm{Si}]$/%	0.7	痕量	0.7		SiO_2	0.70×32/28 = 0.80
$w[\mathrm{P}]$/%	0.18	0.02	0.16		P_2O_5	0.16×80/62 = 0.21
$w[\mathrm{Mn}]$/%	0.80	0.18	0.62		MnO	0.62×16/55 = 0.18
$w[\mathrm{Fe}]$/%			1.6%×100× 20% = 3.2	3.2×80% = 2.56	FeO	2.56×16/56 = 0.73
				3.2×20% = 0.64	Fe_2O_3	0.64×48/112 = 0.27
备　注	耗氧量合计 8.35kg，折算成体积量为 8.35×22.4/32 = 5.845m³					

5.4.3 脱碳反应

5.4.3.1 脱碳反应的作用

炼钢的任务之一是把熔池中的碳氧化脱除至所炼钢种的要求，其脱碳反应贯穿于炼钢过程的始终。脱碳反应的作用除脱碳外，还有：

（1）脱碳反应的产物 CO 气体在排除过程中，使熔池受到强烈的搅动，有利于物理化学反应的进行，起到均匀熔池成分和温度的作用。

（2）上浮的 CO 气体有利于清除钢中气体和夹杂物，从而提高钢的质量。

（3）脱碳反应是放热反应，可为炼钢提供化学热。

5.4.3.2 脱碳反应的热力学

吹氧精炼在现代大规模的炼钢生产中必不可少。[C] 与氧的反应主要包括两部分：

（1）一部分 [C] 在气—金界面上的反应区受气体氧直接氧化。

$$2[C] + O_2(g) \xrightarrow{\quad\quad} 2CO(g)$$

当熔池中的 [C] 含量高时，CO_2 也是 [C] 的氧化剂。

$$[C] + CO_2(g) \xrightarrow{\quad\quad} 2CO(g)$$

（2）一部分 [C] 同金属中溶解的氧或渣中的氧发生反应，主要在渣—金界面上发生。

$$[C] + (FeO) \xrightarrow{\quad\quad} CO(g) + Fe(l)$$
$$[C] + [O] \xrightarrow{\quad\quad} CO(g)$$

在熔池中，主要是 $[C] + [O] = CO(g)$ 反应，其平衡常数为：

$$K_C = \frac{p_{CO}}{a_{[C]} a_{[O]}} = \frac{p_{CO}}{f_{[C]} w[C] f_{[O]} w[O]} \qquad (5-9)$$

$$\lg K_C = \frac{1159}{T} + 2.005$$

式中，$f_{[C]}$ 为碳的活度系数，$f_{[O]}$ 为氧的活度系数，它们是碳含量的单值函数：

$$\lg f_{[C]} = 0.298 \times w[C]; w[C] = 0.1\% \sim 1.0\%$$
$$\lg f_{[O]} = -0.421 \times w[C]; w[C] = 0.1\% \sim 1.0\%$$

为了分析炼钢过程中碳和氧的关系，通常取 p_{CO} 为 $1.0 \times 10^5 Pa$，在 $w[C]$ 低时，$f_{[C]}$ 和 $f_{[O]}$ 值接近 1，故有：

$$K_C = \frac{1}{w[C] w[O]} = \frac{1}{m}$$

$$m = w[C] w[O] = \frac{1}{K_C}$$

式中，m 为碳氧积，当温度和压力一定时，m 是一常数，它与反应物和生成物的浓度无关。

当温度为 1600℃时，$K_C = 420$，$m = 0.0024$。图 5 - 5 为常压下碳、氧浓度间的关系图。实际上，m 值并非常数，也不是真正的平衡常数，因为碳和氧的浓度并不等于它们的活度。只有当 $w[C] \rightarrow 0$ 时，$f_{[C]} f_{[O]} = 1$，此时 m 才接近平衡态。$w[C]$ 提高时，因 $f_{[C]} f_{[O]}$ 减小，m 值增加。

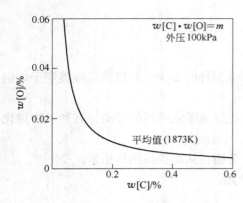

图 5-5 常压下碳、氧浓度间的关系

从脱碳角度出发，由式（5-9）可导出：

$$w[C] = \frac{p_{CO}}{Kf_{[C]}f_{[O]}w[O]}$$

由此可见，有利于脱碳反应的热力学条件为：

（1）增加反应物的 $a_{[C]}$ 和 $a_{[O]}$，即增大反应物的 $f_{[C]}$ 和 $f_{[O]}$ 及 $w[O]$；

（2）降低气相中的 p_{CO} 值（真空脱碳）；

（3）提高熔池温度。

脱碳反应是放热反应，提高温度能改善脱碳反应的动力学条件，有利于脱碳。

5.4.3.3 脱碳反应的动力学

炼钢熔池中碳氧反应是一个复杂的多相反应，其反应机理至少包括以下 3 个环节：

（1）反应物碳和氧向反应区扩散；

（2）碳和氧在反应区进行化学反应；

（3）反应产物 CO 气泡的生成及排除。

研究表明，脱碳反应的速度决定于组合反应中进行得最慢的环节，即脱碳反应的扩散环节。在扩散过程中，$w[C]$ 高而 $w[O]$ 低时，则 $w[O]$ 扩散速度比 $w[C]$ 慢，$w[O]$ 的扩散是限制环节；$w[C]$ 低而 $w[O]$ 高时，则 $w[C]$ 扩散速度比 $w[O]$ 慢，$w[C]$ 的扩散是限制环节。

由于 CO 在钢中的溶解度很小，因此碳与氧的作用及 CO 排除是同时进行的。但当钢液中没有现成的气液相界面时，产生新的界面需要很大的能量。新生成的气泡越小，需要的能量越大。因此，在某些特殊情况下，CO 气泡形成困难时，新相的生成可能是控制脱碳的主要环节。

在不吹氧的电炉熔池中，脱氧反应生成 CO 气泡的析出，也可能成为限制环节。CO 气泡只有在它能够克服存在于其表面上部的压力（包括炉气压力、金属和炉渣静压力以及由于金属表面张力所造成的附加压力）时，才能在熔池中形成。

在氧气转炉吹氧时，脱碳反应速度变化可分为三个阶段：

（1）吹炼初期以硅的氧化为主时，脱碳速度开始时小，随之迅速增大，到吹炼中期达最大；

（2）整个吹炼中期脱碳速度几乎不变；

（3）吹炼后期随金属中含碳量减少，脱碳速度亦降低。

整个脱碳过程中脱碳速度变化的曲线呈台阶形。

5.4.4 硅和锰的氧化反应

硅和锰对氧具有很强的亲和力，在熔炼初期能被迅速氧化，并放出大量热，其氧化反应式如下：

$$[Si] + 2[O] = (SiO_2)$$

$$[Mn] + [O] = (MnO)$$

$$[Si] + 2[FeO] \rightleftharpoons (SiO_2) + 2Fe(l)$$

$$[Mn] + (FeO) \rightleftharpoons (MnO) + Fe(l)$$

生成的（SiO_2）最初与（FeO）、（MnO）形成硅酸盐，即：

$$2(Fe, Mn)O + (SiO_2) \rightleftharpoons (Fe, Mn)_2SiO_4$$

随着渣中（CaO）含量增加，上述反应生成的硅酸盐（$Fe, Mn)_2SiO_2$ 逐渐被（CaO）置换，（$Fe, Mn)_2SiO_2$ 转变为 Ca_2SiO_4，其反应式为：

$$(Fe, Mn)_2SiO_4 + 2(CaO) \rightleftharpoons (Ca_2SiO_4) + 2(FeO \cdot MnO)$$

$$2(CaO) + (SiO_2) \rightleftharpoons (Ca_2SiO_4)$$

因此，硅和锰在碱性渣下的氧化反应，可分别写为：

$$[Si] + 2(FeO) + 2(CaO) \rightleftharpoons (Ca_2SiO_4) + 2Fe(l)$$

$$[Mn] + (FeO) \rightleftharpoons (MnO) + Fe(l)$$

其平衡常数分别为：

$$K_{Si} = \frac{a_{(Ca_2SiO_4)}}{a_{[Si]} \cdot a_{(FeO)}^2 \cdot a_{(CaO)}^2} = \frac{a_{(Ca_2SiO_4)}}{f_{[Si]} \cdot w[Si] \cdot a_{(FeO)}^2 \cdot a_{(CaO)}^2}$$

$$K_{Mn} = \frac{a_{(MnO)}}{a_{[Mn]} \cdot a_{(FeO)}} = \frac{a_{(MnO)}}{f_{[Mn]} \cdot w[Mn] \cdot a_{(FeO)}}$$

从而得出：

$$w[Si] = \frac{a_{(Ca_2SiO_4)}}{K_{Si} \cdot f_{[Si]} \cdot a_{(FeO)}^2 \cdot a_{(CaO)}^2}$$

$$w[Mn] = \frac{a_{(MnO)}}{K_{Mn} \cdot f_{[Mn]} \cdot a_{(FeO)}} = \frac{x(MnO) \cdot \gamma_{(MnO)}}{K_{Mn} \cdot f_{[Mn]} \cdot x(FeO) \cdot \gamma_{(FeO)}}$$

硅和锰氧化反应的平衡常数与温度之间的关系式分别为：

$$\lg K_{Si} = \lg \frac{a_{(SiO_2)}}{a_{[Si]} \cdot a_{(FeO)}^2} = \frac{18360}{T} - 6.68$$

$$\lg K_{Mn} = \lg \frac{a_{(MnO)}}{a_{[Mn]} \cdot a_{(FeO)}} = \frac{6440}{T} - 2.95$$

由上可知，随着温度和 $a_{(CaSiO_4)}$ 的降低及 $a_{(FeO)}$、$a_{(CaO)}$ 的增大，$w[Si]$ 降低；随着温度和 $a_{(MnO)}$ 的降低及 $a_{(FeO)}$ 的增大，$w[Mn]$ 降低。

在碱性渣操作中，硅氧化生成稳定的硅酸钙，不再产生还原现象，硅得以彻底氧化；而锰氧化生成的（MnO）在渣中大部分呈自由状态，易于还原，出现回锰现象。炉渣碱度越高，熔池温度越高，则回锰程度越高。

在酸性渣操作中，锰氧化生成的（MnO）与（SiO_2）结合成牢固的硅酸锰，不再有回锰现象，锰被彻底氧化。而硅氧化生成的（SiO_2）处于过饱和状态，$a_{(SiO_2)} = 1$，且炉衬也含有（SiO_2），为硅的还原提供了条件。硅氧化物发生的还原反应为：

$$(SiO_2)_{饱} + 2[C] \rightleftharpoons [Si] + 2CO(g)$$

在熔炼初期，硅和锰都迅速被氧化，且硅比锰氧化得厉害，故很快被氧化至微量，并不再发生还原反应；而吹炼中后期，因熔池温度升高，渣中（FeO）含量降低，渣碱度升高，锰从（MnO）中还原；吹炼末期因渣的氧化性提高，锰又被重新氧化。

5.4.5 脱磷、脱硫反应

5.4.5.1 脱磷反应

对于绝大多数钢种来说，磷是一个有害元素，故钢中含磷量有严格要求。普通钢种 $w[P] \leqslant 0.045\%$，优质钢种 $w[P] \leqslant 0.030\%$，高级优质钢种 $w[P] \leqslant 0.020\%$。仅在极少数情况下，磷可起合金元素作用。

在炼钢过程中，熔池中磷的氧化反应是在钢-渣界面处进行，脱磷反应是放热反应，在反应过程中放出大量热：

$$2[P] + 5(FeO) \Longrightarrow (P_2O_5) + 5Fe(l), Q = -200.2kJ$$

$$3(FeO) + (P_2O_5) \Longrightarrow (3FeO \cdot P_2O_5), Q = -125.5kJ$$

$$(3FeO \cdot P_2O_5) + 4(CaO) \Longrightarrow (4CaO \cdot P_2O_5) + 3(FeO), Q = -672.4kJ$$

总的反应为：

$$2[P] + 5(FeO) + 4(CaO) \Longrightarrow (4CaO \cdot P_2O_5) + 5Fe(l), Q = -998.1kJ \quad (5-10)$$

由于渣中（$4CaO \cdot P_2O_5$）的活度系数及其相关数据报道较少，在进行脱磷热力学计算时，常将式（5-10）写成：

$$2[P] + 5(FeO) \Longrightarrow (P_2O_5) + 5Fe(l)$$

将进入炉渣中的 P_2O_5 看成渣中的一个组元，其可与 CaO、MgO、MnO、FeO 等碱性氧化物结合在一起。仅需考虑 P_2O_5 的活度、活度系数，便可进行脱磷热力学计算和分析。

脱磷反应的平衡常数 K_P 为：

$$K_P = \frac{a_{(P_2O_5)}}{a_{[P]}^2 \cdot a_{(FeO)}^5} = \frac{\gamma_{(P_2O_5)} \cdot x_{(P_2O_5)}}{f_{[P]}^2 \cdot (w[P])^2 \gamma_{(FeO)}^5 \cdot [x_{(FeO)}]^5}$$

若令 $L_P = x_{(P_2O_5)}/(w[P])^2$，$L_P$ 称为磷在炉渣和金属液中的分配比，表示炉渣的脱磷能力，则可由上式得出：

$$L_P = \frac{x_{(P_2O_5)}}{(w[P])^2} = K_P \cdot \frac{[x_{(FeO)}]^5 \cdot \gamma_{(FeO)}^5 \cdot f_{[P]}^2}{\gamma_{(P_2O_5)}}$$

由此可见，欲提高炉渣的脱磷能力，必须增大 K_P、$a_{(FeO)}$、$f_{[P]}$ 和降低 $\gamma_{(P_2O_5)}$。影响这些因素的有关工艺参数即为脱磷反应的热力学条件。

（1）温度的影响。脱磷反应是强放热反应，降低反应温度将使 K_P 增大，故较低的熔池温度有利于脱磷。图 5-6 为氧气顶吹转炉炼钢温度对脱磷的影响。

（2）炉渣碱度的影响。由图 5-7 可以看出，增加渣中（CaO）或石灰用量，会使渣中（P_2O_5）提高或使钢中 $w[P]$ 降低。因此，较高的炉渣碱度有利于脱磷。但渣中（CaO）过高将使炉渣变黏而不利于脱磷，换言之，仅追求高碱度，不一定能取得好的脱磷效果。

（3）渣中（FeO）的影响。渣中（FeO）含量对脱磷反应的影响较复杂，因为它与其他因素有密切的联系。在其他条件一定时，在一定

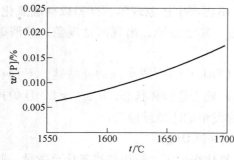

图 5-6 氧气顶吹转炉终点
温度对脱磷的影响

限度内增加（FeO）含量将使 L_P 增大，如图 5-8 所示。可以看出，当渣中（FeO）含量很低时，$L_P \to 0$，即渣中没有（FeO）时，不能使金属脱磷。

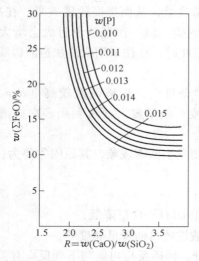

图 5-7　碱度 R 和（FeO）含量对
平衡 $w[P]$ 的影响

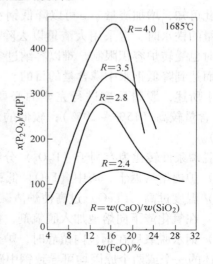

图 5-8　$w(FeO)$ 对磷
分配比的影响

（FeO）不仅是金属中磷的氧化剂，增加渣中（FeO）含量可增大 $a_{(FeO)}$，而且（FeO）能直接同（P_2O_5）结合成化合物（$3FeO \cdot P_2O_5$）。

$$3(FeO) + (P_2O_5) \Longequal (3FeO \cdot P_2O_5), Q = -125.5kJ$$

但因（$3FeO \cdot P_2O_5$）在高温下不稳定，所以仅靠它难以起到良好的脱磷效果，只有在熔池温度偏低时（如铁水炉外处理）才有部分脱磷作用。

（FeO）还有促进石灰熔化的作用，但若（FeO）含量过高，将稀释渣中（CaO）的去磷作用。因此，（FeO）与炉渣碱度对脱磷的综合影响归纳为：当碱度 R 低于 2.5 时，增加碱度对脱磷的影响最大；碱度在 2.5~4.0 范围内，增加（FeO）含量对脱磷有利，但过高的（FeO）含量反而使脱磷能力下降。

（4）金属液成分的影响。通常在含磷的铁液中，增加 C、N、O、S 和 Si 的含量可使 $f_{[P]}$ 增加，Mn 对 $f_{[P]}$ 的影响不大。金属液成分的影响主要在炼一炉钢的初期，更主要的作用在于其氧化产物会影响炉渣的性质。如铁水中硅虽然能增加 $f_{[P]}$，但其氧化产物（SiO_2）影响炉渣碱度而不利于脱磷；锰含量高使渣中（MnO）含量增高，有助于石灰溶解，利于化渣，从而促进脱磷。因为 $a_{[P]}$ 随 $w[P]$ 降低而减小，故 $w[P]$ 越低时脱磷效率也越低。

（5）渣量的影响。假设炼钢入炉金属料（铁水、废钢）、出炉钢水和炉渣的质量分别为 $m_金$、$m_钢$ 和 $m_渣$，则由磷的质量平衡可得：

$$w[P]_金 m_金 = w[P]_钢 m_钢 + w[P]_渣 m_渣 \tag{5-11}$$

式中　$w[P]_金$——金属料中的磷含量，%；

　　　$w[P]_钢$——出炉钢水的磷含量，%；

　　　$w[P]_渣$——炉渣中磷的含量，%。

式 (5-11) 可改写为:

$$w[P]_{钢} = w[P]_{金} \, m_{金}/m_{钢} - w[P]_{渣} \, m_{渣}/m_{钢}$$

由此可知,增加渣量 $m_{渣}$ 可以降低钢水中的磷含量,从而提高脱磷效果。在冶炼中、高磷含量的铁水时,常采用大渣量以去除铁水中的磷,但一次造渣量过大会增大操作难度,同时也受转炉容积限制,难以容纳过多的渣。此时,往往采用双渣法造渣以实现大渣量,从而达到降低钢水中磷含量的目的。

综上所述,脱磷反应进行完全的必要热力学条件为:炉渣碱度较高($R = 3 \sim 4$);(FeO) 含量较高(15% ~ 20%);较低的熔池温度;渣量要大(可利用多次放渣和造新渣脱磷)。

当脱磷条件转化为有利于(P$_2$O$_5$)分解时,则发生回磷现象,其原因主要为:

(1) 炉内熔渣返干,渣中(FeO)低;

(2) 温度过高,(FeO)过高使炉渣碱度降低;

(3) 在氧化渣下向熔池加入脱氧剂,使金属中 $w[O]$ 含量降低;

(4) 钢水脱氧后在钢包内镇静时,炉渣溶解酸性砖衬而降低碱度等。

上述的一个或两个原因均可导致钢中磷的回升。回磷反应可能与下列反应有关。

炉渣中(FeO)与脱氧剂间的反应:

$$2(FeO) + [Si] = (SiO_2) + 2Fe(1)$$
$$(FeO) + [Mn] = (MnO) + Fe(1)$$

炉渣与脱氧产物或钢包内衬中的 SiO$_2$ 发生反应:

$$(4CaO \cdot P_2O_5) + 2(SiO_2) = 2(2CaO \cdot SiO_2) + (P_2O_5)$$

炉渣中(P$_2$O$_5$)与脱氧剂间的反应:

$$(P_2O_5) + 5[Mn] = 5(MnO) + 2[P]$$
$$2(P_2O_5) + 5[Si] = 5(SiO_2) + 4[P]$$
$$3(P_2O_5) + 10[Al] = 5(Al_2O_3) + 6[P]$$

炉渣中(4CaO · P$_2$O$_5$)直接同脱氧剂反应:

$$(4CaO \cdot P_2O_5) + 5[Mn] = 2[P] + 5(MnO) + 4(CaO)$$
$$2(4CaO \cdot P_2O_5) + 5[Si] = 4[P] + 5(SiO_2) + 8(CaO)$$
$$3(4CaO \cdot P_2O_5) + 10[Al] = 6[P] + 5(Al_2O_3) + 12(CaO)$$

防止回磷的措施有:

(1) 减少金属在钢包内停留时间;

(2) 提高钢包内渣层的原始碱度;

(3) 使用碱性包衬;

(4) 用挡渣球、滑动出钢口等机械方法防止下渣;

(5) 脱氧操作前,将含有 P$_2$O$_5$ 的炉渣尽可能放净,重新加入石灰等造新渣。

5.4.5.2 脱硫反应

对于大多数钢种来说,硫也是一个有害元素,故钢中含硫量也有严格要求。普通级钢种要求 $w[S] \leqslant 0.055\%$(如普碳钢),优质级要求 $w[S] \leqslant 0.040\%$(如优质碳素钢),高级优质钢要求 $w[S] \leqslant 0.020\%$(如各种带"A"字的钢种及滚动轴承钢、硅钢等特殊用途钢)。近年来,对低硫钢($w[S] \leqslant 0.015\%$)、极低硫钢($w[S] \leqslant 0.005\%$)的需要量大幅度增加，对冶炼过程的去硫提出了更高的要求。应当指出的是，仅在少数钢种中，硫也可用作合金元素。

在炼钢过程中，钢液脱硫反应分为炉渣脱硫和气化脱硫两种。氧气转炉炼钢过程中，炉渣脱硫占总脱硫量的 80% ~90%，炉气脱硫占 10% ~20%。

A　炉渣脱硫反应

碱性炼钢氧化渣的特点是有自由的（CaO）和较多的（FeO），同时在氧化气氛下同金属发生作用。炉渣脱硫反应可能按以下反应进行。

钢中硫向渣中转移：

$$FeS(1) = (FeS)$$

渣中（CaO）和（FeS）发生反应：

$$(CaO) + (FeS) = (CaS) + (FeO)$$

以上两式相加得：

$$(CaO) + FeS(1) = (CaS) + (FeO)$$

根据炉渣离子理论的观点，认为炉渣脱硫的反应为：

$$[S] + (O^{2-}) = (S^{2-}) + [O] \tag{5-12}$$

在碱性渣中存在较多的自由 O^{2-}，故反应式（5-12）可表示碱性渣的脱硫反应。该反应的平衡常数及其与温度间的关系表达式为：

$$K_S = \frac{a_{(S^{2-})} \cdot a_{[O]}}{a_{[S]} \cdot a_{(O^{2-})}} = \frac{\gamma_{(S^{2-})} \cdot x(S^{2-}) \cdot f_{[O]} \cdot w[O]}{f_{[S]} \cdot w[S] \cdot \gamma_{(O^{2-})} \cdot x(O^{2-})}$$

$$\lg K_S = 6500/T + 2.625$$

炼钢脱硫反应是吸热反应，在脱硫反应中要消耗热量。若用分配系数 $L_S = x(S)/w[S]$ 表示脱硫能力，则有：

$$L_S = K_S \frac{f_{[S]} \cdot a_{(O^{2-})}}{\gamma_{(S^{2-})} \cdot a_{[O]}} = K_S \frac{f_{[S]} \cdot \gamma_{(O^{2-})} \cdot x(O^{2-})}{\gamma_{(S^{2-})} \cdot f_{[O]} \cdot w[O]} \tag{5-13}$$

由式（5-13）可知，在热力学上影响脱硫反应的因素有：平衡常数 K_S、炉渣中 $a_{(O^{2-})}$、金属中 $a_{[O]}$、渣中 $\gamma_{(S^{2-})}$ 和金属中硫的活度系数 $f_{[S]}$。

（1）平衡常数。在平衡情况下，K_S 与温度成正比，温度升高有利于脱硫。从热力学观点看，温度对脱硫的影响不大，这是因为 $[S] \rightarrow (S)$ 的热效应不大。温度的影响主要表现为动力学作用，即提高温度能促使石灰溶解，可改善炉渣的流动性，从而提高脱硫反应的速度。

（2）渣中 $x(O^{2-})$。渣中氧离子的摩尔分数与炉渣碱度是相互对应的，因此提高 $x(O^{2-})$ 有利于脱硫，即提高碱度有利于脱硫。

（3）$a_{[O]}$ 和（FeO）含量：降低 $a_{[O]}$ 有利于脱硫；（FeO）含量也影响脱硫效果。当 $x(FeO) < 2\%$ 时，提高（FeO）含量有利于脱硫；$x(FeO) > 2\%$ 时，若炉渣碱度达到 2 ~ 4，则渣中（FeO）含量对脱硫无影响，若炉渣碱度低于 1.9 时，提高（FeO）含量利于脱硫；纯的（FeO）渣也可以脱硫，其原因在于纯（FeO）渣中存在（O^{2-}），可与金属中的 $[S]$ 发生反应 $[S] + (O^{2-}) = (S^{2-}) + [O]$，达到脱硫的目的。

（4）$f_{[S]}$ 和 $\gamma_{(S^{2-})}$：增大金属中 $f_{[S]}$ 和降低渣中 $\gamma_{(S^{2-})}$ 都有利于脱硫。C 和 Si 均能增加 $f_{[S]}$，Mn 则使 $f_{[S]}$ 降低。因此，从热力学观点看，含 C 和 Si 高的铁水适合炉外脱硫。在炼

钢炉内，炉渣起主导作用，金属液成分对 $f_{[S]}$ 的影响不起主要作用。

综上所述，提高熔池温度和炉渣碱度、降低炉渣氧化性或造成还原性气氛都有利于脱硫。另外，从动力学角度考虑，提高炉渣流动性也利于脱硫。

B　气化脱硫反应

除炉渣脱硫外，还有气化脱硫，可能存在的反应如下：

$$3(Fe_2O_3) + (CaS) = (CaO) + 6(FeO) + SO_2(g)$$
$$1.5O_2(g) + (CaS) = (CaO) + SO_2(g)$$
$$O_2(g) + [S] = SO_2(g), \Delta G^\ominus = -54340 + 11.71T$$

由此可知，高碱度渣对脱硫不利；硫由金属液进入熔渣，炉渣气化脱硫才有可能；有人认为 [S] 氧化成 SO_2 气相可能性不大，只是一部分 SO_2 气相进入 CO 气泡被带走。因此，对脱硫来说，应实行高碱度熔渣脱硫操作为主，不应过分强调气化脱硫。

C　炉外脱硫

为了控制钢种含硫量以达到所炼钢种规格要求，目前，除炼钢炉脱硫外，还实施了炉前或炉后脱硫。炉前脱硫是指入炉前的铁水炉外脱硫；炉后脱硫是指浇注前的钢水炉外脱硫。

5.4.6　脱氧和非金属夹杂

5.4.6.1　钢液脱氧

在钢的精炼和出钢浇注过程中，减少钢液中氧含量的操作称为脱氧。脱氧是保证钢坯和钢材质量的一项重要操作。在现代炼钢生产中，绝大多数钢都需要经过氧化精炼过程进行冶炼，即通过供氧以除去钢中的碳、硅、磷等杂质。随着冶炼的进行，碳等含量不断下降，而氧含量却相应升高，至氧化精炼终了时，钢液中含氧量高于成品的规定范围。同时氧化精炼过程还将氮、氢等气体带入钢液中。因此，在氧化结束后，总要通过脱氧操作来降低钢液中的氧含量。

A　氧在钢中的危害

(1) 氧以氧化物的形式存在钢中，显著降低钢的塑性和韧性。

(2) 在钢液凝固过程中，由于选分结晶，较纯的金属先结晶凝固，使钢液中 [C]、[O] 发生偏析而浓聚，引起碳的再氧化生成 CO 气体，造成钢锭冒胀甚至不能浇铸。

(3) 氧在钢中能使硫的危害加剧，使钢锭或铸坯在轧制时产生"热脆"而轧废。

B　脱氧的任务

(1) 将钢液中含氧量脱除至钢种要求的范围。按含氧程度，钢可分为镇静钢、沸腾钢和半镇静钢三类。镇静钢是脱氧较完全的钢；沸腾钢是脱氧不完全的钢；半镇静钢介于镇静钢和沸腾钢之间。

(2) 减少成品钢中非金属夹杂物的含量，并使非金属夹杂物分布合适，形态适宜，以保证钢的各项性能。

(3) 可以细化晶粒。

C　脱氧方法

根据脱氧反应发生的地点不同，将脱氧方法分为沉淀脱氧、扩散脱氧和真空脱氧。

(1) 沉淀脱氧。沉淀脱氧又称直接脱氧，即向钢液中加入对氧亲和力比铁大的元素

（脱氧剂）以夺取钢中的氧，生成的脱氧产物（氧化物或复合氧化物）上浮进入渣中的脱氧方法称为沉淀脱氧。出钢时向钢包中加入块状铝、硅铁和锰铁脱氧即为沉淀脱氧。其特点为：

1）操作简单，成本低，脱氧速度快；

2）生成的脱氧产物不一定能完全上浮而形成钢中非金属夹杂，会污染钢液，降低其纯净度。

（2）扩散脱氧。扩散脱氧又称间接脱氧，即把粉状的脱氧剂（如 Al、C、Ca-Si、Fe-Si）加入到炉渣中，通过降低渣中的氧势，使钢液中的氧向炉渣中扩散，进而降低钢液中的氧含量。在电炉炼钢的还原期和炉外精炼过程向渣中加入粉状脱氧剂进行脱氧的操作即为扩散脱氧。其特点为：

1）因脱氧产物在渣中生成，不会在钢中形成非金属夹杂，故利于保持钢液的纯净度；

2）脱氧速度慢，脱氧反应时间长，且需要还原性炉气和炉渣。

（3）真空脱氧。在真空条件下，通过降低系统的压力来降低钢液中氧含量的脱氧方法称为真空脱氧。它仅适用于脱氧产物为气体的脱氧反应，如 [C]-[O] 反应，常用于炉外精炼，如 RH 真空处理、VAD、VD 等。其特点为：

1）因脱氧产物为气体，易于排除，不会形成非金属夹杂而留在钢液中，故不会污染钢液；

2）在 CO 上浮过程中还会把钢液中气体（如 H_2、N_2）和非金属夹杂物带走；

3）需要专门的真空设备，投资大，成本高。

D 脱氧剂的脱氧能力

炼钢使用的脱氧剂可分为单一元素脱氧剂和复合脱氧剂两类。

（1）单一元素脱氧剂。不同单一元素脱氧剂的脱氧能力如图 5-9 所示。可以看出，在 1600℃，元素含量为 0.1% 时，各元素的脱氧能力顺序为：Al > Ti > B > Si > C > V > Cr > Mn。各种脱氧元素含量增加时，与之平衡的含氧量下降。但当脱氧元素含量达到某一数值后，随着脱氧元素含量的增加，相应的平衡氧含量反而增大。而且脱氧能力越强的元素，其平衡氧含量增高的临界含量（转折点）越低。

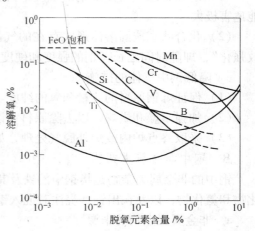

图 5-9 钢液中各单一元素在 1600℃ 下的脱氧能力

Si 的脱氧产物为 SiO_2，属于酸性氧化物，易与碱性氧化物结合而形成硅酸盐类的复杂氧化物，从而降低 SiO_2 的活度，提高硅的脱氧能力。Mn 的脱氧产物为 MnO，属于碱性氧化物，可与 SiO_2 等酸性氧化物形成复合氧化物，降低 MnO 的活度，进而提高 Mn 的脱氧能力。Al 的脱氧产物 Al_2O_3 为两性氧化物，既能与酸性氧化物结合，也可与碱性氧化物结合，故其无论是遇到酸性还是碱性氧化物，均可降低 Al_2O_3 的活度，从而可提高 Al 的脱氧能力。

（2）复合脱氧剂。为了使钢中氧含量降低到很低的水平，通常采用含有碱土金属的复合脱氧剂，如 Si – Ca、Si – Ca – Mg、Si – Mn、Si – Mn – Al 等。使用复合脱氧剂进行脱氧时，形成的性质不同的脱氧产物易结合在一起，从而降低各脱氧产物的活度。因此，与单一元素脱氧剂相比，复合脱氧剂具有较强的脱氧能力，但其脱氧能力的增加是有限的。复合脱氧剂生成的脱氧产物易结合在一起形成比单一脱氧产物熔点低的复合氧化物。其易聚合成大颗粒的质点，利于脱氧产物的上浮排除，从而可降低钢中非金属夹杂物的数量，这也是采用复合脱氧剂的一个重要原因。

5.4.6.2 钢中气体和非金属夹杂物

钢中气体和非金属夹杂物是影响钢质量的重要因素。所有成品钢中都残存着一些气体和夹杂物。

A 钢中气体

钢中气体包括氢、氮和氧，此处主要是指溶解在钢中的氢和氮。

a 钢中氢和氮的来源

（1）来源于炼钢原料和其他原料带入的水分，如铁水中氢含量为 0.001% ~ 0.0025%，氮含量为 0.005% ~ 0.01%；废钢中氢含量为 0.0004% ~ 0.0008%，氮含量为 0.003% ~ 0.005%。

（2）空气和氧气带入的氮及水分解而得的氢和氧。

（3）耐火材料带入的氢和氮。

b 钢中氢和氮的危害

（1）游离状态的气体使钢的强度下降，脆性增高。如氢造成钢中"白点"对钢材性能危害极大。

（2）化合状态或固溶体形式存在的气体，也会影响钢的各种性能。如氮能造成"时效强化"，即随时间延长，钢的强度和硬度升高，塑性和韧性下降。

c 降低钢中气体的措施

（1）保证炼钢原料的质量和氧的纯度。

（2）加强干燥和烘烤，以去除原料和设备带入的水分。

（3）采取终点炉内或炉外脱气处理，如炉内惰性气体吹洗、钢包吹氩、真空脱气等。

B 钢中非金属夹杂物

钢中的非金属夹杂物是指钢中的铁及其他元素与氧、硫、氮等作用形成的氧化物、硫化物和氮化物，以及在出钢、浇注时混入钢中的脏物及耐火材料碎片等。

a 非金属夹杂物的来源

（1）钢中杂质的氧化产物、脱氧产物及出钢浇注或凝固过程中的反应产物。

（2）因溶解度下降而析出的产物。

（3）耐火材料、炉渣或其与脱氧产物的混合物。

b 非金属夹杂物的危害

非金属夹杂物在钢中呈独立相存在，破坏了钢基体的连续性，使钢的组织不均匀。因此，对钢的力学性能、加工性能、切削性能、疲劳性能、焊接性能等都存在不良影响。

c 降低非金属夹杂物的措施

（1）提高原材料的质量和清洁度，减少其带入的各种夹杂物数量。

（2）完善和强化冶炼浇注操作，提高非金属夹杂自熔体中的排出数量。

（3）出钢过程或出钢后采取钢水炉外处理措施。

（4）采取炉外精炼，如真空技术、渣洗技术和惰性气体净化等炉外精炼手段，可有效降低钢中的气体和非金属夹杂物。

5.5 转炉炼钢法

转炉炼钢法有很多种，按照向炉内供氧部位的不同可分为顶吹、侧吹、底吹和顶底复合吹炼转炉；按照使用氧化剂的不同可分为空气转炉和氧气转炉；按照炉衬材料性质的不同可分为酸性转炉和碱性转炉。

由于空气炼钢法向熔池供热少，产生的废气量大，并向炉内带入大量氮使钢水增氮，故早已不用空气转炉，广泛采用氧气转炉进行炼钢。

氧气转炉炼钢的优点为：生产率高、钢质量好、钢品种多、原料适应性强、成本低、投资少及建厂速度快等。此外，氧气转炉生产比较均衡，有利于与连铸配合，便于实现生产的自动化控制。

5.5.1 顶吹氧气转炉炼钢法

5.5.1.1 炼一炉钢的操作与吹炼过程

A 操作过程

（1）检查修补炉衬；

（2）向炉内先装废钢后兑铁水；

（3）摇正炉体，降枪并吹氧；

（4）加熔剂，对某些钢种还要加合金元素；

（5）接近吹炼终点时提枪停氧；

（6）取样和测温；

（7）根据取样分析进行终点操作；

（8）缓缓摇炉，通过出钢口向钢包出钢；

（9）从炉口向渣罐倒渣。

B 吹炼过程

炼一炉钢的操作与吹炼过程可分为初期、中期和末期三个阶段。

（1）吹炼初期。由于铁水的温度不高，Si、Mn 的氧化速度比 C 快，开吹 3~4min 后，Si、Mn 已基本被氧化，此后 C 的氧化速度迅速提高，同时 Fe 也被氧化。氧化放热使熔池的温度升高，废钢、熔剂等也逐渐熔化。在吹炼初期，炉口出现黄褐色的烟尘，而后为红色的火焰。

（2）吹炼中期。约吹炼 6min 后，炉温升到 1450℃ 以上，C 的氧化速度加快，产生大量的 CO 气体，炉口出现 CO 燃烧而形成的白色火焰。此时由于 CaO 的加入，炉渣碱度逐渐增大，脱硫开始进行，产生的 CaS 进入渣中。

（3）吹炼末期。由于 C 含量降低（约小于 0.15%），使其氧化速度变慢，炉口火焰变暗并萎缩，标志着吹炼结束。同时铁的氧化加剧，炉口出现褐色浓烟。此时吹炼应立即停止，提升氧枪，取样分析和测温。若温度过高可加入冷却剂，若温度低可继续补吹；若硫、磷含量高于钢种规格，则应补加适量熔剂进行补吹。当钢水成分和温度都符合规定时，即可出钢。上述吹炼过程中金属和炉渣成分的变化如图 5-10 所示。

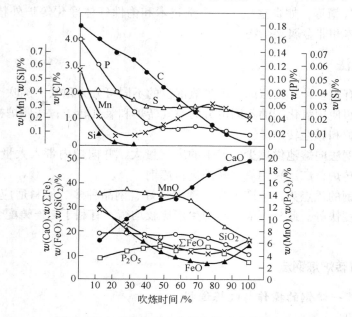

图 5-10 吹炼过程中金属和炉渣成分的变化

5.5.1.2 吹炼制度和终点控制

A 装入制度

装入量是指每炉金属料中铁水和废钢的装入量。装入制度是指确定一炉钢合适的装入量。目前，国内外氧气转炉装入制度有定量装入、定深装入和分阶段定量装入三种。

（1）定量装入：在炉龄的前后期装入量不变。这种装入制度便于稳定操作和组织生产，但不利于发挥转炉的生产能力。

（2）定深装入：按熔池深度确定装入量。这种装入制度能充分发挥转炉的生产能力，但装入量变化频繁，不便组织生产。

（3）分阶段定量加入：在一个炉役期按炉膛容积扩大程度，划分几个阶段，并按阶段确定装入量。该装入制度吸取了前两者的长处，是常用的装料方法。

在确定合理装入量时必须考虑以下因素：

（1）有合适的炉容比（转炉有效容积 $V_有$ 与金属装入量 G 的比值），一般 $V_有/G$ ≤0.75；

（2）合适的熔池深度；

（3）与钢锭量相配合。

B 供氧制度

（1）氧气流量。氧气流量是指单位时间内向熔池的供氧量。它取决于吹炼每吨金属（铁水和废钢）所需的氧量、金属装入量和供氧时间等因素，常用标准状态下体积量度，单位为 m³/min 或 m³/h。其计算公式为：

$$Q = \frac{q \cdot G}{t} \qquad (5-14)$$

式中　Q——氧气流量，m^3/min；

　　　q——单位重量金属的供氧量，m^3/t；

　　　G——金属装入量，t；

　　　t——供氧时间，min，通常为 $15 \sim 20min$。

氧气流量也可根据式（5-15）进行简单计算。

$$Q = \frac{(w[C]_{铁水} \cdot w_{铁水} - w[C]_{终点}) \times 9.333}{\eta_{O_2} \cdot t} \cdot G \qquad (5-15)$$

式中　Q——氧气流量，m^3/min；

$w[C]_{铁水}$——铁水中的碳含量；

　$w_{铁水}$——金属料中铁水含量，通常大于70%；

$w[C]_{终点}$——吹炼终点钢水中的碳含量；

　　　G——金属装入量，t；

　　　t——供氧时间，min；

　　η_{O_2}——氧气脱碳效率，通常取 $0.70 \sim 0.75$；

9.333——氧化铁水中每1%[C]的耗氧量，其计算方法为：由 $2C + O_2 = 2CO$ 可知，24kg 的 C 对应 $22.4m^3$ 的 O_2，因此对于 1000kg 金属料，氧化每1%[C]的供氧量为 $1000 \times 1\% \times 22.4/24 = 9.333m^3$。

（2）供氧强度。供氧强度是指单位时间内每吨钢的耗氧量，单位是 $m^3/(t \cdot min)$。供氧强度的大小取决于转炉的公称吨位和炉容比。提高供氧强度，可以缩短吹氧时间，提高转炉产量。目前，氧气顶吹转炉的供氧强度一般为 $2.5 \sim 4.0m^3/(t \cdot min)$，有的达 $5.0m^3/(t \cdot min)$ 以上。

$$I = \frac{Q}{G'}$$

式中　I——供氧强度，$m^3/(t \cdot min)$；

　　　Q——氧气流量，m^3/min；

　　　G'——出钢量，t。

（3）氧压和枪位。在氧流量一定的情况下，对同一喷头而言，氧气流股对熔池面的冲击压力主要决定于供氧压力和枪位。

氧枪的供氧压力由选定氧枪喷头出口的马赫数决定，高压氧气经过拉瓦尔型喷头时，压力能转化成动能，使喷头出口处的压力降至炉腔内炉气的压力，获得超声速的氧气流股。氧气工作压力是指氧气从中间储氧罐经输氧总管、减压阀、流量调节阀后，设定的压力测定点测得的氧气压力，一般为 $0.8 \sim 1.2MPa$。

确定好喷头结构和尺寸后，提高氧压只能增加氧流量，而不能再增加氧流股的出口速度。在采用分阶段定量装入制度的转炉炉前操作时，随装入量的增加，通过提高氧压来增加氧流量，从而使供氧强度和吹氧时间基本保持不变。

枪位即氧枪高度，是指氧枪喷头与静止熔池表面间的距离，不考虑吹炼过程中实际熔池面发生的剧烈波动。喷头结构和尺寸一旦确定，不同炉役期供氧压力也即确定。因此，对于吹炼一炉钢而言，获得良好吹炼指标的重要措施是合理地调节氧枪高度。

确定氧枪高度的基本原则包括：具有一定的冲击面积；氧气流股对熔池具有一定的冲击深度，但要保证炉底不能被损坏。

转炉枪位的确定方法主要有：经验公式计算法；仪表监控枪位法；自动控制模型控制法；操作人员根据经验控制法。

在实际生产过程中，一般先根据以下经验公式计算枪位，再由实际操作效果进行校正。

单孔喷头：

$$H = (25 \sim 55) d_{喉}$$

多孔喷头：

$$H = (35 \sim 50) d_{喉}$$

式中　H——喷枪距熔池液面的高度，mm；

　　　$d_{喉}$——喷头喉口直径，mm。

通常氧压低或枪位高，则渣氧化性强，渣中（FeO）多，利于成渣但易引起喷溅，氧利用率低，净吹时间延长。反之，脱碳速度加快，炉渣氧化性变弱，渣中（FeO）少，净吹时间短，热损失少，熔池温度升高。

C　造渣制度

转炉的造渣制度主要包括成渣速度、炉渣碱度、炉渣氧化性和渣量等。

（1）成渣速度。提高成渣速度的主要措施有：

1）使用块度合适的优质活性石灰；

2）使用温度较高、含硅量合适的铁水；

3）预热废钢和石灰；

4）使用铁矿石、氧化铁皮和萤石等化渣剂；

5）使用白云石造渣；

6）使用预制合成渣料；

7）加强供氧操作，提高炉渣的氧化性。

（2）炉渣碱度。炉渣碱度的确定主要根据铁水成分、钢中对硫和磷的要求和炉衬侵蚀等因素。一般情况下，顶吹转炉的终渣碱度为 3.0 或更高。

（3）炉渣氧化性。在转炉吹炼初期和中期，为促进石灰熔解和加快脱磷反应，要求炉渣具有较高的氧化能力；吹炼后期，若终渣氧化性过高，钢水含氧量也会增加，从而导致脱氧剂消耗多和钢质量下降。特别是冶炼低碳钢时，应控制好炉渣氧化性，以防止钢液过氧化。通常，终渣中 $\sum$（FeO）的质量分数在吹炼低碳钢时为 12% ~ 15%，吹炼中碳钢时为 8% ~ 12%。

在顶吹转炉中，控制炉渣氧化性主要是通过改变氧压和枪位来实现。此外，向炉内添加固体氧化剂（铁矿石和氧化铁皮等），也会增加渣中 $\sum$（FeO）含量。

（4）渣量。渣量主要决定于铁水中［Si］、［S］、［P］的含量和炉渣碱度。正常情况下，渣量为金属装入量的 10% ~ 12%。扩大渣量会增加原材料消耗，加剧炉衬侵蚀，易产生喷溅和加大吹损，导致热损失增大，氧气利用率降低。因此，控制渣量的原则是在保证磷、硫的操作条件下，力求保持小渣量操作。

（5）造渣方法。目前，国内外造渣方法主要包括单渣法、双渣法和双渣留渣法三种。单渣操作是指在吹炼过程中不倒渣；双渣操作是指吹炼过程倒出部分炉渣（50% ~

100%），然后重新加入石灰第二次造渣；双渣留渣操作是将前一炉终渣（双渣操作的渣）留在炉内供第二炉使用。通常，铁水中含 [P]、[S] 高时，采用双渣或双渣留渣操作，以便获得良好的脱磷、脱硫效果。

　　D　温度制度

　　温度制度是指吹炼过程温度和吹炼终点温度的控制。为了加速废钢熔化、提高成渣速度及去除杂质速度、减少喷溅、提高炉龄、保证顺利浇注和提高钢锭或钢坯质量，必须控制好吹炼过程温度和终点温度。

　　转炉温度控制的目标，是要求吹炼过程中均衡地升温，吹炼终点钢水温度和成分同时命中目标。温度控制的内容包括确定出钢温度、选择冷却剂并确定其加入量等。

　　转炉出钢温度按式（5-16）确定：

$$t_{出} = t_{钢} + \Delta t_{过} + \Delta t_1 + \Delta t_2 + \Delta t_3 + \Delta t_4 + \Delta t_5 \qquad (5-16)$$

式中　$t_{钢}$——钢种液相线温度，℃；

　　　　$\Delta t_{过}$——钢水过热度，一般为 10~30℃；

　　　　Δt_1——出钢过程温降，一般为 20~60℃；

　　　　Δt_2——出钢后至搅拌前的温降，即钢水镇静、运输过程温降，按温降速度3℃/min
　　　　　　　　计算，若取镇静和运输时间为 6~7min，则其温降为 18~21℃；

　　　　Δt_3——钢水吹氩过程温降，可取 25℃；

　　　　Δt_4——钢水吹氩后至钢包开浇时的温降，可取 25℃；

　　　　Δt_5——钢包钢水注入中间包的温降，一般为 20~30℃。

5.5.2　底吹氧气转炉炼钢法

　　1878 年，英国的托马斯发明了碱性底吹转炉，在此基础上，氧气底吹转炉炼钢法得以发展并成为当时的主要炼钢方法。

5.5.2.1　底吹氧气转炉吹炼特点

底吹氧气转炉炼钢法的吹炼特点归纳如下：

（1）温度较均匀，面积较大的反应区在炉底附近。

（2）反应产物穿过金属液面后才能进入渣层或炉气中。

（3）熔池搅拌强度更剧烈，即使熔池含碳量已经降低也依然如此。

（4）熔池吹炼平稳，一般不发生喷溅，铁损少。

（5）底吹转炉喷嘴使用的冷却剂多为碳氢化合物，其在高温下裂解使金属熔池的含氢量大幅度增加；但在吹炼终点前 1~2min，向熔池中吹入惰性气体（N_2 和 Ar 等），即可解决钢中含氢量高的问题。

（6）吹炼前期和中期，由于氧几乎全部用于 Si、Mn 氧化和脱碳，金属和炉渣的含氧量很低，不能形成高氧化性碱性炉渣，难于脱磷；吹炼后期，当碳含量较低，较多的铁被氧化后，脱磷才能进行。但采用随氧流喷入石灰粉后，底吹转炉中的脱磷反应能够与脱碳反应同时进行。

5.5.2.2　底吹氧气转炉设备

　　A　转炉

氧气底吹转炉有托马斯转炉改建和新建两类。前者保留原来转炉炉型，即偏口非对称型，后者与顶吹转炉相似，是对称型炉体。

底吹转炉炉体结构与顶吹转炉的差别是，具有空心耳轴和带喷嘴的活动炉底，输送氧气和冷却介质的管道经空心耳轴通向炉底。活动炉底由炉底钢板、炉底塞、喷嘴、炉底和管道固定件等组成。目前，关于底吹转炉喷嘴数目、直径和布置方式等有很多讲究，但尚无一致结论。

B 套管式喷嘴结构

套管式喷嘴是由内外两层或三层等截面长直圆管组合而成，内管通氧气或氧气加石灰粉混合物，内外管之间缝隙通液态或气态冷却介质，喷嘴材料为铜管、不锈钢管或碳素钢管。内外管间环缝有多种结构方式，常用的有螺旋槽式和直筋式等。无论采用哪种结构，都要保证冷却介质的流量和氧枪出口冷却介质的均匀分布。

5.5.2.3 底吹氧气转炉炉内反应特点

（1）脱磷。在吹炼前期和中期，吹入熔池的氧气迅速被金属吸收，并几乎全部用于金属中元素的氧化，故金属和炉渣的氧化性都很低，石灰块很难熔化，吹炼前期和中期不可能大量去磷。但在含碳质量分数降至 0.1% 后，脱碳速度减弱，金属和炉渣的氧化性明显提高；并且，熔池的搅拌条件好，从而使石灰迅速熔化，脱磷反应得以迅速进行。

喷石灰粉时，在反应区附近生成的氧化铁和石灰粉结合，形成反应能力很强的渣粒。渣粒在形成和上浮过程中与磷发生反应，生成稳定的磷酸盐，从而可以早期脱磷。

（2）钢中气体。在氧气纯度和保护介质含氮量低时，底吹转炉钢中含氮量较低。但由于保护介质的主要成分是碳氢化合物，它裂解生成的氢气容易被钢液吸收，故钢中含氢量较高。为了降低钢中含氢量，通常在吹炼终点后用惰性气体吹洗 0.5 ~ 2min，从而可取得良好的脱氢效果。

5.5.3 侧吹氧气转炉炼钢法

侧吹氧气转炉是用氧气改造侧吹空气转炉以后的产物。1952 年，我国首次开始将侧吹空气转炉用于炼钢生产。1973 年我国首先在沈阳第一炼钢厂 3t 侧吹转炉上进行吹氧炼钢试验，并先后在上海、唐山等地的 6 ~ 8t 侧吹转炉上投入生产。

侧吹氧气转炉与侧吹空气转炉相比，具有生产率高、热效率高、品种多、钢质量好等优点；但与顶吹氧气转炉相比，在自动控制、废气净化处理、原材料消耗等方面还有差距。

5.5.3.1 侧吹氧气转炉主要设备

侧吹氧气转炉主要设备有氧枪、管路系统和转炉炉体等。氧枪结构与底吹氧气转炉氧枪类似。炉型沿用了侧吹空气转炉炉型，3t 以下的为直筒形，5 ~ 8t 转炉为涡鼓形。

5.5.3.2 侧吹氧气转炉工艺特点

A 摇炉制度

通过摇炉来调整氧流与液面的相对位置。通常把氧枪出口与相当于金属静止液面的相对位置称为吹炼深度。侧吹氧气转炉沿用侧吹空气转炉的习惯，把吹炼分为吊吹、面吹、浅吹和深吹四种情况。

（1）吊吹：风眼下弦高出铁水面 200mm 以上；

（2）面吹：风眼下弦在铁面以上 0 ~ 20mm；

（3）浅吹：风眼上弦在铁水面以下 0～60mm；

（4）深吹：风眼上弦超过铁水面以下 60mm。

实践表明，合理的摇炉制度是以浅吹或适当深吹为主，适时退炉面吹化渣，避免吊吹。侧吹转炉由于具有用摇炉调整冶炼进行的功能，在一定程度上兼有底吹和顶吹转炉的某些特点；深吹则与底吹方式有共同性；面吹则与顶吹方式有共同性；侧吹比顶吹转炉吹炼平稳，烟尘量约减少 1/3。

B　脱磷、脱硫能力

侧吹转炉与底吹转炉不同，可以灵活地控制渣中氧化铁的含量，为吹炼前期脱磷创造条件。在不喷吹石灰粉的条件下，侧吹转炉可用中、低磷铁水直接通过拉碳法生产中、高碳钢。在正常情况下，前期脱磷率为 40%～50%，有时可达 70%～80%。由于侧吹转炉熔池温度高，前期脱硫效果也很好，脱硫率不低于底吹转炉。

C　钢中气体含量

由于侧吹转炉同样采用碳氢化合物作为冷却介质，故钢中含氢量较高。在不采用惰性气体吹洗时，出钢前加冷铁块可使钢中含氢量略微降低。

5.5.4　顶底复吹转炉炼钢法

顶底复吹转炉炼钢法是继顶吹和底吹之后出现的一种转炉吹炼方法，兼有顶吹和底吹的优点。顶底复吹法大致分为以下几种类型：顶吹氧、底吹惰性气体（如 Ar、N_2、CO_2 或其混合气体）；顶底同时吹氧；顶吹氧、底吹氧喷石灰粉；顶吹氧、底吹氧、油和石灰粉等。

5.5.4.1　冶金特征

（1）熔池搅拌状态。复合吹炼法由于从炉底吹入少量气体，克服了顶吹法熔池搅拌不足的缺点，减少了渣 - 钢间的不平衡。其搅拌强度和传质条件介于底吹和顶吹之间，同时随着底吹气体种类、吹入方法及用量的不同，冶金特征不同程度地接近底吹或顶吹法。

（2）熔池中成分的变化。由于复合吹炼法熔池搅拌状态与顶吹和底吹不同，其成分变化也与顶吹和底吹存在差异。与顶吹法相比，复合吹炼法由于加强了熔池搅拌，减少了渣 - 钢间的不平衡，因此使炉渣氧化性下降，并促进了脱碳和去磷、去硫反应，终点 [Mn] 含量提高。

（3）超低碳钢和高碳钢的冶炼。复合吹炼法由于促进了脱碳反应，冶炼低碳和超低碳钢具有明显优点，同时，还可冶炼中、高碳钢。

5.5.4.2　冶炼工艺特点

表 5 - 8 为顶底复吹转炉法概况，可以看出：

（1）不同介质的底吹效果。K - BOP、Q - BOP 法脱碳效果明显改善。LD - KG、K - BOP 法其他特征介于 LD 和 Q - BOP 法之间，用氧时冶金特征接近底吹法，用惰性气体时冶金特征接近顶吹法。

（2）底吹气体量。转炉顶底复合吹炼法最佳底吹气体量有所不同。如法国钢铁研究所 6t 顶底复吹转炉底吹气体量为 0～2.5m^3/min（标态），每吨钢的总耗量为 1m^3（标态）。当全程用 1.8m^3/min（标态）流量时，冶金特征类似于底吹法。

表5-8 各种复合吹炼法概况

名 称	试验或投产的单位	转炉吨位/类型	底吹方式	底吹介质	备 注
LBE	法国钢铁研究院	6/LD	4块透气砖	惰性气体	
	法国钢铁研究院与北法和东法黑色冶金公司的德南厂	65/LD	透气构件	N_2、Ar、CO_2	
	卢森堡布尔巴赫·迪德朗日联合钢公司（阿尔贝德）	75/LD—AC（迪德朗日厂）150/LD—AC（埃施-贝瓦尔厂）	透气构件	惰性气体	
LD-HC	比利时冶金研究中心与埃诺-松布尔冶金公司马尔希埃厂	40/LD	透气砖或喷嘴	N_2、Ar、CO_2	高磷铁水试验
LD-BC	比利时冶金研究中心与伯尔厂	80/LD	透气砖或喷嘴	惰性气体	高磷铁水试验
OBM-S	联邦德国马克西米利安冶金公司	66/OBM	喷嘴	氧-燃料	炉侧面喷嘴供氧
KMS	美国国家钢公司	235/LD	喷嘴	氧-燃料	
LD-OB	新日本钢铁公司八幡厂	70/LD	套管式喷嘴	O_2	
LD-AB	新日本钢铁公司八幡厂	70/LD	喷嘴	Ar	
LD-KG	日本川崎钢铁公司	180/LD（水岛厂）	喷嘴	Ar（千叶厂）N_2（水岛厂）	
K-BOP	日本川崎钢铁公司水岛厂	250/LD	套管式喷嘴	O_2、石灰粉	
STB	日本住友金属工业公司鹿岛厂	150/LD 250/LD	喷嘴或套管式喷嘴	O_2、惰性气体	N_2、CO_2 冷却
LD-OTB	日本神户钢铁公司加古川厂	30/LD 200/LD	喷嘴或套管式喷嘴	O_2、惰性气体	
NK-CB	日本钢管公司福山厂	170/LD	喷嘴或套管式喷嘴	O_2、惰性气体	
BSC	英国钢铁公司	1.25t 75/LD	套管式喷嘴	N_2+空气	
Ø-NNM	前苏联黑色冶金工业部黑色冶金所	0.3t、1.5t试验炉	套管式喷嘴	O_2	

其中，几种不同吹炼法的冶金特点见表5-9。

表5-9 不同冶炼方法的冶金特点比较

操作方法			LD	LD-KG	K-BOP	Q-BOP
顶吹	气体种类及流量	（标态）m^3/min	O_2 2.5~3.5	O_2 2.5~3.5	O_2 1.0~3.0	— —
底吹	气体种类及流量	（标态）m^3/min	— —	N_2、Ar 0.01~0.1	O_2 1.0~1.5	O_2 2.5~4.0

操作方法	LD	LD – KG	K – BOP	Q – BOP
混匀时间/s	约 120	40 ~ 100	10 ~ 30	约 10
声 响	大	较大	较大	小
喷 溅	大	较大	较大	没有
炉渣/钢水的氧化势	约 10	1 ~ 10	1 ~ 10	1
由于顶吹和底吹干扰而造成喷枪黏钢	没有	没有	有	没有
由于 CaO 粉的直接反应促进脱磷、脱硫	没有	没有	有	有

日本的工厂用惰性气体底吹，通常用小流量（吨钢、标态）0.01 ~ 0.1 m^3/min 或稍大流量（吨钢、标态）0.11 ~ 0.3 m^3/min。当 $w[C] < 0.05\%$ 时，小流量底吹没有效果，冶金特征与顶吹法相似；当 $w[C] \geqslant 0.5\%$ 时，小流量可以有效地改善 Fe、Mn、P 在渣 – 钢间的分配。当增大底吹气体流量时，冶金特征趋向底吹法。

用氧气复合底吹时，底吹氧量多达 40% 左右。当每吨钢底吹 0.3 ~ 0.8 m^3/min 氧时，冶金特征接近底吹法。目前，水岛厂 250t 转炉 K – BOP 吨钢底吹氧量已达到 1.5 m^3/min。LD—HC 法底吹氧为总吹氧量的 5% ~ 43%，底吹氧量为 5% 时脱碳优先于脱磷反应；底吹氧量为 20% 时，提高废钢用量的效果好。

（3）底部供气元件及其布置。目前，复合吹炼法底部供气元件主要包括透气砖型和双层套管喷嘴型，均要满足分散、细流、均匀和稳定的供气要求。前者即通过透气砖吹入 Ar、N_2 等惰性气体，此法设备费用低，在吹炼高磷铁水的条件下，透气砖寿命可达 1000 炉次以上。后者即根据冶炼要求，从内管吹入 Ar、N_2、O_2、$O_2 + CO_2$、$O_2 +$ 石灰粉，并使用 CO_2 等冷却剂。喷嘴的制造加工简单，在 250t 转炉吹炼低碳钢时，其寿命高达 1750 炉次以上。

5.5.4.3 顶底复吹法的效果

（1）吹炼平稳，喷溅少；

（2）炉渣氧化性下降，耗氧量降低，金属收得率提高 0.5% ~ 1.5%；

（3）供氧强度提高，冶炼时间缩短，炉子产量提高；

（4）由于熔池氧化性下降，钢中残锰量提高，合金消耗减少，故成本降低；

（5）扩大了冶炼品种，可直接冶炼高碳、超低碳钢（$w[C] \leqslant 0.007\%$）和不锈钢等；

（6）炉子可控性好，碳温同时命中率高于顶吹法；

（7）因熔池反应改善，故转炉热效率提高，熔化废钢的能力增强，一般废钢比可提高 30%；若采取喷煤粉或废钢预热等措施，废钢比则可提高 60%。

由于氧气顶底复合吹炼法，兼有顶吹和底吹的优点，在现有顶吹转炉上稍加改造即可投产，已经在生产能力、钢的品种和质量等方面显出了良好的冶金特点和经济效果，因此获得了迅速发展。

5.5.4.4 顶底复吹转炉的强化冶炼

A 复吹转炉强化冶炼的制约环节

在复吹转炉冶炼的大部分时间内，氧的传质被认为是熔池脱碳反应的限制环节。故提高供氧强度，应能强化转炉冶炼。但在实际生产中，炉容比、吹炼的平稳性、成渣速度和终点控制水平都是制约转炉强化冶炼的重要因素。

（1）炉容比。提高转炉的供氧强度，会加剧熔池反应，产生大量的 CO 气泡，使钢水的体积膨胀。在剧烈搅动、沸腾的熔池中，CO 气泡的平均上浮速度取决于熔池的深度和熔池中的脱碳速度。因炉渣的黏度高于钢水，密度较小，泡沫化倾向严重，故泡沫渣的高度成为转炉强化冶炼的限制环节。对小炉容比的转炉而言，欲提高吹炼强度，需要减少炉渣量，控制炉渣的成分，降低其黏度，提高熔池升温速度，以获得均匀熔化的炉渣。

（2）吹炼的平稳性。提高供氧强度，会增加冶炼强度，不利于平稳吹炼。因吹炼前期熔池温度不均匀，化渣不良，炉渣黏度高，在熔池脱碳速度较快时，易发生泡沫喷溅。在吹炼中期，脱碳速度增加，钢渣乳化形成了泡沫渣，喷溅产生的大量铁珠进入炉渣。尤其在脱碳的前期和中期，产生的铁珠中含碳量较高，可充分还原渣中的（FeO），使（FeO）含量降低，（CaO）含量升高，导致炉渣"返干"。吹炼中甚至会发生金属喷溅，出现黏枪和黏炉口的故障。

（3）成渣速度。随冶炼强度的提高，吹炼时间进一步缩短。前期 Si、Mn 氧化期缩短，熔池脱碳提前，必须要求在短时间迅速形成高碱度液态炉渣。

传统认为，石灰熔化的限速环节是石灰表面形成 $2CaO \cdot SiO_2（C_2S）$、$3CaO \cdot SiO_2（C_3S）$ 高熔点产物，因此应提高渣中 FeO 含量，以降低熔融石灰的表面熔点。但在实际生产过程中，初期渣碱度低，在石灰颗粒表面可能大量生成高熔点的 C_2S、C_3S 相。顶吹、复吹转炉的初渣均以 $3CaO \cdot MgO \cdot 2SiO_2（C_3MS_2）$ 和 RO 相为主相，仅有少量 C_2S 析出相。但对于顶吹转炉前期熔池缺乏搅拌炉渣熔化不均匀，有 MgO 固体颗粒存在。采用复吹工艺，加强熔池搅拌，使初渣熔化均匀，成渣速度提高。

提高成渣速度的措施主要有：强化供氧，通过 Si、Mn 氧化迅速提高熔池温度；提高底吹搅拌强度，促进熔池传热；调整顶枪位，保证渣钢间充分乳化，增加渣钢反应面积；提高石灰活性度，加速石灰熔解。

（4）终点控制。目前，国内绝大多数转炉尚未采用终点自动控制技术。为保证终点命中率，常采用"高拉补吹"工艺，需要提前倒炉取样测温。每次倒炉测温需占用操作时间 3～5min。如采用终点自动控制技术，不仅可提高终点控制精度，而且能大幅度缩短转炉冶炼周期，提高转炉生产效率。

采用复吹工艺，可促进转炉吹炼末期熔池反应接近平衡，有利于终点成分、温度的稳定。同时，吹炼末期采用底吹强搅拌工艺，可促进渣钢反应平衡，有利于脱磷、脱硫。因此，采用复吹工艺是实现转炉终点自动控制的基础。

对于大型转炉，缩短出钢时间对于强化转炉冶炼有重要意义。因此，有必要加强出钢口的维护，有时需要定期更换。

B 复吹转炉强化冶炼工艺技术

（1）高效供氧技术。其核心是根据钢厂实际情况，合理设计氧枪和供氧制度。其需要考虑的因素包括：

1）确定供氧制度。根据实际生产中各工序的生产节奏，估计提高产能的潜力，合理确定供氧制度。

2）核算外部条件。对于确定的供氧制度，核算除尘和供氧管道的能力是否能够满足要求。

3）确定出口马赫数。喷枪出口马赫数一般为 1.9～2.3，为保证出口射流的稳定性，要求出口马赫数大于 1.8。

4）提高熔池冲击深度。一般情况下，熔池最大冲击深度应小于熔池深度的 60%，以保护炉底。采用溅渣护炉技术后，若炉底上胀严重，可适当增加冲击深度。由于冲击深度与熔池脱碳速度成正比，提高熔池冲击深度，有利于提高脱碳速度。

5）增加冲击面积。为了保护炉衬，一般要求最大冲击半径小于熔池半径的 50%。冲击面积越大，对化渣和抑制"返干"越有利。合理扩大喷孔夹角和增加喷孔数有利于增加冲击面积。

6）确定合理的吹炼枪位和化渣枪位。枪位在基本枪位变化幅度为 30%～40%。

（2）强搅拌复合吹炼工艺。控制转炉吹炼的困难在于：反应速度太快，脱碳高峰期产生大量 CO 气泡，剧烈搅动熔池，渣钢充分乳化，使渣中 FeO 迅速降低，基本不具备成渣和脱除硫、磷的条件。因此，熔炼前期迅速形成流动性良好的高碱度炉渣以及吹炼后期保证渣钢反应接近平衡，是提高转炉冶炼强度的限制性环节。

采用复吹工艺，在吹炼前期，加强熔池搅拌，促进石灰熔解，提高成渣速度；在吹炼末期，提高熔池搅拌强度，促进渣钢反应平衡，可解决上述技术困难。

强搅拌复合吹炼工艺主要包括以下几点：

1）提高底吹搅拌强度。目前，国内传统复吹转炉一般采用弱搅拌工艺，底吹供气强度为 0.03～0.08m³/(t·min)。为了提高前期成渣速度，实现前期脱磷，抑制喷溅和保证终点渣钢反应平衡，应将底吹供气强度提高至 0.03～0.20m³/(t·min) 的范围。

2）改变底吹供氧形式。传统复吹转炉一般采用"前期低—中期最低—后期高"的供气模式，为了提高初渣成渣速度，可采用"前期高—中期低—后期逐渐升高"的供气模式，提高复吹的冶金效果。

3）实现平衡冶炼。提高供气强度和改变复吹模式，有利于转炉吹炼过程中实现平衡吹炼。转炉炼钢过程中存在着熔池反应（如 C－O 反应）和钢渣反应（如脱硫、脱磷反应）两种反应过程。要实现熔池平衡反应，一般要求底吹搅拌强度应达到 0.08～0.12m³/(t·min)；要实现渣钢反应趋于平衡，底吹搅拌强度应达到 0.15～0.30m³/(t·min) 的水平。

（3）快速成渣工艺。可以提高转炉成渣速度的主要措施为：

1）适当降低初渣碱度，提高底吹强度和熔池冲击深度，Si、Mn 氧化升温。

2）吹炼前期，随熔池温度升高，提高枪位，增加渣中 FeO 含量，迅速形成高碱度炉渣。

3）吹炼中期采用化渣枪位吹炼和弱底搅工艺，避免炉渣返干。

4）吹炼末期加大熔池搅拌强度，促进钢渣反应平衡。

例如，本钢炼钢厂 150t 转炉，炉容比为 0.67m³/t。将供氧强度提高至 3.7m³/(t·min) 进行强化冶炼，可使供氧时间平均缩短 7min。该厂采用上述技术措施，解决了快速成渣与平稳吹炼技术问题。每 100 炉处理黏枪次数由平均 12.5 次降至 4 次；每 100 炉喷溅次数由 6 次降至 2.5 次。

（4）转炉终点控制技术。目前，国内绝大多数转炉尚未采用计算机终点控制技术，仍然凭借经验，看"火"炼钢，不仅增加了转炉倒炉取样的时间（3～5min），还影响钢水质量，增加钢中氧、氮、氢等气体的含量，不能满足今后转炉扩大品种、提高质量和进一步提高冶炼强度的发展要求，成为目前国内转炉生产中亟待解决的技术问题。

转炉终点控制方法见表 5-10。

表 5-10　转炉终点控制方法

炉 型	终点控制方法	控制精度	命中率/%
大型转炉	副枪 + 炉气分析动态控制，全自动吹炼	$w(C)$: $\pm0.015\%$, t: $\pm12℃$	≥90
中型转炉	以生产低碳板材为主的钢厂，采用炉气分析动态控制的方法	$w(C)$: $\pm0.015\%$, t: $\pm12℃$	≥90
	以生产中高碳钢为主的钢厂，采用副枪 + 炉气分析动态控制的方法	$w(C)$: $\pm0.015\%$, t: $\pm12℃$	
小型转炉	炉气分析动态控制	$w(C)$: $\pm0.015\%$, t: $\pm12℃$	≥90

本钢炼钢厂采用副枪 + 炉气分析动态控制方法控制吹炼终点，使转炉不倒炉直接出钢的比例达到 74.2%，平均缩短终点操作时间 7min，效果十分显著。

采用炉气分析进行终点控制的优点在于：运行成本低，投资少；可实现全程自动吹炼和不倒炉直接出钢工艺；适用于大、中、小各种类型的转炉；适宜生产高、中、低碳钢。

5.6　电炉炼钢法

电炉炼钢是主要的炼钢方法之一，包括电弧炉、感应炉、电渣炉等冶炼方法。目前，世界上 95% 以上的电炉钢是由电弧炉冶炼的，其特点如下：

(1) 温度高，电弧区温度高达 3000℃ 以上，可使钢水加热到 1600℃ 以上，且温度容易调整，利于冶炼多个钢种；

(2) 热效率高达 65% 以上；

(3) 炉内既可以造氧化性气氛，又可造还原性气氛，有利于去除钢中有害元素和非金属夹杂，也有利于钢的合金化和钢的成分控制；

(4) 设备较简单，占地和投资少，建厂快，容易控制污染；

(5) 缺点是耗电量大，且炉内温度分布不均匀。

5.6.1　电弧炉炼钢

电弧炉炼钢的操作方法很多，按照冶金工艺可将其分为氧化法、不氧化法和返回吹氧法三种。氧化法是指冶炼过程中既有氧化期又有还原期的冶炼方法。不氧化法是指用返回废钢作金属料，冶炼中不造氧化性气氛，主要是重熔过程的冶炼方法。返回吹氧法主要是以返回料为炉料，但为了提高钢质量，需要进行吹氧降碳，以强化熔池沸腾和去气、去夹杂。

上述方法中，不氧化法和返回吹氧法需要优质废钢，原料受限制。氧化法使用的原料来源广泛，是电弧炉常用的方法，下面主要介绍氧化法冶炼工艺。

5.6.1.1　补炉

在冶炼过程中，炉衬受到撞击、冲刷和侵蚀等作用而损坏，尤其渣线部位尤为严重。为了延长炉体寿命，保证冶炼正常进行，出钢后应该进行补炉。常用的补炉材料有镁砂或白云石，以焦油沥青、卤水等作为黏结剂（用量约占10%）。补炉的原则是快速、高温和薄补。

5.6.1.2 装料

装料对冶炼时间、合金元素收得率和炉体寿命等有很大影响。因此，应按配料准确、布料合理、次序适宜的原则进行快速装料。

装料时大、中、小块料要有一定配比。通常把质量小于10kg料称为小料，10~50kg称为中料，大于50kg而小于炉料总质量1/50的料称为大料。炉料分布是在炉底装一层料重1%~3%的石灰，以保护炉底和供熔化期成渣之用。石灰上面装金属料，其次序为：先加小料后加大料，以避免大料冲击炉底，靠近炉墙及大料上面装入全部中料，最上面加小料（小料在炉底和上面各装一半）。如果配料中有增碳剂（电极块或冶金焦），应加在石灰上面或底层小料上面。

5.6.1.3 熔炼

炉料装完后即可进行熔炼，其熔炼过程分为熔化期、氧化期和还原期三个阶段。

A 熔化期

熔化期时间约占冶炼时间的50%，电耗占总电耗的60%~70%。可见，电弧炉的某些技术经济指标主要取决于熔化期。熔化期的任务为：采取各种措施加速炉料熔化；提高造渣，以去除钢中30%~40%的磷，减轻氧化期的负担。

a 炉料的熔化过程

装料完毕通电后，电极与固体料之间产生电弧，炉料开始熔化，其熔化过程如图5-11所示。在电弧的高温作用下，电极下面的小料首先开始熔化，形成比电极直径大30%~40%的熔井（见图5-11a和b）。随后电极继续穿井而下，约30min后，电极穿井完毕到达最低位置（见图5-11c），这时已经形成有炉渣保护的金属熔池。其后，熔井附近的炉料开始熔化，熔池液面逐渐升高，电极随之逐渐上提，直至全部炉料熔化为止（如图5-11d）。

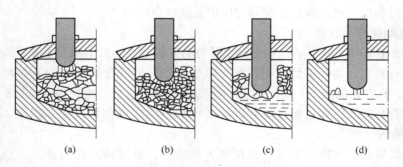

图5-11 电弧熔化炉料的过程示意图
(a) 点弧；(b) 穿井；(c) 主熔化；(d) 熔末升温

熔化后期，炉膛低温区（炉门槛和炉腔附近）可能残存部分固体料，可用耙子推料或吹氧助熔，以加速熔化。

b 供电制度

电弧炉炼钢的熔化期，始终是电弧供热和炉料吸热的过程。熔化期的供电原则为：以变压器最大和最有效功率供电，最高级、次级电压的使用时间应为熔化时间的一半以上，电流使用允许的最大电流，并合理使用电抗器。

　　c　钢液成分变化和炉渣制度

电弧炉炼钢的熔化过程中，当炉底形成熔池时，因钢液成分（硅、锰等）氧化生成氧化物以及石灰熔化，在钢液面上便形成炉渣。熔化渣形成后使电弧稳定，渣液包围电弧柱，使炉料熔化和熔池升温加快。由于钢液被炉渣覆盖，因此可减少热量损失，防止吸收气体，减少元素挥发。此外，炉渣还可聚集吸收非金属夹杂物，并因其具有氧化性和一定的碱度，除可氧化硅、锰外，还可氧化熔池中的磷，为氧化期创造条件。为此应当提前造好熔化渣。正常状态下，熔清后炉渣的化学成分（$w/\%$）为：CaO 35~45，SiO_2 18~25，MnO 5~10，FeO 4~10，MgO 10~14，Al_2O_3 4~7，P_2O_5 0.3~0.5。

炉料中易氧化元素（如硅、铝、钛等）几乎全部氧化。锰氧化 50%~60%，磷的氧化与垫底石灰量、熔化渣的氧化性、碱度和数量以及吹氧助熔操作等因素有关，一般磷可氧化 20%~50%。碳在熔化期中变化不大，这是因为一部分碳虽被氧化，但电极使钢增碳，二者相互抵消。但若采用吹氧助熔操作，则熔池中含碳量一般可降低 0.3%~0.6%。

　　B　氧化期

氧化期是指采用氧化去磷和利用碳氧化造成沸腾，以排出气体和夹杂等氧化精炼法的操作时期。

　　a　氧化期的任务

氧化期的任务包括：

（1）降低钢液含碳量，考虑到还原期脱氧和电极增碳，氧化末期钢液含碳量应比钢种规格下限低 0.03%~0.10%；

（2）继续脱磷，使其低于成品规格。考虑到冶炼后期可能回磷，应当将磷降到比规格下限低 0.01%~0.025%；

（3）利用降碳过程的熔池沸腾除去钢中的气体和夹杂；

（4）提高和均匀钢液温度，使其比出钢温度高 20~30℃。

　　b　氧化期操作和脱碳

按照熔池中氧的来源不同，氧化操作可分为矿石氧化、吹氧氧化及矿氧综合氧化。

（1）矿石氧化。其特点是铁矿石首先吸热分解，然后分解放出的氧参与熔池的脱碳反应。因此，只有在高温下加矿石才有利于脱碳反应的进行。生产规定，加矿脱碳时熔池温度必须大于 1500℃，而且矿石要分批加入。矿石脱碳操作原则是：高温、薄渣、分批加矿、活跃沸腾。

（2）吹氧氧化。其特点是氧气直接吹入钢液中，直接或间接与碳发生反应，加速脱碳反应速度；而且吹氧脱碳为放热过程，故有助于熔池温度的迅速上升。此外，吹入熔池中的氧气参与搅动熔池，故吹氧脱碳速度大于加矿脱碳速度。

（3）矿氧综合氧化。即先加矿后吹氧或在脱磷任务重时矿氧同时并用。

近年的强化用氧实践表明，如果钢中磷含量特别高时需要采用矿氧综合氧化，一般情况下均直接采用吹氧氧化，尤其当脱磷任务不重时，常采取强化吹氧氧化钢液来降低钢中的碳含量。实际上，电炉是通过高配碳，利用吹氧手段使其加速反应，以均匀成分、温度，去除气体和夹杂的。

c 造渣和脱磷

为了完成脱磷任务，氧化期必须造好高氧化性、高碱度和流动性好的渣。冶炼一般钢种时，氧化期炉渣的成分（$w/\%$）为：CaO 40～45，SiO_2 10～15，MnO 5～7，FeO 10～25，MgO 8～10，Al_2O_3 1～3，P_2O_5 0.3～1.0。

氧化前期，熔池温度不高，是脱磷的有利时机。氧化后期熔池温度高，不利于脱磷反应的进行。增加渣量有利于脱磷，但渣量过大不仅浪费造渣材料，而且影响除气和升温，故渣量要适宜。可采用前期大渣量脱磷、后期高温薄渣操作。

d 温度制度

在氧化期，温度制度应兼顾脱磷和脱碳二者的需要，并优先保证去磷任务的完成。换言之，前期应适当控制升温速度，待磷达到要求后再大幅度提温。

e 气体和夹杂的去除

除原材料带入的钢中气体和夹杂外，因电弧存在，钢中气体含量比转炉高。去除气体和夹杂的方法是加强熔池沸腾。一般要控制脱碳反应速度和强度。

去气、去夹杂的机理为：CO 生成使熔池沸腾；氮、氢易并到 CO 气泡中长大排除；CO 易黏附氧化物夹杂上浮排除；使氧化物夹杂聚合长大排除。

C 还原期

一般情况下，氧化末期钢液中含硫量仍高出规格，而锰、硅以及其他合金成分则低于规格要求（决定于钢种）。因此，还原期的首要任务是脱氧，同时完成脱磷、合金化及最后调整温度等任务。

（1）脱氧。一般将钢液中的氧脱至（30～80）×10^{-6}。脱氧方法分为沉淀脱氧、扩散脱氧和综合脱氧，其中综合脱氧使用较多。

1）沉淀脱氧。沉淀脱氧是直接向钢中加入块状脱氧剂。其操作分为两步：首先进行预脱氧，即在扒完氧化渣后，向炉内加入 Al、Si－Mn、Si－Ca 及 Fe－Mn 等；其次进行终脱氧，即在出钢前几分钟将强脱氧剂插入钢中。大多数钢种都用 Al 终脱氧，少数钢种除用 Al 外还要加入 Si－Ca、Fe－Ti 等以固定钢中的氮和细化晶粒。

沉淀脱氧法的表达式为：

$$x[M]_{块} + y[O] = (M_xO_y)$$

2）扩散脱氧。扩散脱氧也是电炉常用的脱氧方法，其反应式为：

$$x[M]_{粉} + yFeO(1) = (M_xO_y) + yFe(1)$$

$$FeO(1) \longrightarrow (FeO)（炉渣脱氧良好则表明钢液脱氧好）$$

扩散脱氧使用的脱氧剂有碳粉、硅铁粉、铝粉和硅钙粉等。扩散脱氧可分为白渣、弱电石渣和电石渣三种方法。

①白渣。稀薄渣形成后，可向炉内及时分批加入还原渣料。白渣的主要造渣材料是石灰和萤石，脱氧剂主要为碳粉和硅铁粉等，还原渣量约为3%。碳粉粒度小于1mm，其用量每吨钢为 1.5～3.0kg，硅铁粉用量每吨钢为 3～6kg。碳粉和硅铁粉可混合使用，也可先用碳粉后用硅铁粉。第一批还原渣料加入后，可密闭炉门，封好电极孔，保持15min 左右，以后可每隔5～10min 再加入下批料，全部脱氧剂分3～4批加入。同时根据炉渣情况适当补加石灰、萤石或黏土块，以调整炉渣碱度和流动性。脱氧剂全部加入后待炉渣变白后，渣中的（FeO）将降至1%以下。白渣的大致成分（$w/\%$）为：CaO 55～65，SiO_2

15 ~ 20, MgO 5 ~ 10, FeO ≤ 10, MnO ≤ 0.5, CaF_2 1.0, CaS 1.0, Al_2O_3 2 ~ 3, CaC_2 ≤ 1.0。

②电石渣。获得电石渣的方法有两种：一是将碳粉加入炉内造电石渣，二是直接加入电石形成电石渣。

在炉内高温区造电石渣反应为：

$$(CaO) + 3C(s) = (CaC_2) + CO(g)$$

上述反应为吸热反应，故电石生成条件是高温、高碳量、高氧化钙含量和还原性气氛。

电石渣比白渣具有更强的脱氧和脱硫能力，其反应式为：

$$3(FeO) + (CaC_2) = (CaO) + 3Fe(l) + 2CO(g)$$
$$(FeS) + (CaC_2) + 2CO(g) = (CaS) + Fe(l) + 2CO_2(g)$$

3）综合脱氧。综合脱氧法是扩散和沉淀两种脱氧法交替使用。一般是还原初期采用沉淀法脱氧，还原后期（出钢前）使用扩散法脱氧。

（2）脱硫。电弧炉炼钢过程中的脱硫任务主要在还原期完成，这是因为还原期有较好的脱硫条件，即高的炉渣碱度、低（FeO）含量、高温度、大渣量及良好的炉渣流动性。

在电弧炉炼钢过程中，不论白渣还是电石渣，最终渣碱度常达到 4 ~ 5，加以扩散脱氧，渣中（FeO）含量小于 1%，脱硫的几个主要条件已经具备，故渣钢间硫的分配系数可达到 30 ~ 50。适当增大渣量利于脱硫，但渣量过大（超过 8%），将延长还原时间，增大电耗。

（3）钢液合金化。炼钢过程中调整钢液合金成分的操作称为合金化。应根据合金材料的物理化学性质，如各元素和氧的亲和力大小及材料的熔点和密度等，确定各合金材料的加入时间、方法和次序。表 5-11 列出了合金材料加入时间和收得率间的关系。

表 5-11　合金材料加入时间和收得率间的关系

名　称	冶炼方法	加入时间	回收率/%
Ni		装料期	>95
		氧化期、还原期调整	85 ~ 95
Fe – Mo		装料期	>95
Fe – W	氧化法	氧化末期或还原初期	90 ~ 95 90 ~ 95（低钨钢）
	返回吹氧法	装料期	85 ~ 90 92 ~ 98（高钨钢）
Fe – Mn		还原初期	95 ~ 97
		出钢前	约 98
Fe – Cr	氧化法	还原初期（还原期调整）	95 ~ 98
	返回吹氧法	装料期	80 ~ 90
Fe – Si		还原后期	93 ~ 97
		还原初期（电工硅钢）	约 95

名 称	冶炼方法	加入时间	回收率/%
Fe - V		出钢前 8 ~ 15min	$w(V) > 1\%$ 时,95 ~ 98
			$w(V) < 0.3\%$ 时,约 95
Fe - Ti		出钢前	$w(Ti) > 0.5\%$,50 ~ 60
		钢包中	40 ~ 60(低钛钢)
			50 ~ 80(高钛钢)
Al		出钢前 8 ~ 15min,扒渣插入	75 ~ 80(含铝钢)
FeB		出钢前 2 ~ 3min	40 ~ 60
Si - Re		还原期插铝后	40 ~ 50
Fe - Re		还原期插铝后	30 ~ 40

(4)温度控制。考虑到从出钢到开始浇注和浇注过程中的温度降,出钢温度应比钢的熔点高出 70 ~ 120℃。还原期加入的各种材料和铁合金可使钢的熔点降低。有些含铝、钛、铬的钢种,出钢温度高些;含硅、镍的钢种,出钢温度可低些。

(5)终脱氧和出钢。当钢液脱氧良好、成分合格、炉渣为白渣且流动性好时,即可检查钢液温度,并向炉内加最终脱氧剂后出钢。常用的脱氧剂为铝。在出钢前 2 ~ 3min 用铝棒插入钢液中,冶炼低碳钢时吨钢用铝量为 0.8 ~ 1.0kg,高碳钢时其用量为 0.4 ~ 0.5kg。

由于电弧炉是倾炉出钢,故出钢方法有两种:先出钢后出渣和渣钢同出。

5.6.2 超高功率电弧炉炼钢

电弧炉炼钢发展很快,先后出现了普通功率、高功率和超高功率电弧炉炼钢。高功率和超高功率电弧炉的出现,缩短了冶炼时间,提高了生产率,减少了电耗。

普通功率、高功率和超高功率是相对而言的。通常,超高功率电弧炉的变压器功率为同容量一般电炉的 2 ~ 3 倍。例如,50t 以上的电弧炉,普通功率电弧炉为 350kV·A/t 以下,高功率电弧炉为 350 ~ 550kV·A/t,超高功率电弧炉为 550kV·A/t 以上。

超高功率电弧炉炼钢工艺特点如下:

(1)原材料准备和装入。废钢要加工和预热,各种造渣材料应干燥清洁。炉底料为 2% ~ 3% 的石灰、1% ~ 2% 的生白云石、0.5% ~ 1.0% 的萤石和 1% 的焦炭粉,作为铺底料以达到提前造渣、保护渣线的目的。然后装入废钢,一般分两次装入,先装轻薄料,后装重料,要把大块难熔废钢装在炉内高温区,也可用 10% ~ 30% 的直接还原铁作为原料。

(2)熔炼。

1)供电制度的确定。在整个熔炼过程中应保持大功率输入炉内。穿井阶段多采用大电流、短而粗的电弧、低功率因数运行,而后采取高电压、细长电弧的高功率因数,一直可进行到炉料全部熔化。最后采用较短时间的中电压、大电流、短而粗电弧的操作,以利于熔池温度和成分均匀化。

2)泡沫渣下熔炼。为了减少热损失,提高炉衬寿命,充分利用超高功率变压器能量,超高功率电弧炉熔炼一定要在"泡沫渣"下进行。"泡沫渣"将电弧埋在渣中,利于熔炼的顺利进行。为造好"泡沫渣"，应准备粒度合适的冶金焦粒、粒状铁矿石，并强化吹氧，尤其控制好炉渣碱度。超高功率电弧炉多采用大渣量熔炼，精炼时要尽量降低钢中磷和硫。超高功率熔炼的磷和硫一般可分别降到 0.003% 和 0.022%，对钢中碳的控制，除高碳钢外，一般将碳降到 0.06% ~0.15%。若要增碳，可在出钢过程进行。

此外，还应确定合适的吹氧制度，并注意炉内气氛的控制、出钢温度的选择、出钢钢液成分的调整等操作，需要指出的是，超高功率电弧炉多与炉外精炼匹配使用。

5.6.3　感应炉炼钢

感应炉是指将电能通过电磁感应变成热能并用于熔化和精炼金属料的炼钢炉。按其构造，感应炉可分为有芯和无芯两种，炼钢感应炉属于无芯感应炉。按其输入电流频率，感应炉可分为高频（10000Hz 以上）、中频（工频以上到 10000Hz）和工频（我国工频为50Hz）感应炉三种。

感应炉的工作原理是：输入感应圈中的交变电流在其周围产生交变磁场，并通过坩埚中的金属料，使金属中产生感应电流，当感应电流通过金属料时，由于金属料具有电阻，电能转化为热能。

在炼钢过程中，炉料能否被加热至熔化并达到要求的温度，首先决定于感应电流的大小，而感应电流又决定于感应电势。按电磁感应原理，感应电势 E（单位为 V）为：

$$E = 4.44 \times \phi f n \times 10^{-8}$$

式中　ϕ——感应线圈通过交流电时产生的磁通量；

　　　f——电流的频率；

　　　n——感应线圈匝数。

为了使炉料中能产生较大的感应电势，可采用增加磁通量、频率或匝数的方法。但由于感应线圈中产生的磁力线被迫通过空气，而空气的磁阻很大，使磁通量减小；增加感应线圈的匝数受炉子容量的限制，故为了增大感应电势，多用增加频率的方法。

感应电流在炉料内并非均匀分布，而是沿着炉料的圆柱体表面径向地由外缘向中心减弱。感应加热的作用范围通常以穿透度 δ（单位为 cm）表示：

$$\delta = 5030 \sqrt{\frac{\rho}{\mu f}}$$

式中　μ——炉料的磁导率；

　　　ρ——炉料的电阻系数。

在炉料壁厚为 δ 的空心圆柱体内，产生的热量占总能量的 86.5%，该特点决定了坩埚内热区的分布：即靠坩埚壁四周的一层为高温区；坩埚底部及中部为较高温区；坩埚上部因散热和磁力线的发散而形成低温区。

炉料中的感应电流产生在与磁力线垂直的平面上，电流的方向与感应线圈中的电流方向相反。按照左手定则，金属炉料必然会受到一指向中心的力的作用，该力使金属液中央部分向上凸起，形成驼峰现象。

与电弧炉相比，感应炉具有以下优点：

（1）没有碳质电极，熔炼过程中不会增碳，可以熔炼含碳极低的钢和合金；

（2）感应炉没有电弧和电弧下的高温区，有可能获得气体含量较低的钢；

（3）坩埚内的金属受电磁搅拌的作用，可促进冶金反应的进行，有利于气体和夹杂的去除，也有利于熔池温度和成分的均匀化；

（4）合金元素烧损少，其原因是熔池的单位表面积小，没有电弧，熔化速度快；

（5）调节输出功率比较方便，故熔池温度容易控制，在铸造部门感应炉应用广泛；

（6）由于感应炉加热的特点以及炉子占地面积少，容易装置在真空下进行熔炼。

感应炉的缺点是：

（1）感应炉熔炼时，炉渣是靠金属加热的，故炉渣温度低，不利于渣钢间的反应；

（2）为了提高电效率，坩埚壁不能太厚；电磁搅拌的不断冲刷及坩埚内外温度差较大，导致坩埚寿命较低。

感应炉熔炼基本上是一个熔化过程，很少采用氧化法熔炼。根据炉料情况，其熔炼全过程包括装料、熔化、精炼和脱氧，炉料要求严格。如需要氧化精炼，可采用加矿石或吹氧法精炼。采用沉淀脱氧时，最好使用复合脱氧剂，也可以采用扩散脱氧法。

5.6.4 电渣重熔

电渣重熔是以电流通过熔渣（配制的）所产生的电阻热作为热源，熔化并精炼一般冶炼方法炼成的钢（或合金）以提高其质量的一种方法，也称为电渣精炼。按电能转变成热能的方式，电渣精炼所需的高温来源于高电阻熔渣产生的焦耳热，故电渣炉是一种熔炼用的电阻炉。

5.6.4.1 电渣重熔过程及特点

如图 5 - 12 所示，电渣重熔是把需要精炼的钢或合金制成电极（自耗电极），由自耗电极、渣池、金属熔池、钢锭和底水箱通过短网导线与变压器连成回路。当电流通过时，由于炉渣产生的电阻热，使其处于高温熔融状态，形成渣池。自耗电极的端头在渣中逐渐受热熔化，形成熔滴下落，穿过渣池进入金属熔池，进而在强制冷却下凝固成电渣锭。在电渣重熔过程中，熔化、精炼和凝固三个环节连续进行。自耗电极逐渐变短，熔池面不断升高，电渣锭由下向上逐渐结晶。

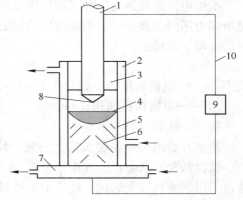

图 5 - 12 电渣重熔过程示意图
1—自耗电极；2—水冷结晶器；3—渣池；
4—金属熔池；5—渣壳；6—钢锭；7—底水箱；
8—熔滴；9—变压器；10—短网导线

电渣重熔的特点如下：

（1）金属以液滴方式受到精炼。自耗电极受到渣池加热开始熔化时，其端部不断出现熔化金属的薄层。在电动力和重力的作用下，液体流向电极末端的中央，聚成熔滴并长大。当熔滴尺寸足够大时，便出现缩颈，颈部电流密度剧增，熔滴温度升高。当熔滴脱落时，二者间产生瞬间空隙，由于电压突然增大，空隙被击穿，引起强烈的电弧放电，致使熔滴被粉碎，以更小的液滴穿过渣池进入金属熔池，从而显著增大了渣钢间的有效接触面积。

（2）冶炼过程中可造精炼能力很强的熔渣。电渣重熔不用耐火材料炉衬，渣面温度达 1800℃ 左右，故可采用高碱度的 $CaO - CaF_2$ 系熔渣，从而可使钢中杂质降到很低水平，得到更加纯净的钢锭。

（3）电渣重熔是一个边熔化、边精炼、边凝固的连续过程，三步在同一容器内完成。其电渣锭表面质量好，没有翻皮、结疤、皮下气孔和夹渣等表面缺陷。而且，由于柱状晶带倾斜向上，钢中的热塑性提高，锻造性能亦得到了大幅度改善。

5.6.4.2　电渣重熔工艺要点

A　自耗电极的制备

自耗电极是同一种钢经铸造、锻、轧坯或连铸坯，断面形状为方形、矩形或圆形。自耗电极应尽可能平直并且端部平整。电极表面应清洁，无氧化铁皮和铁锈及其他缺陷。

自耗电极直径 d 取决于结晶器平均直径 D，其计算公式为：

$$d = KD(K = 0.3 \sim 0.8)$$

B　熔渣的选择

电渣精炼靠熔渣来完成，因此要求熔渣的电阻率高，熔点低而沸点高，含 S、P 等有害元素少，熔渣不含 FeO、MnO、SiO_2 等不稳定氧化物，且渣应具有良好的流动性。熔渣多为 CaF_2 基，如 $CaF_2 - Al_2O_3$ 和 $CaF_2 - CaO$ 二元渣系、$CaF_2 - Al_2O_3 - CaO$ 三元渣系和 $CaF_2 - Al_2O_3 - CaO - MgO$ 四元渣系等，渣量每吨钢达数十公斤。渣池厚度为结晶器内径的 $1/2 \sim 1/3$，或者大致等于电极直径。

C　冶炼电压和电流的确定

冶炼电压是网路电压和工作电压之和，电流通过渣池时形成的电压降为工作电压，它是冶炼电压的主要部分。冶炼电压的确定与炉子的大小有关，一般选择在 $25 \sim 75\text{V}$。冶炼电流可按下式确定：

$$I = iS$$

式中　i——电流密度，一般为 $0.3 \sim 0.4$，A/mm^2；

　　　S——电极横截面积，mm^2。

D　引燃和补缩

冶炼开始前，应在底水箱上安放一块同钢种护底板，并放引燃渣料。引燃渣料由萤石、钛白粉和石灰组成，其配比是 $5 : 4 : 1$，也可不加石灰。引燃渣料周围加冶炼渣料。通电后引燃渣料应先熔化，随后冶炼渣料逐渐熔化。此外，也可采用液体渣引燃。

电渣重熔末期要进行补缩操作，以防钢锭头部产生缩孔和疏松。补缩办法有连续补缩和间断补缩两种。连续补缩是在重熔要结束时，保持电压不变，把电流从最大值依次降低；每减一级停留数分钟，直到电流最小时保持 $5 \sim 10\text{min}$，然后提起电极，切断电路。连续补缩还可采用停止电极下降的方法，即随着电极的逐渐熔化，电极端部至金属熔池的距离越来越大，熔渣电阻也越来越大，电流逐渐减小，当电极露出渣面时，迅速提起电极，切断电路。用这种方法降低熔化速度，使重熔末期凝固速度大于熔化速度，则可得到头部平整无凹坑和缩孔的电渣锭。间断补缩是在重熔末期采用间歇停电和供电的方式，且在每次再供电时逐渐减小电流，以达到补缩的目的。

5.6.5　其他炼钢方法

5.6.5.1　真空熔炼

真空熔炼包括真空感应炉熔炼和真空电弧炉熔炼等。由于在真空先熔炼和浇注，又不和耐火材料接触，因此可避免或减少耐火材料对钢的污染。

真空感应炉和真空电弧炉与一般感应炉和电弧炉基本类似，只是它除了电源系统、炉体及其相应控制外，还有真空系统。

5.6.5.2 电子束熔炼

电子束炉又称电子轰击炉，适用于熔炼纯金属和合金，特别是高温合金、难熔金属。电子束炉是利用高速运动的电子能量作为热源进行熔炼或加热的。其工作原理为：发射电子的阴极和作为阳极的被加热材料置于同一个高真空容器中；阴极是由高温下能发射电子的材料钨或钽制成，工作时阴极被加热到高温而发射电子；电子由于高压电场的作用射向阳极，在运动过程中被加速，到达阳极表面时具有很大的动能；电子撞击阳极表面时动能转变为热能，可把阳极加热到很高的温度，进而将其熔化。

5.6.5.3 等离子炉熔炼

等离子炉是利用由电能产生的等离子体的能量转变成热能进行熔炼的一种电炉。常用来熔炼难熔和活泼金属、合金钢及合金。它具有温度高、熔化速度快、可选择炉内气氛、合金元素烧损少及钢的纯净度高等优点，缺点是工作气体消耗量大、设备费用高。

等离子炉是由自由电子、正离子、气体的原子和分子等构成，炼钢用的是一种低温（几千度）、低压（约0.1MPa）的等离子体。产生这种等离子体的方法有电弧法和高频感应法，工作气体可采用容易电离的氩气、氮气及其混合气体。

产生等离子体的装置通常称为等离子枪，电弧法等离子枪大多采用转移弧式或中空阴极式等离子枪。转移弧式等离子枪主要由阴极和阳极构成，阴极通常是钨棒或表面涂有二氧化钍的钨棒（钨钍电极），阳极是水冷的铜电极，其端口成喷口状。工作气体从上面引入，从喷口喷出，工作时先用其他电源，如电火花或高频发生器，使阴极与阳极间触发电弧。起弧后电源的正极即从枪的喷口转移到被加热的材料上，电弧即产生在阴极和被加热的材料之间。

这种加热与电弧加热很类似，但又有不同。有工作气体的等离子体形成的等离子流，它存在于阴极和被加热材料之间，长度可达1m以上。等离子流的温度比一般电弧高得多，如氩弧等离子流的温度一般能达20000℃，等离子流以极高的速度（100～500m/s）射到被加热的材料上，除将其本身的热能传给被加热的材料外，还因其中的自由电子与正离子的复合而产生大量的热能，加上电弧的能量使材料迅速得到加热。

6 转炉炼钢设计及计算

6.1 转炉构造及其附属设备

6.1.1 转炉构造

6.1.1.1 转炉内形

转炉内形是指转炉炉膛的几何形状，即由耐火材料砌成的炉衬内形。目前，国内外氧气转炉的内形主要分为筒球形、锥球形和截锥形三种类型，如图6-1所示。

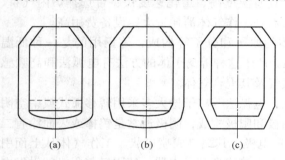

图6-1 转炉常用炉型示意图
(a) 筒球形；(b) 锥球形；(c) 截锥形

（1）筒球形炉型：熔池主要由直圆筒体炉身和球冠体炉底两部分组成，炉帽为截锥形。该炉型形状简单，砌筑简便，炉壳易制造，熔池直径较大，金属装入量大。我国大中型转炉普遍采用这种炉型，如鞍钢150t、本钢120t、攀钢120t和包钢50t转炉。

（2）锥球形炉型：熔池由倒截锥体和球冠体两部分组成。与筒球形炉型相比，锥球形熔池较深，利于保护炉底。若熔池深度相同，则锥球形熔池直径比筒球形的大，熔池反应面积增加，利于脱硫、磷。锥球形炉型也是我国大中型转炉常采用的一种炉型，如宝钢300t、唐钢150t转炉。

（3）截锥形炉型：熔池为一个倒截锥体。形状简单，炉底砌筑方便。若装入量和熔池直径相同，则其熔池最深，适用于30t以下的小型转炉。

（4）大炉膛形炉型：上大下小，具有较大的反应空间，适合于用氧气—喷石灰粉法冶炼高磷铁水。

6.1.1.2 转炉炉体结构

转炉炉体由炉身、炉帽、炉底、炉口和出钢口等部分组成，如图6-2所示。

炉体的最外层为炉壳，它用钢板经弯曲加工焊接而成。炉壳内砌有碱性耐火材料炉衬。炉口是最易损伤的部位，故最好装设水冷炉口。

转炉装有两根旋转耳轴，耳轴和托圈连接整体，转炉则坐落在托圈上。转炉托圈用若干组斜块和卡板槽自由连接，二者间可相对滑动。托圈与炉壳间留有一定的空隙，使托圈和耳轴不受炉壳变形的影响，从而为倾动机构的正常运转创造条件。

大、中型转炉托圈常用钢板焊接成矩形箱式结构。耳轴用韧性较高的合金钢锻制或铸造而成。

倾动机构是转炉极其重要的设备，工艺操作要求如下：

（1）转动角度正反 0~360°，停止位置控制准确；

（2）转动速度为慢速，能多级调速，运转平稳，无振动；

（3）机械设备具有足够的刚性、强度和可靠性，电力拖动应有备用电动机，设备安装及维修方便。

为了实现变速，采用直流电动机驱动是不经济的，多采用带有行星齿轮的两台电动机双传动系统。这种系统仅配置两台交流电动机，通过减速装置，可以得到四种不同的速度。如单用大电动机驱动的速度为 1.0r/min，单用小电动机驱动速度为 0.1r/min，若两台电动机同时驱动，则方向相同时速度为二者之和（1.1r/min），方向相反时速度为二者之差（0.9r/min）。

转炉耳轴中心线的位置通过转炉重心计算确定，应当保证在倾动机构失灵时转炉能靠自身的重量自动回转到垂直位置。

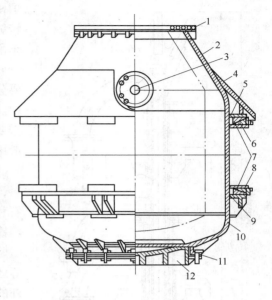

图 6-2 转炉炉体的构造示意图
1—水冷炉口；2—锥形炉帽；3—出钢口；4—护板；
5，9—上下卡板；6，8—上下卡槽；7—斜块；
10—圆柱形炉身；11—销钉和斜楔；
12—可拆卸活动炉底

6.1.2 转炉附属设备

转炉附属设备主要包括供氧设备、供料设备、废气处理设备和钢水及钢渣的盛装设备。

6.1.2.1 供氧设备

供氧设备包括供氧管路、计量仪表、氧枪及升降机构等，其中氧枪是关键的设备。

转炉氧枪由上向下插入炉内，氧气由其端部喷向熔池表面。氧枪由喷头、管身和接头组成，见图 6-3。喷头有单孔和多孔两种。孔型为拉瓦尔型应用最普遍。喷头是用导热性强的紫铜制成的。管身由三层无缝钢管构成。高压冷却水经由内层间隙引入直达喷头顶端，然后再由外层间隙导出。氧枪上部氧气管和进出水管均设有接头，用高压橡胶管与主管道接通。

为了升降氧枪，并在吹炼过程中调节氧枪的高度，应设置可以微调的升降装置和相应的指示机构。此外，还设有换枪装置，用以快速换枪。

转炉耗氧量大，为 $55 \sim 65 \mathrm{m^3/t}$（标态），由氧气站经专用管道输入，并在管路上装有压力表和流量计。

6.1.2.2 供料设备

供料设备包括铁水供应设备、废钢供应设备和散装料供应设备。

（1）铁水供应设备。铁水供应设备包括混铁炉、混铁车和铁水包等。大中型转炉炼钢车间均设有混铁炉作为铁水中间储存设备，它起到均匀铁水成分和温度的作用，并能协调高炉与转炉间铁水供求的不一致性，使其供应及时。混铁车实质上是列车式的小型混铁

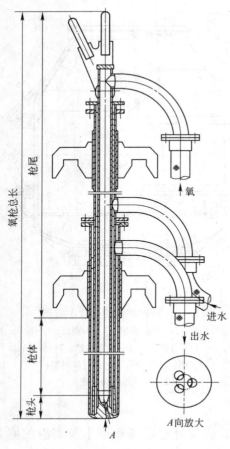

图6-3 转炉氧枪示意图

炉，兼有运输和储存铁水的作用，适用于中小型转炉车间。铁水包是装送铁水的装置，用门型吊车吊运，目前有"一罐到底"铁水供应。

（2）废钢料装入设备。本厂废钢或外购废钢要分类堆放，并用电磁盘起重机装到废钢料槽中。料槽堆放在厂房内或厂房外，堆在厂房外的需要设置运料车，将料槽运送到转炉装料跨。一般用吊车将料槽中的废钢装进转炉。

（3）散装料供应设备。散装料是指辅助原料，包括石灰石、石灰、氧化铁皮、铁矿石、萤石和轻烧白云石等造渣剂和助熔剂及锰铁、硅铁等铁合金脱氧剂。

1）造渣剂和助熔剂。原料先由卡车、火车等运进车间，通常是按种类分别存放在转炉厂房外的料仓内，然后用皮带输送机或斗式提升机将原料输送到转炉上方的高位料仓里，装料时原料由高位料仓经过给料器、称量器、水冷装料溜槽进入炉内。在吹炼开始时或在吹炼过程中均可在炉前操作室内遥控操作上述装置。

2）铁合金脱氧剂。对于铁合金脱氧剂，一般在吹炼结束后加入转炉钢包内，而对于 Ni、Cr、Mo 等耐氧化合金材料，则可与废钢一起在吹炼开始前装入炉内。铁合金脱氧剂要事先运送到高位料仓内，然后再加入转炉钢包内。其流程几乎与造渣剂、助熔剂相同。铁合金也可由叉式运输机送至炉旁，经溜槽加入钢包内。

6.1.2.3 废气处理设备

氧气转炉吹炼过程中，炉内反应产生大量含 CO 的高温气体，并夹带大量氧化铁、金属铁和其他细小颗粒的烟尘，是一种污染环境和有毒的气体，必须净化处理并回收有用组分。通常把炉内产生的废气称为炉气，把出炉口后的废气称为烟气。炉气中含 CO 的质量分数为 85% ~90%，温度为 1500 ~1600℃，炉气量约为吹氧量的两倍。

废气处理方法包括燃烧法和未燃法两种。前者是炉气出炉口后与大量空气混合燃烧，然后废气经冷却除尘后排入大气；后者是控制炉气尽量不燃烧，然后经冷却除尘回收煤气，或点火放散。

废气处理系统包括气体收集与输导、降温与除尘、抽引与排出三部分。为了保证设备寿命、提高除尘效果和保证风机正常工作，废气除尘之前必须降温。降温的方式有空气冷却、热水冷却、洒水冷却和汽化冷却等；除尘的方式有洗涤除尘、过滤除尘和静电除尘等。一般把烟气进入一级净化设备立即与水相遇的方法称为湿法除尘；把烟气进入次级净化设备才与水相遇的方法称为干湿结合法；把烟气完全不与水相遇的净化方法称为全干法。

6.1.2.4 钢水与钢渣盛装设备

钢水盛装设备是钢包（也称盛钢桶）；钢渣盛装设备为渣罐或渣盘。

炼钢终了钢水成分和温度达到所炼钢种规格要求之后，将钢水倒入钢包运送到浇注车间浇注成钢锭（或铸坯）；在炼钢过程所造钢渣，将倒入渣罐或渣盘带走。

6.2 转炉座数及其公称容量的确定

6.2.1 转炉座数的确定

转炉座数的确定与采用的吹炼制度有关，一般采用"二吹一"或"三吹二"制。"二吹一"即一座转炉生产，另一座转炉处于修炉或备用状态；"三吹二"即保持两座转炉生产，另一座转炉处于修炉或备用状态。目前，因溅渣护炉技术的采用及炉衬材质的改进，转炉炉龄大幅度提高，生产实践中往往采用"二吹二"或"三吹三"模式。

6.2.2 转炉公称容量及其确定方法

公称容量表示转炉容量的大小，是转炉生产能力的主要标志和炉型设计的重要依据。转炉公称容量的表示方法有三种：

（1）以平均金属装入量吨数表示；

（2）以平均出钢量吨数表示；

（3）以平均炉产良坯量吨数表示。

第（1）种方法便于进行物料平衡、热平衡计算及新炉装入量时的换算；第（2）种方法便于车间生产规模和技术经济指标的比较；第（3）种方法便于炼钢后步工序的设计，同时也较易换算成平均金属装入量和平均炉产良坯量。设计的公称容量与实际生产的炉产量基本一致，普遍认为以平均出钢量表示公称容量较为合理。

（1）车间年产钢水量（$G_{钢水}$）。

对全连铸车间：

$$G_{钢水} = G_{坯} / \eta_{坯}$$

式中　$G_{钢水}$——车间年产钢水量，t；

　　　$G_{坯}$——车间年产良坯量，t；

　　　$\eta_{坯}$——连铸坯收得率，通常为 96% ~ 98%。

对连铸、模铸共有的车间，设钢水连铸比为 k，则：

$$G_{钢水} = y / \left[k\eta_{坯} + (1 - k)\eta_{锭} \right]$$

式中　y——年产良坯量与良锭量的比值；

　　　$\eta_{锭}$——钢锭收得率，通常为 97% ~ 99%。

（2）车间年出钢炉数（N）。

$$N = m \times 24 \times 60 \times 365 \times \alpha / t$$

式中　N——车间年出钢炉数，炉；

　　　m——车间转炉的工作模式，即"三吹二"时，$m = 2$，"三吹三"时，$m = 3$；

　　　α——转炉的作业率，%，一般为 80% ~ 90%；

　　　t——转炉炼钢平均冶炼周期，见表 6 - 1。

表 6 - 1 不同容量转炉的平均冶炼周期

转炉容量/t	< 30	30 ~ 100	> 100
冶炼周期/min	28 ~ 32	32 ~ 38	38 ~ 45

（3）转炉平均出钢量（T）。

$$T = G_{钢水}/N$$

由 T 的计算值及表 6 - 2 中的公称容量系列来选定转炉的公称容量 G。

表 6 - 2 转炉公称容量系列及最大出钢量

公称容量/t	20	30	50	100	120	150	200	250	300
最大出钢量/t	30	36	60	120	150	180	220	275	320

6.3 转炉炉型设计及计算

转炉是转炉炼钢车间的核心设备。转炉炉型及其主要参数对转炉炼钢的生产、金属收得率、炉龄等经济指标都有直接的影响，其设计是否合理也关系到冶炼工艺能否顺利进行、车间主厂房高度和与转炉配套的其他相关设备的选型。所以，设计一座炉型结构合理、满足工艺要求的转炉是保证车间正常生产的前提，也是整个转炉车间设计的关键。

炉型设计的内容包括炉型的选择、炉型主要参数的确定、炉型尺寸设计计算、炉衬和炉壳厚度的确定等。

炉型设计的步骤如下：

（1）列出原始条件，包括公称容量、铁水条件、废钢比、氧枪类型、吹氧时间、供氧强度等；

（2）根据条件选择炉型（筒球形、锥球形和截锥形）；

（3）确定炉容比 $V_有/G$；

（4）计算熔池尺寸；

（5）计算炉帽和炉身尺寸；

（6）计算出钢口尺寸；

（7）确定炉衬和炉壳厚度；

（8）校核高径比 $H_总/D_壳$；

（9）绘制炉型图。

6.3.1 顶吹氧气转炉炉型设计及计算

6.3.1.1 顶吹转炉炉型的选择

常按以下原则选择炉型：

（1）炉型要能适应钢水、炉渣和炉气的循环运动规律，可激烈且均匀地搅拌熔池，从而加快炼钢过程反应。

（2）炉型应有利于提高供氧强度，缩短冶炼时间，减少喷溅，降低金属损耗。

（3）新砌炉型应接近于停炉后残余炉衬的轮廓，以减弱冶炼过程中钢水、炉渣和炉气对炉衬的冲刷、侵蚀，提高炉龄，并降低耐火材料消耗。

（4）炉壳要容易制造，砌砖和维护方便，从而改善劳动条件，减少修炉时间，提高转炉作业效率。

结合我国已建转炉的设计经验，推荐按以下方法选择顶吹转炉炉型：

（1）50~80t 的中型转炉，选用锥球形炉型；

（2）100~200t 以上的大型转炉，选用筒球形炉型。

在实际选择炉型时，还要根据当地的铁水条件（如 S、P 含量），进行综合考虑。

6.3.1.2 顶吹转炉炉型主要参数的设计及计算

目前，尽管国内外冶金学者对转炉炉型设计问题已开展了诸多研究工作，但仍缺乏完善的设计理论。通常采用"依炉建炉"结合经验公式、模拟实验等方法进行设计计算，以确定炉型的各部分尺寸（见图 6-4），主要包括炉容比、熔池尺寸、炉身尺寸、炉帽尺寸、出钢口尺寸和高径比等。

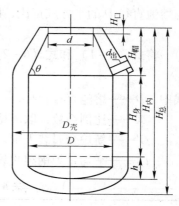

图 6-4 氧气顶吹转炉炉型主要尺寸

D—熔池直径；$D_壳$—炉壳直径；
d—炉口直径；$d_出$—出钢口直径；
h—熔池深度；$H_身$—炉身高度；
$H_帽$—炉帽高度；$H_内$—转炉有效
高度；$H_总$—转炉总高；$H_口$—
炉口直线段高度；θ—炉帽倾角

A 转炉的炉容比（$V_有/G$）

炉容比是指转炉有效容积 $V_有$ 与其公称容量 G 的比值，单位为 m^3/t。转炉炉容比主要与供氧强度、原材料条件等有关，与炉容量关系不大。大型顶吹氧气转炉的炉容比一般为 $0.9~1.05 m^3/t$，小容量转炉取上限，大容量转炉取下限。冶炼高 P、Si 铁水时，其炉容比选大些；采用多孔喷枪时，操作较稳定，在其他条件相同时，炉容比可选小些。表 6-3 列出了我国转炉的炉容比。

表 6-3 我国不同容量转炉的炉容比

转炉容量/t	20	30	50	80	120	150	210	250	300
炉容比/$m^3 \cdot t^{-1}$	0.98	0.80	0.93	0.87	1.01	0.86	0.92	1.00	1.05

根据选定的炉容比和转炉的公称容量 G，可确定转炉的有效容积 $V_有$。

$$V_有 = (V_有/G) \cdot G$$

B 熔池尺寸

在进行炉型设计时，首先要确定熔池尺寸，即熔池直径（D）和熔池深度（h）。熔池直径是指转炉熔池在平静状态时金属液面的直径。熔池深度是指转炉熔池在平静状态时，从金属液面到炉底的深度。熔池直径和深度是相互关联的两个尺寸参数。当转炉的容量一定时，若熔池直径小，则其深度大，会加大二次反射氧流对炉壁的冲刷和侵蚀；若熔池直径大，则其深度小，炉壁离高温反应区很远，利于提高炉衬寿命；若熔池直径过大，致使熔池过浅，高温反应区离炉底很近，金属易喷溅，同时也会加剧对炉底的侵蚀。

（1）熔池直径 D。转炉吹氧时间 $t_吹$ 与新炉金属加入量 G' 成正比，与单位时间供氧量 q 成反比，即：

$$t_吹 \propto G'/q \tag{6-1}$$

若要避免喷溅，增大供氧量时，要相应地扩大熔池面积。换言之，单位时间供氧量 q

与熔池直径 D 的平方成正比，即：

$$q \propto D^2 \qquad (6-2)$$

将式（6-1）和式（6-2）合并，整理后得：

$$D = K\sqrt{G'/t_{吹}}$$

式中　D——熔池直径，m；

K——比例系数，取值见表6-4；

G'——新炉金属装入量，近似于转炉的公称容量 G，t；

$t_{吹}$——平均每炉钢纯吹氧时间，min，取值见表6-5。

表6-4　不同容量转炉对应的比例系数 K

转炉容量/t	<30	30~100	>100	备　注
K	1.85~2.10	1.75~1.85	1.50~1.75	大容量取下限，小容量取上限

表6-5　不同容量转炉的吹氧时间

转炉容量/t	<30	30~100	>100	300（宝钢）
吹氧时间/min	12~16	14~18	16~20	16

还可采用以下经验公式来计算熔池直径：

$$D = KT^{0.4}$$

$$D = 2.62 + 0.0147 \times T$$

$$D = 0.392 \times (20 + T)^{0.5}$$

$$D = 1.07\left[\left(\frac{Q}{T}\right)^{1.5} \cdot n \cdot T\right]^{0.1825}$$

式中　K——系数，取值为 0.66 ± 0.05；

T——平均出钢量，t；

n——喷枪孔数；

Q——氧流量，m^3/min。

（2）熔池深度 h。对于一定容量的转炉，待炉型和熔池直径确定后，可利用熔池体积 $V_{池}$ 及相关几何公式计算出熔池深度 h。图6-5为三种炉型的熔池形状和主要参数。球冠体的半径 R 一般为熔池直径 D 的 1.1~1.25 倍。

1）对于筒球形熔池。圆柱体和球冠体的体积计算公式如下：

$$V_{池} = \frac{\pi}{4}D^2(h - h_1) + \pi h_1^2\left(R - \frac{h_1}{3}\right)$$

取 $R = 1.1D$，$h_1 = 0.12D$，则熔池深度为：

$$h = \frac{V_{池} + 0.046D^3}{0.79D^2}$$

2）对于锥球形熔池。截锥体和球冠体体积计算公式如下：

$$V_{池} = \frac{\pi}{12}(D^2 + DD_1 + D_1^2)(h - h_1) + \pi h_1^2\left(R - \frac{h_1}{3}\right)$$

取 $R = 1.1D$，$h_1 = 0.09D$，$D_1 = 0.895D$，则熔池深度为：

$$h = \frac{V_{池} + 0.0363D^3}{0.7D^2}$$

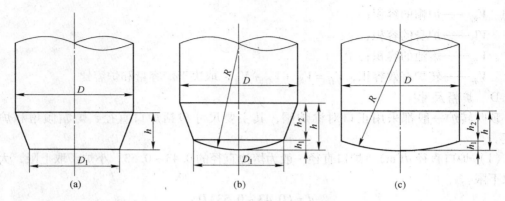

图 6 - 5 熔池形状示意图

（a）截锥形熔池（$D_1 = 0.7D$）；（b）锥球形熔池（$D_1 = 0.87 \sim 0.95D$，$R = 1.1D$，$h_1 = 0.08 \sim 0.14D$，取 0.09D）；

（c）筒球形熔池（$D_1 = 0.87 \sim 0.95D$，$R = 1.1D$，$h_1 = 0.08 \sim 0.14D$，取 0.12D）；

D—熔池直径，m；h_1—球冠体高度，m；h_2—锥台高度，m；R—球冠体半径，m；

h—熔池深度，m；$V_{池}$—熔池体积，m^3

3）对于截锥形熔池。截锥体的体积计算公式如下：

$$V_{池} = \frac{\pi}{12}h(D^2 + DD_1 + D_1^2)$$

取 $D_1 = 0.7D$，则熔池深度为：

$$h = \frac{V_{池}}{0.574D^2}$$

由式（6 - 3）求出熔池体积 $V_{池}$，再代入熔池直径 D，即可得出各种炉型的熔池深度 h。

$$V_{池} = V_{金} \qquad\qquad\qquad (6 - 3)$$
$$V_{金} = G'/\rho_{金}$$

式中　$V_{金}$——新炉金属加入量所占体积，m^3；

$\rho_{金}$——钢水密度，t/m^3，一般取 6.8 $\sim$ 7.0t/m^3。

将计算出的熔池直径 D 和深度 h 按 $h/D = 0.31 \sim 0.33$ 进行校核；同时，为避免炉底受到氧气射流的直接冲击，即熔池深度要满足氧气射流穿透深度 $h_{冲}$ 的需要。对于多孔氧枪，$h_{冲}/h = 0.25 \sim 0.40$。

C　炉身尺寸

炉身是指转炉炉帽以下、熔池面以上的圆柱体部分。炉身尺寸包括炉膛直径和炉身高度。

（1）炉膛直径 $D_{膛}$。炉膛直径与熔池直径相等，即

$$D_{膛} = D$$

（2）炉身高度 $H_{身}$。其计算公式为：

$$H_身 = \frac{4V_身}{\pi D^2} = \frac{4(V_有 - V_帽 - V_池)}{\pi D^2}$$

式中　$V_帽$——炉帽的容积；

　　　$V_身$——炉身的容积；

　　　$V_池$——熔池的容积；

　　　$V_有$——转炉有效容积，$V_有 = V_帽 + V_身 + V_池$，取决于炉容量和炉容比。

D　炉帽尺寸

顶吹转炉一般都采用正口对称炉帽，其主要尺寸包括炉口直径、炉帽倾角和炉帽高度。

（1）炉口直径 d(m)。炉口直径一般为熔池直径的 0.43 ~ 0.53，小炉子取上限，大炉子取下限。

$$d = (0.43 \sim 0.53)D$$

（2）炉帽倾角 θ。倾角过小，炉帽内衬不稳定，容易倒塌；倾角过大，出钢时易从炉口流渣。倾角一般为 60° ~ 68°，小炉子取上限，大炉子取下限。

（3）炉帽高度 $H_帽$。为防止因砖衬侵蚀而导致炉口直径的迅速扩大，往往在炉口上部设有高度为 300 ~ 400mm 的直线段（$H_口$）。

$$H_帽 = 0.5(D - d)\tan\theta + H_口$$

炉帽总容积为：

$$V_帽 = \frac{\pi}{12}(H_帽 - H_口)(D^2 + Dd + d^2) + \frac{\pi}{4}d^2 H_口$$

E　出钢口尺寸

转炉设置出钢口可以实现出钢时的钢、渣分离，使炉内钢水顺利流入钢包，能阻止炉渣流入钢包污染钢水及对包衬的侵蚀。同时，钢流对钢包内钢水的冲击搅拌利于改善脱氧效果，促进脱氧产物和夹杂物上浮，提高钢水质量和钢包使用寿命。

转炉出钢口常常设在炉帽与炉身的交界处，以使出钢时其处于最低位置，便于将钢水全部出净。出钢口尺寸主要包括出钢口内径、出钢口外径、出钢口长度和出钢口中心线与水平线夹角 α。

（1）出钢口内径 $d_出$。转炉容量一定时，出钢时间取决于出钢口内径。出钢时间一般为 2 ~ 8min。出钢口内径过小，出钢时间长，钢水易二次氧化和吸气，同时增大散热；出钢口内径过大，出钢时间短，不易控制铁合金加入时机，导致脱氧产物不易上浮，炉渣易进入钢包。可按式（6-4）计算出钢口内径：

$$d_出 = \sqrt{63 + 1.75G} \tag{6-4}$$

式中　$d_出$——出钢口内径，cm；

　　　G——转炉公称容量，t。

也可根据表 6-6 选择出钢口内径。

表 6-6　不同公称容量转炉的出钢口内径

公称容量/t	15	30	50	120	150	300
$d_出$/cm	10	11	12	17	18	20

（2）出钢口外径 $d_{外}$。出钢口外径为衬砖和钢壳的厚度之和，通常为出钢口内径的 6 倍，即：

$$d_{外} = 6d_{出}$$

（3）出钢口长度 $L_{出}$。出钢口长度通常为出钢口内径的 7~8 倍，即：

$$L_{出} = (7 \sim 8)d_{出}$$

（4）出钢口中心线与水平线夹角 α。α 通常取为 0~20°，见表 6-7。目前，为了缩短出钢口长度，以利于维修和减少钢液的二次氧化及热损失，大型转炉的 α 值趋于减小，国外不少转炉采用 0°，国内多低于 45°。

表 6-7　不同公称容量转炉的 α 值

公称容量/t	国内企业	日本新日铁 220	日本福山 180	日本福山 300
$\alpha/(°)$	0~10	0	0	0

F　转炉炉衬和炉壳设计

转炉炉衬的寿命直接影响转炉的生产率，故设计炉衬时既要选用优质的耐火材料，又要确定合理的炉衬厚度。若炉衬太薄，则炉龄低，技术经济指标差；若炉衬太厚，炉龄虽可提高，但在炉役的前期和后期装入量差别大，给车间的生产组织管理和稳定操作带来困难；同时，厚炉衬使炉体过重，导致倾动力矩大。故确定合理的炉衬厚度十分必要。

（1）炉衬设计。炉衬由永久层、填充层和工作层组成。永久层紧贴炉壳钢板，有的转炉在永久层和炉壳钢板间设有绝热层石棉板，厚度为 10~30mm。

永久层紧贴炉壳钢板或绝热层，一般用镁砖或高铝砖侧砌而成，厚度为 113~115mm。大型转炉底的永久层常采用三层镁砖砌筑，厚度为 350~450mm。永久层的作用是保护炉壳钢板，修炉时不拆除。

填充层位于永久层和工作层中间，一般用焦油镁砂或焦油白云山散状料捣打而成，厚度为 80~100mm。其作用是减轻工作层受热膨胀时对炉壳钢板的挤压，便于修炉时迅速拆除工作层和砌炉操作。有的转炉不设填充层。

工作层与金属、熔渣和炉气直接接触，故对耐火材料的要求十分苛刻。其通常采用镁碳砖砌筑，厚度达 500~800mm。不同部位的工作层厚度亦不同，通常炉底的工作层厚些，炉帽的工作层薄些。转炉各部分的炉衬厚度设计参考值见表 6-8。

表 6-8　转炉各部分的炉衬厚度设计参考值

炉衬的部位名称及厚度/mm		转炉容量/t		
		< 100	100~200	> 200
炉帽	永久层	60~115	115~150	115~150
	工作层	400~600	500~600	550~650
炉身（加料侧）	永久层	115~150	115~200	115~200
	工作层	550~700	700~800	750~850
炉身（出钢侧）	永久层	115~150	115~200	115~200
	工作层	500~650	600~700	650~750

炉衬的部位名称及厚度/mm		转炉容量/t		
		< 100	100 ~ 200	> 200
炉 底	永久层	300 ~ 450	350 ~ 450	350 ~ 450
	工作层	550 ~ 600	600 ~ 650	600 ~ 750

（2）炉壳设计。炉壳包括炉帽、炉身和炉底三部分，各部分用钢板成型后，再焊成整体。各部位钢板厚度的参考值见表 6 - 9。

表 6 - 9 炉壳各部位钢板厚度的参考值

部 位 名 称	转炉容量/t							
	15 (20)	30	50	100(120)	150	200	250	300
炉帽厚度/mm	25	30	45	55	60	60	65	70
炉身厚度/mm	30	35	55	70	70	75	80	85
炉底厚度/mm	25	30	45	60	60	60	65	70

G 校核转炉高径比 $H_总/D_壳$

转炉高径比是指转炉炉壳总高度 $H_总$ 与炉壳外径 $D_壳$ 的比值，是衡量炉型设计是否合理的一个重要参数，可作为炉型设计的校核数据。转炉的大型化和顶底复吹技术的采用，使转炉的高径比趋于减小，一般为 1.35 ~ 1.65，小容量转炉取上限，大容量转炉取下限。我国不同容量转炉的高径比见表 6 - 10。$H_总/D_壳$ 的计算值与表中数据进行比较，若符合高径比的推荐值，即认为转炉尺寸设计合理，能保证转炉的正常冶炼进行。

表 6 - 10 我国不同容量转炉的高径比

转炉容量/t	20	30	50	80	120	150	210	250	300
高径比	1.61	1.68	1.42	1.46	1.46	1.31	1.30	1.30	1.35

6.3.2 顶底复吹转炉炉型和底部供气构件设计

6.3.2.1 顶底复吹转炉炉型的选择

（1）炉型趋于矮胖型，转炉的高径比缩小。

（2）具有合适的熔池深度，既要保证顶吹氧气射流不穿透炉底，又要发挥底吹的作用；同时，还要使吹炼过程平稳，炉内反应速度快，渣、钢间反应更易趋于平衡。

（3）高径比介于顶吹和底吹转炉之间，而炉帽形状和出钢口位置与顶吹转炉的要求相同。

（4）选用截锥形熔池，与筒球形的相比，增大了单位金属的熔池表面积，利于冶金反应的进行，以及炉衬寿命的提高，同时，炉底可拆卸，结构强度得以改善。

6.3.2.2 顶底复吹转炉炉型的主要参数设计

顶底复吹转炉炉型的设计参数除包括熔池尺寸、炉身尺寸、炉帽尺寸、出钢口尺寸、炉容比和高宽比。

（1）熔池直径 D 和底面直径 D_1。

$$D_1 = mD$$

$$D = n\sqrt{\frac{G}{h}}$$

式中　D_1——熔池的底面直径，m；

　　　G——转炉的公称容量，t；

　　　h——熔池深度，m；

　m，n——比例系数，见表 6-11。

表 6-11　熔池直径、底直径的计算系数 m 和 n 取值

m	0.65	0.70	0.75	0.80	0.85
n	0.52	0.503	0.49	0.477	0.465

（2）熔池深度 h。顶底复吹转炉的熔池深度主要取决于顶部供气制度和喷嘴直径，可按下式计算：

$$h = dK\sqrt{F'_r}$$

式中　d——喷嘴直径，cm；

　　　K——保持吹炼平稳系数，$K \geqslant 6.0$；

　　　F'_r——弗鲁德修正数，通常取 500~800。

（3）炉身尺寸、炉帽尺寸、出钢口尺寸的确定同顶吹转炉。

（4）炉容比 $V_有/G$。顶底复吹转炉吹炼过程平稳，与顶吹转炉相比，产生的泡沫渣量很小且喷溅少，故其炉容比小于顶吹转炉，但稍大于底吹转炉。通常取为 0.85~0.95m³/t，基本上不超过 1.0m³/t。实际选择时，还应结合冶炼钢种、原材料条件及操作制度尤其是供氧强度等因素综合考虑。

（5）高径比 $H_总/D_壳$。顶底复吹转炉炉型为截锥形，高径比稍小于顶吹转炉，通常取为 1.25~1.45，实际选择时，还应结合转炉容量、原材料条件、冶炼钢种和操作制度等因素综合考虑。

6.3.2.3　顶底复吹转炉底吹供气元件的设计

顶底复吹转炉底吹供气元件主要分为三种：喷嘴形、砖形和细金属管多孔形。要求设计的底部供气元件能满足复合吹炼工艺特点，且结构简单，安全可靠性高，其寿命应与炉衬相当。目前，日本多采用管式喷嘴结构，法国多采用特殊结构的透气砖形供气元件，而我国多采用细金属管多孔形供气元件，并取得了很好的冶金效果。

A　喷嘴形供气元件

喷嘴形供气元件包括单管式、双层套管式和环缝式三种，如图 6-6 所示。

（1）单管式喷嘴。顶底复合吹炼法的开始发展阶段，主要采用单管式底部喷嘴喷吹 Ar、N_2 等非氧化性气体。其特点为：供气流量调节范围小；当气流出口速度低于声速时，易引起气流脉动，导致供气间断，致使喷嘴黏结，甚至漏钢；出口处气流后坐力大，易加速炉底耐火材料的损毁。图 6-7 为等截面圆筒形喷管及管中气流压强沿长度变化示意图。

单管式喷嘴直径的计算公式为：

$$d = \frac{qG\rho}{47Lnp_2^*}\sqrt{\frac{2RT_0}{K(K+1)}}$$

式中　　d——单管式喷嘴直径，m；

　　　　q——底部供气强度，$m^3/(t \cdot min)$；

　　　　G——转炉容量，t；

　　　　ρ——底部供气的气体密度，kg/cm^3；

　　　　n——喷嘴个数；

　　　　L——喷管等截面段的长度，m；

　　　　p_2^*——等截面管 II–II 截面上气流的临界压力，kgf/cm^2，$1kgf/cm^2 = 0.098MPa$；

　　　　T_0——气体进入喷枪前 O—O 截面处气流的滞止温度，K；

　　　　R——气体常数，$J/(kg \cdot K)$，见表 6–12；

　　　　K——气体的绝热指数，定压比热容 C_p 和定容比热容 C_V 的比值，即 $K = C_p/C_V$，常见气体的 K 值见表 6–12。

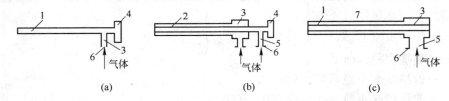

图 6–6　喷嘴结构示意图

（a）单管式；（b）双层套管式；（c）环缝式

1—中心管；2—外管；3—风包；4—测量孔；5—导管；6—法兰；7—耐火材料

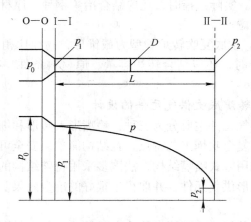

图 6–7　等截面圆筒形喷管及管中气流压强沿长度变化示意图

表 6–12　几种气体的气体绝热指数

气　体	空　气	O_2	N_2	CO_2	CH_4	Ar
K	1.402	1.399	1.400	1.301	1.319	1.66
$R/J \cdot (kg \cdot K)^{-1}$		259.8		188.9		

（2）套管式喷嘴。套管式喷嘴的内管和环缝均供气，环缝应送入速度较高的气体，

以避免内管黏钢。为了改善气流的性能，可调整内外管中气流的压力和面积，一般要求 $p_内/p_缝 \geq 1.89$，$1 \leq S_内/S_壁 \leq 3$。内外管中气流的压力差越大，则气流反向冲击次数越少，有利于提高喷嘴和炉底耐火材料的寿命。套管式喷嘴不仅可用于喷吹非氧化性和氧化性气体，也可喷粉，但其可调节的气流量范围很小，其最大气量与最小气量的比值低于 2.0。

$$q' = 18.6\alpha S p_1 \sqrt{T_1}$$

$$\alpha = 0.68(\lambda L/D)^{-0.18}$$

$$q'_单 = q'/n$$

$$S_单 = S/n$$

式中　　q'——喷嘴喷出的气体量，m^3/min；

p_1——喷嘴入口处气体的绝对压力，N/cm^2；

T_1——喷嘴入口处气体的绝对温度，K；

S——喷嘴出口的截面积，cm^2；

α——流量系数；

λ——喷嘴的摩擦系数；

L——喷嘴长度，m；

D——喷嘴水力学直径，m；

n——喷嘴个数。

若选定底吹供氧强度后，一定转炉容量的供气量 q' 便可确定，从而可求出喷嘴出口截面积 S 及单个出口面积 $S_单$。再根据气体在内管和环缝的气体流量分配比，即 $1 \leq S_内 + S_壁 \leq 3$ 以及 $S_单 = S_内 + S_壁$ 和 $\delta_壁/\delta_内 \leq 3$，即可求出喷嘴的内外管直径。

(3) 环缝式喷嘴。该类喷嘴只由环缝供气，环缝宽度一般为 0.5 ～ 5.0mm，内管填满耐火材料。与套管式喷嘴相比，其优点在于当出口气量速度达到声速时，可防止喷嘴黏结，出口处气流后坐力大幅度降低，且喷嘴的气流量可调节范围很大。但其不宜喷粉和喷吹强氧化性气体。

B　砖形供气元件

砖形供气元件包括弥散形透气砖、钢板包壳砖（见图 6－8）和直孔形透气砖（见图 6－9）。弥散形透气砖内有许多弥散分布的微孔，微孔尺寸约为 0.143mm，其使用寿命低。钢板包壳砖是由多块耐火砖拼凑成各种砖缝且外层包不锈钢板而成，气体由下部气室经砖缝进入炉内，其使用寿命高于弥散形透气砖，但供气稳定性不好。直孔形透气砖内分布许多贯通的直孔通道，其优点在于可调节气流量

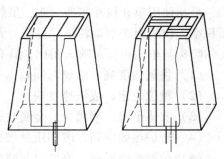

图 6－8　钢板包壳砖

范围大，对吹炼操作适应性强，但也不适于吹氧和喷粉。

C　细金属管多孔形供气元件

如图 6－10 所示，这类底吹供气元件由许多埋在母体耐火材料中的内径为 1.5 ～ 3.0mm 的细不锈钢管组成，每块供气元件埋设的细金属管为 10 ～ 150 根。其具有以下显

著优点：适于喷吹各种气体和粉剂；调节气流量范围大，可间断供气；供气均匀性好，稳定性高；元件的使用寿命高。

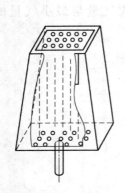

图6-9 直孔形透气砖

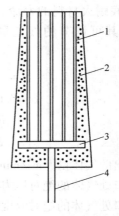

图6-10 多孔塞砖剖面图
1—母体耐火材料；2—细金属管；3—集气箱；4—进气管

6.4 转炉氧枪设计

氧枪由喷头、枪身和尾部三部分组成。转炉氧枪设计主要包括喷头设计和枪身设计。

6.4.1 转炉氧枪喷头设计

6.4.1.1 喷头类型及选择

喷头是氧枪的核心部件，它应能合理地供氧，以满足炼钢工艺要求，使熔池得以强烈且均匀地搅拌，以便快速化渣和强化熔池元素氧化。

转炉炼钢使用的喷头类型很多，按喷孔形状分为拉瓦尔型和直筒型；按喷孔吹入介质分为吹氧型、氧气-石灰型和氧-燃型；按喷孔数目分为单孔型和多孔型。

最初使用单孔拉瓦尔型喷头，虽然喷头寿命较高，但供氧强度低，氧流与熔池的接触面积小，仅适用于小型转炉。目前，大、中型转炉常采用三孔及以上拉瓦尔喷头。多孔拉瓦尔喷头与单孔拉瓦尔喷头相比，具有以下显著特点：

（1）供氧强度高，吹氧时间短，生产率高；

（2）枪位稳定，成渣速度快；

（3）吹炼平稳，喷溅少，金属收得率高；

（4）转炉热效率高，废钢用量增加；

（5）炉衬寿命提高，修炉时间减少。

根据国内外转炉生产实践及炼钢工艺设计要求，100t以下转炉应选用三孔拉瓦尔喷头，100t以上转炉选用四孔或五孔喷头。

6.4.1.2 喷头参数的设计计算

（1）氧流量。氧流量是氧枪设计的一个重要参数，在喷孔的马赫数和设计氧压确定的情况下，氧流量便决定了喷孔的喉口面积。其计算公式为：

$$Q = \frac{q \cdot G}{t}$$

式中　Q——氧流量，m^3/min；

　　　G——出钢量，t；

　　　t——吹氧时间，min，应根据生产实际情况确定，对于 50t 以下容量转炉，$t = 12 \sim 16$；$50 \sim 80t$，$t = 14 \sim 18$；$\geqslant 120t$，$t = 16 \sim 20$；

　　　q——耗氧量，m^3/t，可通过物料平衡求出，吹炼普通铁水时，取 $q = 55 \sim 65 m^3/t$；吹炼低磷铁水时，取 $q = 50 \sim 57 m^3/t$；吹炼高磷铁水时，取 $q = 62 \sim 69 m^3/t$。

（2）喷孔出口马赫数 M。喷孔出口马赫数是指气流速度与当地条件下声速的比值，是喷头设计中的一个极其重要参数。出口马赫数的大小决定了氧气流股的出口速度，即氧气流股对熔池的冲击能力。在进行氧枪喷头设计时，出口马赫数一般选为 2.0 左右，若总管氧压允许，可在 $2.0 \sim 2.5$ 范围内选取。

（3）理论计算氧压 $p_{理}$。理论计算氧压又称为设计工况氧压，是指喷头进口处的氧气压力，近似等于滞止氧压。它也是喷头设计中一个很重要的参数。其计算公式如下：

$$p_{理} = p_{出}(1 + 0.2M^2)^{3.5}$$

式中　M——喷孔出口马赫数；

　　　$p_{出}$——喷孔出口压力。

（4）炉膛压力 $p_{膛}$。炉膛压力是指氧枪喷头出口处的环境压力，也是喷头设计的一个极其重要参数。炉膛压力等于炉气压力与喷头以上泡沫渣层的压力之和，但在设计时，往往忽略泡沫渣层对喷头施加的压力。炉膛压力常取为 $0.099 \sim 0.102MPa$。同时，选择喷头出口压力等于炉膛压力。

（5）喷孔倾角（β）与喷孔间距（$L_{间}$）。喷孔倾角（β）是指喷孔几何中心线与喷头中轴线间的夹角（见图 6－11），是多孔喷头设计的一个重要参数。喷孔倾角影响各氧气射流间的相互作用及氧气射流对熔池的冲击半径，故应选用合适的喷孔倾角，可参考表 6－13。

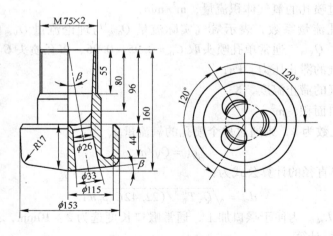

图 6－11　三孔拉瓦尔型喷头（30t 转炉用）

表 6 – 13　喷头孔数与喷孔倾角间的关系

孔　数	3	4	5	>5
倾角/(°)	9 ~ 11	10 ~ 13	13 ~ 15	15 ~ 17

喷孔间距（$L_{间}$）是指喷孔出口断面中心点到喷头中轴线间的距离。喷孔间距的大小对射流间的相互作用有着很大的影响。喷孔间距过小，势必增大氧气流股自喷孔喷出后相互之间的吸引，从而增大氧气射流交汇的趋势，不利于熔池搅动。增大喷孔间距既可以降低氧气射流的交汇趋势，又不会影响氧气流股的速度。因此，在喷头设计上往往尽可能增大喷孔间距，而不增大喷孔倾角。同时，喷头尺寸也限制了喷孔间距不能过大。一般认为，合适的喷孔间距为喷孔出口直径的 0.8 ~ 1.0，即 $L_{间} = (0.8 ~ 1.0)d_{出}$。

（6）喷孔形状和尺寸设计。

1）喷孔形状。目前，氧枪喷头通常采用拉瓦尔喷孔。它由收缩段、喉口和扩张段三部分组成。经过收缩段将低马赫数（$M \approx 0.2$）气流加速到喉口处马赫数（$M = 1.0$），此时达到声速，接着进入扩张段，气流进一步加速，出口处即可达到设计要求的马赫数。设计氧枪喷孔的主要目的是将压力能转化成动能，对熔池产生尽可能大的冲击力，同时考虑到加工制造方便等因素，故通常将拉瓦尔喷孔的收缩段和扩张段设计为截圆锥体形状。

2）喉口直径 $d_{喉}$。确定好喷头的出口马赫数 M 和理论计算氧压 $p_{理}$ 后，则喷孔的喉口面积 $S_{喉}$ 主要与通过喷孔的氧流量相关，即应根据氧流量确定喉口直径。喉口直径不宜设计得太大，否则氧流量会超过冶炼工艺需要的供氧强度，导致炉内反应失去平衡；若 $d_{喉}$ 设计得太小，氧流量太小，将无法满足冶炼工艺要求的供氧强度，从而会增加吹氧时间，降低转炉生产率。

喉口面积 $S_{喉}$ 与喉口直径 $d_{喉}$ 具有以下关系：

$$d_{喉} = \sqrt{4S_{喉}/\pi}$$

由可压缩流体等熵流理论，并考虑到氧气的实际流动状况，可得：

$$Q_V = 1.784 C_D S_{喉} p_0 T_0^{-0.5}$$

式中　Q_V——通过喷孔的氧气体积流量，m^3/min；

　　　C_D——喷孔流量系数，表示氧气实际流量 $Q_{V实}$ 与理论流量 $Q_{V理}$ 的偏差，即 $C_D = Q_{V实}/Q_{V理}$，通常单孔喷头取 $C_D = 0.95 ~ 0.96$，多孔喷头 $C_D = 0.90 ~ 0.95$；

　　　p_0——氧气的滞止压力，Pa；

　　　T_0——氧气的滞止温度，K；

　　　$S_{喉}$——喉口面积，m^2。

假设喷头的孔数为 n，则通过单个喷孔的氧流量 q_V 为：

$$q_V = Q_V/n$$

从而可推导出喉口直径的计算公式为：

$$d_{喉} = \sqrt{Q_V T_0^{0.5}/(22.42 C_D p_0 n)}$$

3）喉口长度 $L_{喉}$。为便于喉口加工，通常喉口长度选为 2 ~ 10mm，或按照公式 $L_{喉} = (0.3 ~ 0.5)d_{喉}$ 进行计算。

4）喷孔出口直径 $d_{出}$。已知喷孔出口马赫数 M 和喉口直径 $d_{喉}$，则可计算出喷孔出口直径 $d_{出}$。

$$d_{出} = d_{喉}\sqrt{(1 + 0.2M^2)^3/1.728M}$$

也可以在等熵流表（见附录）中查出选定的 M 对应的 S/S_0 值，根据式（6-5）进行计算：

$$S_{出} = S_{喉} \cdot (S/S_0)$$

$$d_{出} = \sqrt{4S_{出}/\pi} = \sqrt{d_{喉}^2 \cdot (S/S_0)} = d_{喉}\sqrt{S/S_0} \qquad (6-5)$$

式中　$S_{喉}$——喉口面积，m^2；

　　　$S_{出}$——出口面积，m^2。

5）收缩半角 $\alpha_{收}$、收缩段长度 $L_{收}$ 和入口直径 $d_{收}$。气流经收缩段可从低速（$M = 0.2$）加速到声速（$M = 1.0$）。收缩半角 $\alpha_{收}$ 的取值范围一般为 $18° \sim 23°$，甚至达 $30°$，收缩段长度 $L_{收} = (0.8 \sim 1.5)d_{喉}$。收缩段入口直径可根据式（6-6）求出。

$$d_{收} = d_{喉} + 2L_{收}\lg\alpha_{收} \qquad (6-6)$$

式中　$d_{收}$——收缩段入口直径，m；

　　　$d_{喉}$——喉口直径，m；

　　　$\alpha_{收}$——收缩半角，（°）。

6）扩张半角 $\beta_{扩}$ 和扩张段长度 $L_{扩}$。气流经扩张段可从声速 $M = 1.0$ 加速到设计的马赫数。扩张半角 $\beta_{扩}$ 一般为 $4° \sim 6°$，扩张段长度可由式（6-7）求出。

$$L_{扩} = 0.5(d_{出} - d_{喉})/\tan\beta_{扩} \qquad (6-7)$$

式中　$L_{扩}$——扩张段长度，m；

　　　$d_{喉}$——喉口直径，m；

　　　$d_{出}$——出口直径，m；

　　　$\beta_{扩}$——扩张半角，（°）。

扩张段长度也可根据经验数据选定，即：

$$L_{扩} = (1.2 \sim 1.5)d_{出}$$

7）喷头氧气进口直径 $D_{进}$。喷头氧气进口直径可由经验数据确定，即：

$$D_{进} = (1.5 \sim 2.0)d_{喉总} = (1.5 \sim 2.0)n^{0.5}d_{喉}$$

式中　$D_{进}$——喷头进口直径，m；

　　　$d_{喉总}$——总喉口直径，m；

　　　$d_{喉}$——喉口直径，m；

　　　n——喷头的孔数。

6.4.2　氧枪枪身设计计算

氧枪枪身由三层无缝钢管构成，内层管通氧气，内层管与中层管间通冷却水，中层管与外层管间是冷却水出水通道。氧枪枪身设计内容主要是确定内层管、中层管和外层管的直径及氧枪全长和有效行程。

6.4.2.1　氧枪枪身各部分尺寸的确定

（1）内层管内直径 $D_{1内}$。内层管是向喷头输送氧气的通道，其直径主要取决于氧气在管内的流量与流速。其计算公式如下：

$$D_{1内} = \sqrt{4S_{1内}/\pi}$$

$$S_{1内} = Q_工/v_0$$

式中　$D_{1内}$——内层管的内直径，m；

　　　$S_{1内}$——内层管的截面积，m^2；

　　　$Q_工$——管内氧气工况体积流量，m^3/s；

　　　v_0——管内氧气流速，m/s，一般取为 40～50m/s。

根据气体状态方程 $pV = nRT$，可将标准状态下的氧流量 Q 换算成工况流量 $Q_工$。

$$Q_工 = Q[p_标 T/(p_工 T_标)]$$

式中　$p_标$——标准大气压力，$p_标 = 1.0 \times 10^5 Pa$；

　　　$p_工$——管内设计工况氧压，Pa；

　　　Q——标准状态下的氧流量，m^3/s；

　　　$T_标$——标准温度，$T_标 = 273K$；

　　　T——管内氧气实际温度，即滞止温度，$T = 290K$。

故可推导出内层管内直径的计算公式为：

$$D_{1内} = \sqrt{4S_{1内}/\pi} = 367.86\sqrt{Q/(p_工 v_0)}$$

内层管壁厚通常为 4～6mm，计算出内层管的内直径后，再按国家钢管产品目录选择相应的内层管外直径尺寸规格。

（2）中层管内直径 $D_{2内}$。内层管外径与中层管内径间形成环缝，供高压水进入。为提高氧枪的冷却效果，应保证环缝有足够的截面积，以通过一定流速、一定压力和足够流量的冷却水。环缝的截面积计算公式为：

$$S_2 = Q_水/v_进$$
$$S_2 = \pi(D_{2内}^2 - D_{1外}^2)/4$$

故中层管内直径为：

$$D_{2内} = \sqrt{D_{1外}^2 + 4S_2/\pi} = \sqrt{D_{1外}^2 + 4Q_水/(\pi v_进)}$$

式中　S_2——进水环缝截面积，m^2；

　　　$Q_水$——高压冷却水流量，m^3/s，部分转炉的冷却水流量见表 6－14；

　　　$v_进$——冷却水流入速度，m/s，通常 $v_进 = 5$～6m/s；

　　$D_{2内}$——中层管内直径，m；

　　$D_{1外}$——内层管外直径，m，且 $D_{1外} = D_{1内} + (4$～6)mm。

表 6－14　不同容量转炉氧枪的冷却水流量

转炉容量/t	30	50	120	150	200	250	300
$Q_水/m^3 \cdot s^{-1}$	60	70	120	150	200	250	250～300

中层管壁厚通常为 4～6mm，计算出中层管的内直径后，按国家钢管产品目录选择相应的中层管外直径。

（3）中层管端部与喷头端部的间距 h。中层管不仅要控制进水流速，安装时还应保证喷嘴端面处水的流速达到 7～9m/s，使端面具有较大的冷却强度，保护喷头。

$$S_h = Q_水/v_h$$
$$S_h = \pi h(D_{2内} + D_{2外})/2$$

故 $$h = 2S_h / \pi (D_{2内} + D_{2外}) \approx S_h / \pi D_{2内}$$

式中　S_h——中层管端部与喷头端部的间隙面积，m^2；

　　　$Q_水$——高压冷却水流量，m^3/s；

　　　v_h——喷嘴端面处水的流速，m/s，一般 $v_h = 7 \sim 9 m/s$；

　　　h——中层管端部与喷头端部的间距，m；

　　　$D_{2内}$——中层管内直径，m；

　　　$D_{2外}$——中层管外直径，m，且 $D_{2外} = D_{2内} + (4 \sim 6)\,mm$。

（4）外层管内直径 $D_{3内}$。外层管主要是供出水用，因外层管直接与钢水、炉渣和炉气接触，冷却水经过喷头后温度升高 $10 \sim 15℃$，且体积稍有增大，故出水流速 $v_出$ 应稍大于进水流速 $v_进$，一般选为 $6 \sim 7 m/s$。

外层管内直径的计算方法与中层管内直径的计算方法相同，即：

$$D_{3内} = \sqrt{D_{2外}^2 + 4S_3 / \pi} = \sqrt{D_{2外}^2 + 4Q_水 / (\pi \cdot v_出)}$$

式中　$D_{3内}$——外层管内直径，m；

　　　S_3——出水环缝截面积，m^2；

　　　$Q_水$——高压冷却水流量，m^3/s；

　　　$v_出$——冷却水流出速度，m/s，通常取为 $6 \sim 7 m/s$。

外层管的壁厚太小，则氧枪刚度差；太大则枪身重。综合考虑氧枪的刚度和质量，壁厚一般取为 $6 \sim 10 mm$。计算出外层的内直径后，应按钢管产品目录的选择相应的钢管规格。

6.4.2.2　氧枪总长和行程设计

氧枪的总长和行程如图 6－12 所示。氧枪总长 $H_枪$ 包括枪身下部长度和枪尾长度。在氧枪的尾部装有把持器、冷却水进水管和出水管接头、氧气管接头和吊环等部件，因此，布置这些部件需要的长度即为枪尾的长度。

氧枪总长的表达式为：

$$H_枪 = h_1 + h_2 + h_3 + h_4 + h_5 + h_6 + h_7 + h_8$$

式中　$H_枪$——氧枪的总长度，m；

　　　h_1——氧枪喷头端面最低位置至炉口的距离，m，h_1 等于炉役后期钢液面距炉口距离与钢液面距氧枪喷头端面的距离 h_0 之差值，为保证氧枪的点火枪位，一般取 $h_0 = 0.2 \sim 0.4 m$，大型转炉 h_0 取上限，小型转炉取下限；

　　　h_2——炉口至烟罩下沿的距离，通常取 $h_2 = 0.35 \sim 0.50 m$；

　　　h_3——烟罩下沿至斜烟道拐点的距离，一般取 $h_3 = 3.0 \sim 4.0 m$；

　　　h_4——斜烟道拐点至氧枪密封口上沿的距离，m，h_4 与烟道直径 $d_烟$ 和斜烟道倾角

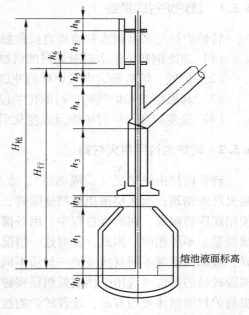

图 6－12　氧枪的总长和行程

α 有关，即 $h_4 = (0.5 d_烟 / \cos\alpha) + (0.4 \sim 0.5)m$，一般 $d_烟$ 为炉口直径的 1.2 ~ 1.4 倍，倾角 $\alpha = 50° \sim 60°$；

h_5——氧枪密封上沿至氧枪喷头上升至最高点位置时的距离，即清理结渣和更换氧枪需要的距离，一般取为 0.8 ~ 1.0m；

h_6——氧枪把持器下段要求的距离，约为 0.5m；

h_7——把持器的两个卡座中心线间的距离，一般取为 2.0 ~ 4.0m；

h_8——把持器上段要求的距离，一般取为 0.8 ~ 1.0m。

氧枪行程 $H_行$ 是氧枪喷头端面在炉内的最低点至氧枪喷头提出密封口后上升到操作最高点位置的距离，其表达式为：

$$H_行 = h_1 + h_2 + h_3 + h_4 + h_5$$

转炉生产过程中，应根据转炉生产情况将氧枪处于不同的控制位置，以便能及时、安全和经济地向转炉熔池供给氧气。

6.5　转炉用耐火材料设计

转炉是一种可以转动的直立圆筒形炼钢炉，吹炼时靠化学反应热加热，不需外加热源，炼钢主原料为液态生铁。

6.5.1　转炉炉衬的损毁

转炉炉衬与高温钢水和熔渣直接接触，工作条件恶劣，其损毁的原因主要有：
(1) 加废钢和兑铁水时对炉衬的机械撞击和冲刷；
(2) 炉气、熔渣和钢水对炉衬的冲刷；
(3) 高温熔渣和炉气对炉衬的化学侵蚀；
(4) 温度骤变及炉衬矿物组成变化引起的炉衬耐火材料剥落。

6.5.2　转炉内衬用耐火材料

转炉内衬由绝热层（或隔热层）、永久层和工作层组成。绝热层常采用石棉板或多晶耐火纤维砌筑；永久层采用低档镁碳砖、烧结镁砖或焦油白云石砖砌筑；工作层通常全部使用镁碳砖砌筑。在冶炼过程中，因各部位的工作条件不同，工作层各部位的蚀损情况和蚀损量也不尽相同。因此，针对这一情况，往往采用综合砌炉，即根据衬砖蚀损程度的差异，按部位砌筑不同材质或同一材质不同级别的耐火砖，易损毁的部位砌筑高档镁碳砖，损毁较轻的部位可选用中档或低档镁碳砖。其目的在于使炉衬的蚀损状况较为均匀，从而提高炉衬的整体使用寿命，改善转炉的技术经济指标。转炉各部位的具体工作条件和砌筑用耐火材料见表 6 – 15。

表 6 – 15　转炉各部位的工作条件和常用耐火材料

部　位	工作条件	常用耐火材料
炉　口	装料、吹炼、出钢、倒渣时温度变化大；熔渣侵蚀、高温废气冲刷；装料、清钢、清渣时受机械撞击	镁碳砖、方镁石 – 尖晶石砖、烧成白云石和镁白云石砖

部 位	工 作 条 件	常用耐火材料
炉帽	受熔渣侵蚀严重；温度变化大；受含尘废气的冲刷；空炉时砖内的碳易发生氧化	镁碳砖、烧成镁白云石砖、镁白云石碳砖、（热处理）焦油结合镁砖
装料侧	受废钢和铁水的机械磨损、冲刷；温度变化大	镁碳砖、热处理焦油结合镁砖、油浸烧成镁白云石砖、油浸烧成镁白云石砖
出钢侧	出钢时受钢水的冲刷和热冲击	镁碳砖、焦油结合镁砖、焦油结合镁白云石砖、油浸镁碳砖
两侧耳轴	表面无渣覆盖，空炉时砖中的碳极易发生氧化；转炉倾动时受异常力的作用	优质镁碳砖、烧成镁砖
渣 线	熔渣侵蚀严重	优质镁碳砖
熔池和炉底	受钢水的严重冲刷	镁碳砖、焦油结合镁砖、焦油结合镁白云石砖、油浸镁白云石碳砖

日本大分厂顶底复吹转炉综合砌砖示意见图 6 - 13。

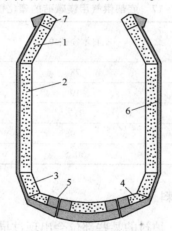

图 6 - 13 日本大分厂顶底复合吹炼转炉综合砌砖

1—免烧镁碳砖（烧结镁砂 + 高纯石墨，$w(C) = 20\%$）；2—免烧镁碳砖（烧结镁砂 + 高纯石墨，$w(C) = 18\%$）；
3，4—免烧镁碳砖（烧结镁砂 + 普通石墨，$w(C) = 15\%$）；5—烧成镁碳砖（电熔镁砂 + 高纯石墨，$w(C) = 20\%$）；
6—永久层为烧成镁砖；7—烧成 $Al_2O_3 - SiC - C$ 砖

6.5.3 转炉出钢口用耐火材料

转炉出钢口受高温钢水冲刷和急冷急热的影响，损毁较为严重，一般砌高耐侵蚀性和抗氧化性的整体镁碳砖或组合镁碳砖，其使用寿命难以和炉衬寿命同步，一般使用 200 炉后需要更换。武汉钢铁集团在 1990 年初便研制出整体出钢口用镁碳砖，其使用寿命最高达 126 次，其理化性能见表 6 - 16。

6.5.4 复吹转炉底部用供气砖

转炉顶底复吹时将产生高温和强烈的搅拌作用，故要求底部供气砖具有优异的耐高

表 6-16　武钢出钢口镁碳砖的理化性能

试样 成分及性能		等静压成型整体砖	组合镁碳砖
化学成分（w）/%	MgO	75.46	86.40
	C	18.35	17.63
显气孔率/%		0.50	0.80
体积密度/g·cm⁻³		2.92	2.90
常温耐压强度/MPa		45.4	39.3
抗折强度（110℃）/MPa		22.9	21.6
抗折强度（1400℃×0.5h）/MPa		14.3	13.6

温、耐侵蚀、耐磨损和抗剥落性能，使用寿命尽可能与炉衬寿命同步，同时也要求气体通过供气砖时产生的气泡细小且均匀。基于镁碳砖的优异性能，底部供气砖一般选用镁碳砖。日本和鞍钢底部供气镁碳砖的理化性能见表 6-17。

表 6-17　底部供气用镁碳砖的理化性能

试样 成分及性能		日本镁碳砖	鞍钢镁碳砖
化学成分（w）/%	MgO	78	79.37
	C	19	13.79
显气孔率/%		1.7	2~4
体积密度/g·cm⁻³		2.96	2.80~2.85
常温耐压强度/MPa		50.5	20.0~26.0

6.5.5　转炉炉衬修补用耐火材料

因转炉操作的不稳定因素，炉衬的某些部位会出现过早损毁，此时需要对转炉炉衬进行修补，且修补要维持到炉衬寿命中止。修补炉衬有利于均衡炉衬损毁，降低生产成本，延长其使用寿命。炉衬使用后期，修补量不断增加，修补时间不断延长，如果已经影响转炉的稳定操作，此时炉衬寿命即为中止。在整个炉衬耐火材料消耗量中，修补耐火材料的合理用量为 1/3~1/2。炉衬耐火材料的修补方式可分为投补和喷补两种。

6.5.5.1　投补用耐火材料

将投补料从炉口投入炉内，摇动炉体；炉内的余热使投补料具有一定的流动性；投补料铺展在炉衬的损毁部位。投补用耐火材料具有以下特点：

（1）在转炉炉衬的余热温度下（800~1200℃）投补用耐火材料应具有良好的铺展性；

（2）投补用耐火材料铺展后应迅速固化；

（3）固化后的投补料与原炉衬材料有较好的黏结性；

（4）投补料自身应有很好的抗侵蚀性。

投补用耐火材料的基本原料是镁砂和镁白云石砂，其使用性能主要取决于结合剂。常用结合剂是树脂、沥青及其混合物。沥青价格便宜，使用方便，故我国钢铁企业青睐于使用沥青结合的投补用耐火材料。

6.5.5.2 喷补用耐火材料

当转炉炉衬的局部部位（如耳轴）损毁时，可向该部位集中喷射耐火材料，并使耐火材料与炉衬砖烧结在一起，从而达到修补炉衬的目的。喷补方法主要分为：湿法、半干法和火焰法三种。目前，国内外钢铁企业多采用半干法喷补技术。

（1）湿法。湿法喷补耐火材料以镁砂为主，将其装入喷补罐内，加入适量水混匀，喷射到炉衬蚀损部位，其喷补层达 20 ~ 30mm。该方法使用方便，喷补一次可使用 3 次。

（2）半干法。半干法喷补时使用的喷补机由储料罐、压缩空气输运机构和喷嘴组成；储料罐中的喷补耐火材料经压缩空气送入喷嘴，混入 10% ~ 18% 的水分，在空气压力下以一定速度喷射到炉衬工作面上，喷补耐火材料发生黏结固化。影响喷补效果的因素包括：

1）温度。炉衬喷补在热态下进行，工作面的残余温度显著影响喷补效果，适宜的温度为 800 ~ 1000℃；

2）喷补耐火材料的颗粒组成、结合剂、加水量及空气压力等。喷补原料为粒度小于 0.1mm 的镁砂或镁白云石砂，结合剂为粉状硅酸钠、磷酸钠，钙、钾的磷酸盐和铬酸盐等。加入结合剂可增加喷补料的黏附性，使其能有效地附着在炉衬工作面上；同时，结合剂在高温下能形成高温矿物相，不仅使喷补料与炉衬工作面牢固烧结在一起，而且使其自身具有良好的耐蚀性。

喷补耐火材料的附着率一般大于 85%，使用次数为 3 ~ 5 次。

半干法喷补是简单、可行的修补转炉炉衬的方法。但在喷补过程中，由于残余热量的作用，当加入的水分接触到修补工作面时，会产生大量蒸汽，且蓄积一定的蒸汽压，不利于喷补耐火材料和工作面的黏结。

（3）火焰法。火焰喷补不加入水分，而是加入可燃性物料（如焦炭粉、煤粉）、可燃性气体（如丙烷、甲烷、氧气），喷补耐火材料在喷射过程中燃烧发热，部分物料成熔融态，当其接触到高温的工作面时，会迅速熔融并烧结在一起。火焰喷补多在转炉出钢后的作业间隙中进行，喷补时间很短，炉衬残余温度较高，黏附效果好，使用寿命也较长，一般使用次数为 10 ~ 20 次。

6.5.6 转炉溅渣护炉用调渣材料

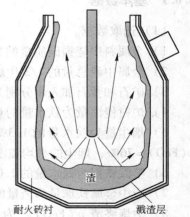

溅渣护炉是近年来开发的一项提高转炉炉龄的新技术。其基本原理（见图 6 - 14）为，吹炼终点钢水出净后，留部分 MgO 含量达到饱和或过饱和的终点熔渣，使用喷枪在熔池理论液面上 0.8 ~ 2.0m 处吹入 0.8 ~ 0.9MPa 的高压 N_2，将熔渣溅起并在炉衬表面形成一层高熔点的溅渣层。该溅渣层与炉衬很好地烧结附着，达到保护炉衬的目的。

溅渣护炉效果的好坏主要取决于溅渣前熔渣中的 MgO 含量。加入调渣剂可提高熔渣中的 MgO 含量。其加入方

图 6 - 14　转炉溅渣示意图

式有两种：出钢后加入调渣剂使 MgO 含量达到溅渣护炉的要求；在转炉开吹时，将调渣剂和造渣材料一起加入炉内，并控制终点熔渣成分，使 MgO 含量满足要求。常用的调渣剂及其化学成分见表 6 – 18。选择调渣剂时，应综合考虑调渣剂中 MgO 含量及其价格。

表 6 – 18　常用调渣剂及其化学成分（w）　　　　　　　　　　　%

成分 原料	CaO	SiO$_2$	MgO	灼减量	MgO*
冶金镁砂	8.0	5.0	83.0	0.8	75.8
轻烧菱镁球	1.5	5.8	67.4	22.5	56.7
轻烧白云石	51.0	5.5	37.9	5.6	55.5
含镁石灰	81.0	3.2	15.0	0.8	49.7
生白云石	30.3	2.0	21.7	44.5	28.3
菱镁矿渣粒	0.8	1.2	45.9	50.7	44.4

注：$w(\text{MgO}^*) = \{w(\text{MgO})/[1 - w(\text{CaO}) + Rw(\text{SiO}_2)]\} \times 100\%$，式中 R 为熔渣碱度，$R = 3.5$。

6.6　转炉炼钢物料平衡和热平衡计算

物料平衡是计算炼钢过程中加入炉内和参与炼钢过程的全部物料（如铁水、废钢、氧气、冷却剂、渣料及被侵蚀的炉衬等）和炼钢过程的产物（如钢水、炉渣、炉气及烟尘等）之间的平衡关系。热平衡是计算炼钢过程的热收入（如铁水的物理热和化学热等）和热支出（如钢水、炉渣、炉气物理热、冷却剂熔化和分解热等）之间的平衡关系。

物料平衡和热平衡计算是确定炼钢某些工艺参数的一种方法。通过它可以了解物料和热能利用情况，评价热能利用效果，确定转炉热效率等技术经济指标，找出改善热能利用效果、降低能耗的途径，为改进转炉操作、设备结构、工艺流程和加强生产管理及制定节能规划等提供依据。

进行物料平衡和热平衡计算，首先应对转炉吹炼过程的有关数据进行实测。但有些数据由于测定非常困难，只能结合国内同类转炉的实测数据进行选取。

6.6.1　基本数据

（1）选取数据。

1）金属料中烧损碳质量的 90% 氧化生成 CO；10% 氧化生成 CO$_2$；

2）金属中硫总量的 1/3 生成 SO$_2$，2/3 生成 CaS；

3）矿石和萤石加入量分别为铁水量的 1.0% 和 0.5%；

4）炉衬侵蚀量为铁水量的 0.5% ~ 1.0%，取 0.5% 进行计算；

5）烟尘量为铁水量的 1.3% ~ 1.5%，取 1.4% 进行计算，其中，$w(\text{Fe}_2\text{O}_3) = 20\%$，$w(\text{FeO}) = 76\%$，烟尘的平均温度为 1450℃；

6）喷溅铁损为铁水量的 1.0% ~ 1.2%，取 1.0% 进行计算；

7）渣中金属铁珠量为渣量的 1.0% ~ 2.5%，取 2.0% 进行计算；

8）冶炼终渣 $w(\text{FeO})_总$ 为 15%，且 $w(\text{FeO})_总 = 3w(\text{Fe}_2\text{O}_3)$，即 $w(\text{Fe}_2\text{O}_3) = 5\%$，$w(\text{FeO}) = 10\%$；

9）炉气中的自由氧体积含量为 0.5%，炉气的平均温度为 1450℃。

（2）铁水、废钢和冶炼钢种成分见表 6-19。

表 6-19　金属料和冶炼钢种的成分

项　目	化学成分（w）/%					温度/℃
	C	Si	Mn	P	S	
铁　水	4.02	0.85	0.60	0.11	0.03	1300
废钢（取冶炼钢种成分中限）	0.10	0.20	0.40	0.025	0.023	25
Q195 钢种	0.06~0.12	≤0.30	0.25~0.50	≤0.050	≤0.045	

（3）铁合金成分见表 6-20。

表 6-20　硅铁和锰铁的化学成分（w）　　　%

元素 铁合金	Fe	C	Si	Mn	P	S
硅　铁	29.21	—	70	0.70	0.05	0.04
锰　铁	14.59	7.50	2.50	75	0.38	0.03

（4）非金属料成分见表 6-21。

表 6-21　非金属料成分　　　%

项　目	化学成分（w）								烧损（w）
	Fe_2O_3	CaO	SiO_2	MgO	CaF_2	Al_2O_3	S	P	
石　灰		92.15	1.58	1.25			0.10		4.92
矿　石	61.8	1.0	5.61	0.52	29.4(FeO)	1.10	0.07		0.5(H_2O)
萤　石			6.0	0.58	90.0	0.78	0.09	0.55	2.0(H_2O)
轻烧白云石		57.45	1.42	40.66		0.47			
炉　衬		55.0	2.6	40.0		2.4		C：0	
氧　气	$\varphi(O_2)=99.5\%$，$\varphi(N_2)=0.5\%$								

（5）化学反应热效应见表 6-22。

表 6-22　炼钢温度下的化学反应热效应

反应类型	化学反应	$\Delta H/kJ \cdot kmol^{-1}$	$\Delta H/kJ \cdot kg^{-1}$（元素）	组　元
氧化反应	$[C]+0.5O_2(g)=CO(g)$	-117487	-9791	C
	$[C]+O_2(g)=CO_2(g)$	-393179	-32765	C
	$[Fe]+0.5O_2(g)=(FeO)$	-267575	-4778	Fe
	$2[Fe]+1.5O_2(g)=(Fe_2O_3)$	-825687	-7372	Fe
	$[Si]+O_2(g)=(SiO_2)$	-901250	-32188	Si
	$[Mn]+0.5O_2(g)=(MnO)$	-385451	-7008	Mn
	$2[P]+2.5O_2(g)=(P_2O_5)$	-1493152	-24083	P
	$2[Cr]+1.5O_2(g)=(Cr_2O_3)$	-564807	-10862	Cr

反应类型	化学反应	$\Delta H/kJ \cdot kmol^{-1}$	$\Delta H/kJ \cdot kg^{-1}$（元素）	组 元
氧化反应	$[Ni] + 0.5O_2(g) = (NiO)$	-219702	-4100	Ni
	$2[Al] + 1.5O_2(g) = (Al_2O_3)$	-836528	-30983	Al
	$CaF_2 + 0.5O_2(g) = (CaO) + F_2(g)$	-587107	-7527	CaF_2
分解反应	$CaCO_3 = (CaO) + CO_2(g)$	179075	3197	$CaCO_3$
	$MgCO_3 = (MgO) + CO_2(g)$	101219	2531	$MgCO_3$
成渣反应	$2(CaO) + (SiO_2) = (2CaO \cdot SiO_2)$	-126273	-2105	SiO_2
	$4(CaO) + (P_2O_5) = (4CaO \cdot P_2O_5)$	-723648	-5096	P_2O_5

（6）物料的平均比热容见表 6 – 23。

表 6 – 23 物料的平均比热容

物料	固态平均比热容/$kJ \cdot (kg \cdot K)^{-1}$	液态或气态平均比热容/$kJ \cdot (kg \cdot K)^{-1}$	熔化潜热/$kJ \cdot kg^{-1}$
生铁	0.745	0.837	218
钢	0.699	0.837	272
矿石	1.046	—	209
炉渣	—	1.248	209
炉气		1.137	—
烟尘	0.996	—	209

（7）溶入铁液中元素对铁熔点的降低值及使用范围见表 6 – 24。

表 6 – 24 溶入铁（钢）液中元素对铁（钢）熔点的降低值及其使用范围

元　素	C							Si	Mn	P	S
溶入 1.0% 元素使铁熔点降低值/℃	65	70	75	80	85	90	100	8	5	30	25
使用范围/%	<1.0	1.0	2.0	2.5	3.0	3.5	4.0	≤3.0	≤15.0	≤0.7	≤0.08

注：O、N、H 共降低铁熔点值为 6～7℃，取 6.5℃ 进行计算。

6.6.2 未加废钢的物料平衡计算

根据铁水成分、原材料质量和冶炼钢种成分，以 100kg 铁水为基础进行计算。

（1）炉渣量及成分计算。炉渣来自金属中元素的氧化产物、造渣剂和炉衬侵蚀等。

1）铁水中各元素的氧化量见表 6 – 25。

表 6 – 25 铁水中各元素氧化量　　　　　　　　　　　　　　kg

项　目	C	Si	Mn	P	S	合　计
铁　水	4.02	0.85	0.60	0.11	0.030	
终点钢水	0.06	痕量	0.30	0.011	0.018	
氧化量	3.96	0.85	0.30	0.099	0.012	5.221

注：终点钢水成分应根据同类转炉冶炼 Q195 钢种的实际数据选取。其中，终点钢水含 [C] 量应根据冶炼钢种的含 [C] 量和预估计脱氧剂等增碳量确定，取 0.06%；因在碱性氧气转炉炼钢法中，铁水中的 [Si] 几乎全部被氧化而进入炉渣，故终点钢水含 [Si] 量是痕量；终点钢水中的残余 [Mn] 量一般为铁水中含 [Mn] 量的 30%～60%，取 50%；采用低磷铁水操作，一般铁水中含磷量的 85%～95% 进入炉渣，取 90%；氧气转炉的去硫率一般为 30%～50%，取 40%。

2）铁水中各元素的氧化量、耗氧量及氧化产物量见表6-26。

表6-26 铁水中元素的氧化量、耗氧量及氧化产物量

元素	发生反应及其产物	元素氧化量/kg	耗氧量/kg	产物量/kg	备注
C	$[C] + 0.5O_2(g) = CO(g)$	$3.96 \times 90\% = 3.564$	$3.564 \times 16/12 = 4.752$	$3.564 \times 28/12 = 8.316$	炉气
	$[C] + O_2(g) = CO_2(g)$	$3.96 \times 10\% = 0.396$	$0.396 \times 32/12 = 1.056$	$0.396 \times 44/12 = 1.452$	炉气
Si	$[Si] + O_2(g) = (SiO_2)$	0.850	$0.85 \times 32/28 = 0.971$	$0.85 \times 60/28 = 1.821$	炉渣
Mn	$[Mn] + 0.5O_2(g) = (MnO)$	0.300	$0.30 \times 16/55 = 0.087$	$0.30 \times 71/55 = 0.387$	炉渣
P	$2[P] + 2.5O_2(g) = (P_2O_5)$	0.099	$0.099 \times 80/62 = 0.128$	$0.099 \times 142/62 = 0.227$	炉渣
S	$[S] + O_2(g) = SO_2(g)$	$0.012 \times 1/3 = 0.004$	$0.004 \times 32/32 = 0.004$	$0.004 \times 64/32 = 0.008$	炉气
	$[S] + (CaO) = (CaS)^①+[O]$	$0.012 \times 2/3 = 0.008$	$0.008 \times (-16/32)$ $= -0.004$	$0.008 \times 72/32 = 0.018$	炉渣
Fe	$[Fe] + 0.5O_2(g) = (FeO)$	$0.927^②$	$0.927 \times 16/56 = 0.265$	$1.192^④$	渣量
	$2[Fe] + 1.5O_2(g) = (Fe_2O_3)$	$0.417^③$	$0.417 \times 48/112 = 0.179$	$0.596^⑤$	反算
合计		6.566	7.438		

①S生成（CaS）消耗的（CaO）质量为$0.008 \times 56/32 = 0.014kg$；

②~⑤处质量的计算见终渣成分及质量表。

3）造渣剂成分及质量。

①矿石、萤石、炉衬成分及质量见表6-27。

表6-27 矿石、萤石、炉衬成分及质量

成 分	质量/kg	成 分	质量/kg
$Fe_2O_{3矿石}$	$1.0 \times 61.80\% = 0.618$	$MgO_{矿石}$	$1.0 \times 0.50\% = 0.005$
$FeO_{矿石}$	$1.0 \times 29.40\% = 0.294$	$MgO_{萤石}$	$0.5 \times 0.58\% = 0.003$
$SiO_{2矿石}$	$1.0 \times 5.61\% = 0.056$	$MgO_{炉衬}$	$0.5 \times 40.0\% = 0.200$
$SiO_{2萤石}$	$0.5 \times 6.0\% = 0.030$	$S_{矿石}^①$	$1.0 \times 0.07\% = 0.0007$
$SiO_{2炉衬}$	$0.5 \times 2.6\% = 0.013$	$S_{萤石}^②$	$0.5 \times 0.09\% = 0.0005$
$Al_2O_{3矿石}$	$1.0 \times 1.10\% = 0.011$	$H_2O_{矿石}$	$1.0 \times 0.50\% = 0.005$
$Al_2O_{3萤石}$	$0.5 \times 0.78\% = 0.004$	$H_2O_{萤石}$	$0.5 \times 2.0\% = 0.010$
$Al_2O_{3炉衬}$	$0.5 \times 2.4\% = 0.012$	$P_{萤石}^③$	$0.5 \times 0.55\% = 0.003$
$CaO_{矿石}$	$1.0 \times 1.0\% = 0.010$		矿石：1.0
$CaO_{炉衬}$	$0.5 \times 55\% = 0.275$	合 计	萤石：0.5
$CaF_{2萤石}$	$0.5 \times 90.0\% = 0.450$		炉衬：0.5

①矿石中S发生的反应为$[S]+(CaO)=(CaS)+[O]$，生成（CaS）的质量为$0.0007 \times 72/32 = 0.002kg$，消耗（CaO）的量为$0.0007 \times 56/32 = 0.001kg$，生成[O]量忽略不计；

②萤石中的S生成（CaS）的质量为$0.5 \times 0.09\% \times 72/32 = 0.001kg$，消耗（CaO）的量、生成的[O]量忽略不计；

③萤石中的P以$2[P]+2.5O_2(g)=(P_2O_5)$的形式发生反应，生成（P_2O_5）的质量为$0.003 \times 142/62 = 0.006kg$，消耗$O_2$气的质量为$0.003 \times 80/62 = 0.004kg$。

②轻烧白云石成分及质量。往往在加入石灰造渣的同时，添加轻烧白云石造渣，以增

加炉渣中 MgO 含量，降低炉渣对炉衬的侵蚀能力，提高转炉炉衬的使用寿命。炉渣中的（MgO）含量在 6.0% ~ 10.0% 时，可起到明显的护炉效果。经试算后每 100kg 铁水轻烧白云石的加入量为 1.5kg，其成分及质量见表 6 - 28。

表 6 - 28　轻烧白云石成分及质量

成　分	质量/kg	成　分	质量/kg
CaO	$1.5 \times 57.45\% = 0.862$	MgO	$1.5 \times 40.66\% = 0.610$
SiO_2	$1.5 \times 1.42\% = 0.021$	合　计	1.5
Al_2O_3	$1.5 \times 0.47\% = 0.007$		

③炉渣碱度和石灰加入量。由上述造渣剂及元素氧化产物进入炉渣中的（CaO）和（SiO_2）分别为：

$$m(CaO)_总 = m(CaO)_{矿石} + m(CaO)_{炉衬} + m(CaO)_{轻白} - m(CaO)_{铁水S消耗} - m(CaO)_{矿石S消耗}$$
$$= 0.010 + 0.275 + 0.862 - 0.014 - 0.001 = 1.132kg$$
$$m(SiO_2)_总 = m(SiO_2)_{铁水} + m(SiO_2)_{矿石} + m(SiO_2)_{萤石} + m(SiO_2)_{炉衬} + m(SiO_2)_{轻白}$$
$$= 1.821 + 0.056 + 0.030 + 0.013 + 0.021 = 1.941kg$$

取终渣碱度 $R = m(CaO)/m(SiO_2) = 3.0$，则石灰加入量为：

$$m_{石灰} = [R \times m(SiO_2)_总 - m(CaO)_总]/w(CaO)_{有效}$$
$$= [R \times m(SiO_2)_总 - m(CaO)_总]/[w(CaO)_{石灰} - R \times w(SiO_2)_{石灰}]$$
$$= (3.0 \times 1.941 - 1.132)/(92.15\% - 3.0 \times 1.58\%) = 5.37kg$$

石灰成分及质量见表 6 - 29。

表 6 - 29　石灰的成分及质量

成　分	质量/kg	成　分	质量/kg
CaO	$5.37 \times 92.15\% = 4.949$	S[①]	$5.37 \times 0.10\% = 0.005$
SiO_2	$5.37 \times 1.58\% = 0.085$	烧损[②]	$5.37 \times 4.92\% = 0.264$
MgO	$5.37 \times 1.25\% = 0.067$	合　计	5.37

①石灰中 S 以 $[S] + (CaO) = (CaS) + [O]$ 的形式发生反应，生成（CaS）的质量为 $0.005 \times 72/32 = 0.012kg$，消耗（CaO）的量为 $0.005 \times 56/32 = 0.009kg$，因此最终进入炉渣中的（CaO）量为 $4.949 - 0.009 = 4.940kg$，生成 $[O]$ 量为 $0.005 \times 16/32 = 0.003kg$；

②烧损量是指未烧透的 $CaCO_3$ 受热分解产生 CO_2 气体的质量。

4）终渣成分及质量见表 6 - 30。下面说明终渣中（Fe_2O_3）和（FeO）的计算过程。不包括（Fe_2O_3）和（FeO）在内的炉渣质量为：

$$m_{炉渣} = m(CaO) + m(SiO_2) + m(MgO) + m(Al_2O_3) + m(MnO) +$$
$$m(P_2O_5) + m(CaF_2) + m(CaS)$$
$$= 6.086 + 2.027 + 0.885 + 0.034 + 0.387 + 0.233 + 0.450 + 0.033 = 10.135kg$$

根据炉渣中 $w(FeO)_总 = 15\%$ 可求出炉渣的总质量为：

$$m_{炉渣总} = 10.135/(100\% - 15\%) = 11.923kg$$

故（Fe_2O_3）和（FeO）的质量分别为：

$$m(Fe_2O_3) = 11.923 \times 5\% = 0.596kg，其中 m(Fe) = 0.596 \times 112/160 = 0.417kg$$

$m(FeO) = 11.923 \times 10\% = 1.192kg$，其中 $m(Fe) = 1.192 \times 56/72 = 0.927kg$

并将此两项铁量列到铁水中元素氧化表中。

表 6 – 30　终渣成分及质量

成分	氧化产物质量/kg	矿石质量/kg	萤石质量/kg	炉衬质量/kg	石灰质量/kg	轻烧白云石质量/kg	合计/kg	组成/%
(CaO)		0.009		0.275	4.940	0.862	6.086	51.04
(SiO$_2$)	1.821	0.056	0.030	0.013	0.085	0.021	2.027	17.00
(MgO)		0.005	0.003	0.200	0.067	0.610	0.885	7.42
(Al$_2$O$_3$)		0.011	0.004	0.012		0.007	0.034	0.28
(MnO)	0.387						0.387	3.25
(P$_2$O$_5$)	0.227		0.006				0.233	1.95
(CaF$_2$)			0.450				0.450	3.77
(CaS)	0.018	0.002	0.001		0.012		0.033	0.27
(Fe$_2$O$_3$)	0.596[①]						0.596	4.50
(FeO)	1.192[②]						1.192	10.00
合计	4.242	0.083	0.494	0.500	5.104	1.5	11.923	100.00

注：造渣剂中的 Fe$_2$O$_3$ 和 FeO 被还原成铁进入钢中，其带入的氧被铁水中元素的氧化所消耗。

①、②为铁水中元素铁氧化成 Fe$_2$O$_3$ 和 FeO 的质量，按该值进行反算，得出元素铁的氧化量，列入对应的表格中。

（2）矿石、烟尘中的铁及氧的质量计算。假设矿石中的 Fe$_2$O$_3$ 和 FeO 全部被还原成铁，则：

矿石带入的铁量　$m(Fe) = 1.0 \times (61.80\% \times 112/160 + 29.40\% \times 56/72) = 0.661kg$

矿石带入的氧量　$m(O_2) = 1.0 \times (61.80\% \times 48/160 + 29.40\% \times 16/72) = 0.251kg$

烟尘带走的铁量　$m(Fe) = 1.4 \times (20.00\% \times 112/160 + 76.00\% \times 56/72) = 1.024kg$

烟尘消耗的氧量　$m(O_2) = 1.4 \times (20.00\% \times 48/160 + 76.00\% \times 16/72) = 0.320kg$

（3）炉气成分、质量及体积计算。炉气成分包括由铁水中元素氧化和造渣剂带入的气体及自由氧和氮气，见表 6 – 31。

表 6 – 31　炉气成分、质量及体积

炉气成分	CO	CO$_2$	SO$_2$	H$_2$O	O$_2$	N$_2$	合计
质量/kg	8.316	1.716	0.008	0.015	0.054	0.033	10.143
体积/m^3	6.653	0.874	0.003	0.019	0.038	0.027	7.613
体积含量/%	87.38	11.48	0.04	0.25	0.50	0.35	100.00

注：气体体积（m^3）=22.4（L/mol）×气体质量（kg）/气体摩尔质量（g/mol）；若炉衬中含碳，还应计算其引入的 CO 和 CO$_2$ 量。

1）表 6 – 31 中 CO、CO$_2$、SO$_2$ 和 H$_2$O 的数据计算。

$m(CO)$ = 铁水中的 C 被氧化成 CO 量 = 8.316kg

$m(CO_2)$ = 铁水中的 C 被氧化成 CO_2 量 + 石灰烧损的质量 = 1.452 + 0.264 = 1.716kg

$$m(SO_2) = 铁水中 S 氧化生成 SO_2 量 = 0.008kg$$

$m(H_2O)$ = 矿石带入的 H_2O 量 + 萤石带入的 H_2O 量 = 0.005 + 0.010 = 0.015kg

2）炉气的总体积计算。设炉气的总体积为 $V_总$，则：

$$V_总 = V_0 + \varphi(O_2)_{炉气} \times V_总 + [V_{O_2} + \varphi(O_2)_{炉气} \times V_总] \times \varphi(N_2)/\varphi(O_2)$$

式中 $V_总$——炉气总体积，m^3；

$\varphi(O_2)_{炉气}$——炉气中自由氧的体积含量，0.5%；

$\varphi(O_2)$——氧气成分中 O_2 的体积含量，99.5%；

$\varphi(N_2)$——氧气成分中 N_2 的体积含量，0.5%；

V_0——由元素氧化带入 CO、CO_2、SO_2 和 H_2O 等气体的体积之和，由表 6-31 可知，$V_0 = 6.653 + 0.874 + 0.003 + 0.019 = 7.548m^3$；

V_{O_2}——氧气消耗量，见表 6-32，$V_{O_2} = 5.256m^3$。

表 6-32   氧气消耗来源及质量

来　源	铁水中元素氧化	烟尘中铁的氧化	萤石中磷的氧化	矿石带入的氧	石灰中 S 还原 CaO 生成的氧	合　计
耗氧质量/kg	7.438	0.320	0.004	-0.251	-0.003	7.509
耗氧体积/m^3						5.256

注：若炉衬材质中含碳，还应考虑 C 的氧化耗氧量；若矿石中 S 含量较高，其还原 CaO 生成的氧也应考虑。

将相关数据带入：

$$V_总 = 7.548 + 0.5\% \times V_总 + [5.256 + 0.5\% \times V_总] \times 0.5\%/99.5\%$$

整理可得：$V_总 = 7.613m^3$

3）炉气成分中自由氧和氮气的体积和质量计算。

炉气中自由氧的体积及质量为：

$$V_{O_2炉气} = 7.613 \times 0.5\% = 0.038m^3$$

$$m(O_2)_{炉气} = 0.038 \times 32/22.4 = 0.054kg$$

炉气中氮气的体积及质量为：

$$V_{N_2炉气} = [V_{O_2} + \varphi(O_2)_{炉气} \times V_总] \times \varphi(N_2)/\varphi(O_2)$$

$$= (5.256 + 7.613 \times 0.5\%) \times 0.5\%/99.5\% = 0.027m^3$$

或 $V_{N_2炉气} = V_总 - V_0 - V_{O_2炉气} = 7.613 - 7.548 - 0.038 = 0.027m^3$

$$m(N_2)_{炉气} = 0.027 \times 28/22.4 = 0.033kg$$

（4）总的氧气消耗质量及体积计算。总的氧气消耗量为氧气消耗量、炉气成分中自由氧和氮气量之和，即：

$$m(O_2)_总 = m(O_2) + m(O_2)_{炉气} + m(N_2)_{炉气} = 7.509 + 0.054 + 0.033 = 7.596kg$$

$$V_{O_2总} = V_{O_2} + V_{O_2炉气} + V_{N_2炉气} = 5.256 + 0.038 + 0.027 = 5.321m^3$$

（5）钢水的质量计算。吹炼过程中铁水的损失见表 6-33，则可计算出钢水的质量为 100 - 8.166 = 91.834kg。

表 6 – 33　铁水的吹损量

项　目	铁水中元素氧化量	烟尘带走铁量	渣中铁珠量	喷溅铁损量	矿石带入的铁量	合计
质量/kg	6.566	1.024	2.0% × 11.923 = 0.238	1.0% × 100 = 1.0	– 0.661	8.166

（6）未加废钢的物料平衡表见表 6 – 34。

表 6 – 34　未加废钢时的物料平衡表

收　入　项			支　出　项		
项　目	质量/kg	质量分数/%	项　目	质量/kg	质量分数/%
铁　水	100.000	85.86	钢　水	91.834	78.80
矿　石	1.000	0.86	炉　渣	11.923	10.23
萤　石	0.500	0.43	炉　气	10.143	8.70
炉　衬	0.500	0.43	烟　尘	1.400	1.20
轻烧白云石	1.500	1.29	渣中铁珠	0.238	0.21
石　灰	5.371	4.61	喷溅损失	1.000	0.86
氧　气	7.596	6.52	合　计	116.538	100.00
合　计	116.467	100.00			

注：计算误差 = [（收入项 – 支出项）/收入项] × 100% = [（116.467 – 116.540）/116.467] × 100% = – 0.06%。

6.6.3　热平衡计算

以 100kg 铁水为基础进行计算，假定冷料的入炉温度均为 25℃。

（1）热收入 $Q_收$。热收入项包括铁水物理热、铁水中元素氧化放热和成渣热、烟尘氧化放热及萤石中的磷氧化放热；若炉衬材质中含有碳，还应考虑碳的氧化放热。

1）铁水物理热 $Q_{铁水}$。铁水熔点 $t_铁$ 为纯铁熔点与溶入 C、Si、Mn、P、S、O、N、H 等元素使铁熔点的降低值之差，已知纯铁的熔点为 1535℃，则：

$$t_铁 = 1535 - (4.02 × 100 + 0.85 × 8 + 0.60 × 5 + 0.11 × 30 + 0.03 × 25) - 6.5 = 1113℃$$

$$Q_{铁水} = 100 × [0.745 × (1113 - 25) + 218 + 0.837 × (1300 - 1113)] = 118511.120kJ$$

2）铁水中元素氧化放热及成渣热 $Q_元素$。根据元素氧化量（见表 6 – 25）、反应热效应可计算出 $Q_元素 = 92677.584kJ$，见表 6 – 35。

表 6 – 35　元素氧化放热及成渣热

发 生 反 应	氧化热或成渣热/kJ	发 生 反 应	氧化热或成渣热/kJ
$[C] + 0.5O_2(g) = CO(g)$	3.564 × 9791 = 34895.124	$2[Fe] + 1.5O_2(g) = (Fe_2O_3)$	0.417 × 7372 = 3076.416
$[C] + O_2(g) = CO_2(g)$	0.396 × 32765 = 12974.940	$[Fe] + 0.5O_2(g) = (FeO)$	0.927 × 4778 = 4430.915
$[Si] + O_2(g) = (SiO_2)$	0.85 × 32188 = 27359.800	$2(CaO) + (SiO_2) = (2CaO \cdot SiO_2)$	2.027[1] × 2105 = 4266.198
$[Mn] + 0.5O_2(g) = (MnO)$	0.30 × 7008 = 2102.400	$4(CaO) + (P_2O_5) = (4CaO \cdot P_2O_5)$	0.233[2] × 5096 = 1187.573
$2[P] + 2.5O_2(g) = (P_2O_5)$	0.099 × 24083 = 2384.217	合　计	$Q_元素 = 92677.584$

①、②为（SiO_2）和（P_2O_5）的质量，见终渣成分及质量表 6 – 30。

3) 烟尘氧化放热 $Q_{烟尘}$。由烟尘的质量和反应热效应计算可得：

$$Q_{烟尘} = 1.4 \times [(20.0\% \times 112/160) \times 7372 + (76.0\% \times 56/72) \times 4778] = 5398.972\text{kJ}$$

4) 萤石中的磷氧化放热 $Q_{萤石}$。由萤石加入量、萤石中磷含量及反应热效应计算可得：

$$Q_{萤石} = 0.5 \times 0.55\% \times 24083 = 66.228\text{kJ}$$

因此热收入总量：

$$Q_{收} = Q_{铁水} + Q_{元素} + Q_{烟尘} + Q_{萤石} = 118511.120 + 92677.584 + 5398.972 + 66.228$$
$$= 216653.905\text{kJ}$$

（2）热支出 $Q_{支}$。热支出项包括钢水物理热、炉渣物理热、炉气物理热、烟尘物理热、渣中铁珠物理热、喷溅金属物理热、矿石分解吸热、其他热损失及用于加热废钢的热量。

1) 钢水物理热 $Q_{钢水}$。

①钢水熔点 $t_{钢}$。由纯铁熔点、终点钢水各元素含量及钢中元素 C、Mn、P、S 使钢水熔点降低值进行计算。

$$t_{钢} = 1535 - (0.06 \times 65 + 0.30 \times 5 + 0.011 \times 30 + 0.018 \times 25) - 6.5 = 1522\text{℃}$$

②出钢温度 $t_{出}$。其计算公式如下：

$$t_{出} = t_{钢} + \Delta t_{过} + \Delta t_1 + \Delta t_2 + \Delta t_3 + \Delta t_4 + \Delta t_5$$

式中 $t_{钢}$——钢水熔点，1522℃；

$\Delta t_{过}$——钢水过热度，一般为 10～30℃，取 20℃计算；

Δt_1——出钢过程温降，一般为 20～60℃，取 40℃计算；

Δt_2——出钢后至搅拌前的温降，即钢水镇静、运输过程温降，取 20℃；

Δt_3——钢水吹氩过程温降，取 25℃；

Δt_4——钢水吹氩后至钢包开浇时的温降，取 25℃；

Δt_5——钢包钢水注入中间包的温降，取 25℃。

将上述数据代入后，可得：

$$t_{出} = 1522 + 20 + 40 + 20 + 25 + 25 + 25 = 1677\text{℃}$$

③钢水物理热 $Q_{钢水}$。由钢水质量、钢的平均比热容、钢的熔点和出钢温度进行计算。

$$Q_{钢水} = 91.834 \times [0.699 \times (1522 - 25) + 272 + 0.837 \times (1677 - 1522)] = 133008.237\text{kJ}$$

2) 炉渣物理热 $Q_{炉渣}$。由炉渣质量、炉渣的平均比热容、炉渣温度和炉渣熔化性温度进行计算。取炉渣温度 $t_{炉渣} = t_{出} = 1677\text{℃}$，炉渣熔化性温度取 1360℃计算。

$$Q_{炉渣} = 11.923 \times [1.045 \times (1360 - 25) + 209 + 1.248 \times (1677 - 1360)] = 23847.417\text{kJ}$$

3) 炉气物理热 $Q_{炉气}$。由炉气质量、比热容及温度进行计算，炉气温度为 1450℃。

$$Q_{炉气} = 10.143 \times [1.137 \times (1450 - 25)] = 16433.791\text{kJ}$$

4) 烟尘物理热 $Q_{烟尘}$。由烟尘质量、比热容及温度进行计算，烟尘温度为 1450℃。

$$Q_{烟尘} = 1.4 \times [0.996 \times (1450 - 25) + 209] = 2279.620\text{kJ}$$

5) 渣中铁珠物理热 $Q_{铁}$。由渣中铁珠质量、相应温度及比热容确定。

$$Q_{铁珠} = 0.238 \times [0.699 \times (1522 - 25) + 272 + 0.837 \times (1677 - 1522)] = 345.381\text{kJ}$$

6) 喷溅金属物理热 $Q_{喷溅}$。由喷溅金属质量、相应温度及比热容确定。

$$Q_{喷溅} = 1.0 \times [0.699 \times (1522 - 25) + 272 + 0.837 \times (1677 - 1522)] = 1448.362\text{kJ}$$

7）矿石分解吸热 $Q_{矿分}$。由矿石质量、矿石中 FeO 和 Fe_2O_3 的含量及比热容计算。

$$Q_{矿分} = 1.0 \times [(29.4\% \times 56/72) \times 4778 + (61.8\% \times 112/160) \times 7372] = 4281.697kJ$$

8）其他热损失 $Q_{损}$。吹炼过程中转炉热辐射、传导传热、对流及冷却水带走的热量为总收入热量的 3%～8%，取 6% 计算。

$$Q_{损失} = Q_{收} \times 6\% = 216653.905 \times 6\% = 12999.234kJ$$

9）废钢吸热 $Q_{废钢}$，即用于加热废钢的热量。因为总支出量：

$$Q_{支} = Q_{钢水} + Q_{炉渣} + Q_{炉气} + Q_{烟尘} + Q_{铁珠} + Q_{喷溅} + Q_{矿分} + Q_{损失} + Q_{废钢}$$

$$= 132985.4 + 23848.3 + 16433.9 + 2279.6 + 346.1 + 1448.1 + 4281.7 + 12999.0 + Q_{废钢}$$

又 $Q_{收} = Q_{支}$，故求得：

$$Q_{废钢} = 22010.165kJ$$

（3）废钢加入量 $m_{废钢}$ 的计算。由废钢吸热量、钢的比热容、钢水熔点及出钢温度确定。

1kg 废钢吸收的热量为：

$$q_{废钢} = 1.0 \times [0.699 \times (1522 - 25) + 272 + 0.837 \times (1677 - 1522)] = 1448.362kJ$$

故应加入废钢的质量为：

$$m_{废钢} = Q_{废钢}/q_{废钢} = 22010.165/1448.362 = 15.197kg$$

废钢比为：

$$[15.197/(100 + 15.197)] \times 100\% = 13.19\%$$

（4）热平衡表。将以上热收入和热支出项目及数值列于表 6－36 中。

表 6－36 热平衡表

收　入　项				支　出　项		
项　目		热量/kJ	百分比/%	项　目	热量/kJ	百分比/%
铁水物理热		118511.120	54.70	钢水物理热	133008.237	61.39
元素氧化放热、成渣热，热量为 92677.584kJ，占 42.78%	C 氧化	47870.064	51.65	炉渣物理热	23847.417	11.01
	Si 氧化	27359.800	29.52	炉气物理热	16433.791	7.59
	Mn 氧化	2102.400	2.27	烟尘物理热	2279.620	1.05
	P 氧化	2384.217	2.57	渣中铁珠物理热	345.381	0.16
	Fe 氧化	7507.331	8.10	喷溅金属物理热	1448.362	0.67
	P_2O_5 成渣热	1187.573	1.28	矿石分解吸热	4281.697	1.98
	SiO_2 成渣热	4266.198	4.60	其他热损失	12999.234	6.00
烟尘氧化热		5398.972	2.49	废钢吸热	22010.165	10.16
萤石中的磷氧化放热		66.228	0.03	合　计	216653.905	100.00
合　计		216653.905	100.0			

热效率的计算公式如下：

$$\eta = [(Q_{钢水} + Q_{炉渣} + Q_{废钢})/Q_{收}] \times 100\%$$

式中　$Q_{钢水}$——钢水物理热，kJ；

$Q_{废钢}$——废钢吸热，kJ；

$Q_{炉渣}$——炉渣物理热，kJ；

$Q_{收}$——总收入热量，kJ。

将相关数据代入可得：

$$\eta = [(13008.237 + 23847.417 + 22010.165)/216653.905] \times 100\% = 82.56\%$$

若不考虑炉渣带走的热量，则热效率为：

$$\eta' = [(Q_{钢水} + Q_{废钢})/Q_{收}] \times 100\% = 71.55\%$$

需要说明的是，加入铁合金进行脱氧和合金化，会对热平衡数据产生一定的影响。就转炉用一般生铁冶炼低碳钢而言，所用铁合金种类有限，数量也不多。经计算，其热收入部分为总热收入的 0.8% ~ 1.0%，热支出部分占 0.5% ~ 0.8%，二者基本持平。

6.6.4　加入废钢的物料平衡计算

（1）废钢中各元素的氧化量见表 6 - 37。

表 6 - 37　废钢中各元素的氧化量（w）　　　　　　　　　%

项　目	C	Si	Mn	P	S
废钢成分	0.10	0.20	0.40	0.025	0.023
终点钢水	0.06	痕量	0.30	0.011	0.018
氧化量	0.04	0.20	0.10	0.014	0.005

（2）15.197kg 废钢中各元素的氧化量、耗氧量及氧化产物量见表 6 - 38。

表 6 - 38　15.197kg 废钢中元素的氧化量、耗氧量及氧化产物量

元素	发生反应及其产物	废钢中元素氧化量/kg	耗氧量/kg	产物量/kg	备注
C	$[C] + 0.5O_2(g) = CO(g)$	$15.197 \times 0.04\% \times 90\%^{①} = 0.005$	$0.005 \times 16/12 = 0.007$	$0.005 \times 28/12 = 0.013$	炉气
	$[C] + O_2(g) = CO_2(g)$	$15.197 \times 0.04\% \times 10\%^{②} = 0.0006$	$0.0006 \times 32/12 = 0.002$	$0.0006 \times 44/12 = 0.002$	炉气
Si	$[Si] + O_2(g) = (SiO_2)$	$15.197 \times 0.20\% = 0.030$	$0.030 \times 32/28 = 0.035$	$0.030 \times 60/28 = 0.065$	炉渣
Mn	$[Mn] + 0.5O_2(g) = (MnO)$	$15.197 \times 0.10\% = 0.015$	$0.015 \times 16/55 = 0.004$	$0.015 \times 71/55 = 0.020$	炉渣
P	$2[P] + 2.5O_2(g) = (P_2O_5)$	$15.197 \times 0.014\% = 0.002$	$0.002 \times 80/62 = 0.003$	$0.002 \times 142/62 = 0.005$	炉渣
S	$[S] + O_2(g) = SO_2(g)$	$15.197 \times 0.005\% \times 1/3 = 0.0003$	$0.0003 \times 32/32 = 0.0003$	$0.0003 \times 64/32 = 0.0006$	炉气
	$[S] + (CaO) = (CaS)^{③} + [O]$	$15.21 \times 0.005\% \times 2/3 = 0.0006$	$0.0006 \times (-16/32) = -0.0003$	$0.0006 \times 72/32 = 0.0014$	炉渣
合计		0.055	0.051		

①、②废钢中的 C 氧化成 CO、CO_2 的比例；

③S 生成（CaS）消耗的（CaO）质量为 $0.0006 \times 56/32 = 0.001$kg，废钢进入钢水中的质量为 15.197 - 0.055 = 15.142kg，进入炉气中的气体质量为 0.013 + 0.002 + 0.0006 = 0.015kg，成渣量为 0.065 + 0.020 + 0.005 + 0.0014 - 0.001 = 0.090kg。

把未加入废钢的物料平衡表（见表6－34）与表6－38整理合并后即得加入废钢后的物料平衡表6－39和表6－40。

表6－39　加入废钢的物料平衡表（以100kg铁水为基础）

入 项			出 项		
项　目	质量/kg	质量分数/%	项　目	质量/kg	质量分数/%
铁　水	100.000	75.92	钢　水	91.834 + 15.142 = 106.976	81.17
废　钢	15.197	11.54	炉　渣	11.923 + 0.090 = 12.013	9.12
矿　石	1.000	0.76	炉　气	10.143 + 0.015 = 10.158	7.71
萤　石	0.500	0.38	烟　尘	1.400	1.06
炉　衬	0.500	0.38	渣中铁珠	0.238	0.18
轻烧白云石	1.500	1.14	喷溅损失	1.000	0.76
石　灰	5.371	4.08			
氧　气	7.596 + 0.051 = 7.647	5.81			
合　计	131.715	100.000	合　计	131.786	100.00

表6－40　加入废钢的物料平衡表（以100kg（铁水＋废钢）为基础）

入 项			出 项		
项　目	质量/kg	质量分数/%	项　目	质量/kg	质量分数/%
铁　水	86.808	75.92	钢　水	92.864	81.17
废　钢	13.192	11.54	炉　渣	10.428	9.12
矿　石	0.868	0.76	炉　气	8.818	7.71
萤　石	0.434	0.38	烟　尘	1.215	1.06
炉　衬	0.434	0.38	渣中铁珠	0.207	0.18
轻烧白云石	1.302	1.14	喷溅损失	0.868	0.76
石　灰	4.663	4.08			
氧　气	6.638	5.81			
合　计	114.340	100.00	合　计	114.401	100.00

注：相对误差＝[（入项－出项）/入项]×100%＝[（114.340－114.401）/114.340]×100%＝－0.05%。

6.6.5　脱氧及合金化后的物料平衡计算

（1）锰铁、硅铁加入量由钢水量、钢水成分中限、铁合金成分及收得率计算。

1）铁合金中的元素收得率的选取。Fe、S、P全部进入钢中；C的收得率为90%，其中10%的C被氧化成CO_2；Si的收得率为75%；Mn的收得率为80%。

2）锰铁加入量m_{Fe-Mn}和硅铁加入量m_{Fe-Si}。其计算公式分别为：

$$m_{Fe-Mn} = [(w[Mn]_{钢种} - w[Mn]_{终点})/(w[Mn]_{Fe-Mn} \cdot \delta_{Mn})] \cdot m_{钢水}$$

$$m_{Fe-Si} = [(w[Si]_{钢种} - w[Si]_{终点}) \cdot (m_{钢水} + m_{Fe-Mn}) -$$
$$m_{Fe-Mn} \cdot w[Si]_{Fe-Mn} \cdot \delta_{Si})/(w[Si]_{Fe-Si} \cdot \delta_{Si})$$

式中　　　m_{Fe-Mn}，m_{Fe-Si}——加入锰铁、硅铁的质量，kg；

$w[Mn]_{钢种}$, $w[Si]_{钢种}$——钢种中 Mn 和 Si 元素的含量，$w[Mn]_{钢种}=0.40\%$，$w[Si]_{钢种}=0.20\%$；

$w[Mn]_{终点}$, $w[Si]_{终点}$——终点钢水中 Mn 和 Si 元素的含量，分别为 0.30% 和 0；

$w[Mn]_{Fe-Mn}$, $w[Si]_{Fe-Mn}$——锰铁中 Mn 和 Si 元素的含量，%；

$w[Si]_{Fe-Si}$——硅铁中 Si 元素的含量，%；

δ_{Mn}, δ_{Si}——铁合金中 Mn、Si 的收得率，$\delta_{Mn}=80\%$，$\delta_{Si}=75\%$；

$m_{钢水}$——钢水质量，见表 6–40。

将相关数据代入后得：

$$m_{Fe-Mn}=[(0.40\%-0.30\%)/(75\%\times80\%)]\times92.864=0.155kg$$

$$m_{Fe-Si}=[(0.20\%-0)\times(92.864+0.155)-0.155\times2.5\%\times75\%]/(70\%\times75\%)$$

$$=0.349kg$$

（2）锰铁和硅铁中各元素的烧损量及其产物量，见表 6–41。由表 6–41 可得加入锰铁和硅铁后，钢水总质量为 92.864+0.417=93.280kg，进入钢中的 C 量为 0.010kg，Si 量为 0.003+0.183=0.186kg，Mn 量为 0.093+0.002=0.095kg，P 量为 0.001+0.0002=0.001kg，S 量为 0.00005+0.0001=0.0001kg。

表 6–41　锰铁和硅铁各元素的烧损量及产物量

铁合金	成　分	元素烧损量/kg	脱氧量/kg	成渣量/kg	炉气量/kg	进入钢中量/kg
锰　铁	$[C]\rightarrow CO_2(g)$	$0.155\times7.5\%$ $\times10\%=0.001$	$0.001\times32/12$ $=0.003$		$0.001\times44/12$ $=0.004$	$0.155\times7.5\%$ $\times90\%=0.010$
	$[Si]\rightarrow(SiO_2)$	$0.155\times2.5\%$ $\times25\%=0.001$	$0.001\times32/12$ $=0.003$	$0.001\times60/28$ $=0.002$		$0.155\times2.5\%$ $\times75\%=0.003$
	$[Mn]\rightarrow(MnO)$	$0.155\times75\%$ $\times20\%=0.023$	$0.023\times16/55$ $=0.007$	$0.023\times71/55$ $=0.030$		$0.155\times75\%$ $\times80\%=0.093$
	Fe					$0.155\times14.59\%$ $=0.023$
	P					$0.155\times0.38\%$ $=0.001$
	S					$0.155\times0.03\%$ $=0.00005$
	合　计	0.025	0.013	0.032	0.004	0.129
硅　铁	$[Si]\rightarrow(SiO_2)$	$0.349\times70\%$ $\times25\%=0.061$	$0.061\times32/12$ $=0.163$	$0.061\times60/28$ $=0.131$		$0.349\times70\%$ $\times75\%=0.183$
	$[Mn]\rightarrow(MnO_2)$	$0.349\times0.7\%$ $\times20\%=0.0005$	$0.0005\times16/55$ $=0.0001$	$0.005\times71/55$ $=0.006$		$0.349\times0.7\%$ $\times80\%=0.002$
	Fe					$0.349\times29.21\%$ $=0.102$
	P					$0.349\times0.05\%$ $=0.0002$

铁合金	成 分	元素烧损量/kg	脱氧量/kg	成渣量/kg	炉气量/kg	进入钢中量/kg
硅 铁	S					$0.349 \times 0.04\%$ $= 0.0001$
	合计	0.062	0.163	0.137		0.287
总 计		0.087	0.176[①]	0.163	0.004	0.416

注：终点钢水含氧量可由终点钢水 $w[C] = 0.06\%$ 及 $w[C] \cdot w[O] = 0.0023$ 计算，即 $w[O] = 0.0023/0.06 = 0.038\%$；出钢时氧的质量为 $0.038\% \times 92.804 = 0.036kg$；此氧量远不能满足脱氧剂的总耗氧量，其差值为出钢时钢水的二次氧化所获得的氧。

① 0.176kg 为脱氧剂总脱氧量。

（3）脱氧及合金化后的钢水成分根据终点钢水成分、硅铁和锰铁中的元素进入钢中质量及加入硅铁和锰铁后钢水的总质量计算，见表 6－42。可见，计算出的钢水各成分含量达到了 Q195 钢种的设定值。

表 6－42 脱氧及合金化后的钢水成分及含量

元 素	含量/%
C	$0.06\% + (0.010/93.280) \times 100\% = 0.071\%$
Si	$(0.186/93.280) \times 100\% = 0.20\%$
Mn	$0.30\% + (0.095/93.280) \times 100\% = 0.40\%$
P	$0.011\% + (0.001/93.280) \times 100\% = 0.012\%$
S	$0.018\% + (0.0001/93.280) \times 100\% = 0.018\%$

（4）脱氧及合金化后的总物料平衡见表 6－43。

表 6－43 脱氧及合金化后的总物料平衡表（以 100kg（铁水＋废钢）为基础）

入 项			出 项		
项 目	质量/kg	质量分数/%	项 目	质量/kg	质量分数/%
铁水	86.808	75.47	钢水	$92.864 + 0.416 = 93.280$	81.12
废钢	13.192	11.47	炉渣	$10.428 + 0.163 \approx 10.592$	9.21
矿石	0.868	0.75	炉气	$8.818 + 0.004 \approx 8.823$	7.67
萤石	0.434	0.38	烟尘	1.215	1.06
炉衬	0.434	0.38	渣中铁珠	0.207	0.18
轻烧白云石	1.302	1.13	喷溅损失	0.868	0.75
石灰	4.663	4.05			
氧气	$6.638 + 0.176 \approx 6.814$	5.92			
硅铁	0.349	0.30			
锰铁	0.155	0.13			
合 计	115.019	100.00	合计	114.985	100.00

注：计算误差 $= [($ 收入项 － 支出项 $)/$ 收入项 $] \times 100\% = [(115.019 - 114.985)/115.019] \times 100\% = 0.03\%$。

6.7　Excel 在转炉炼钢物料平衡和热平衡计算中的应用

从以上转炉炼钢物料平衡和热平衡计算过程可以看出，计算所处理的数据十分繁杂，因此，为了提高计算效率及计算结果的准确性，可以采用 Excel 来处理这些数据。具体步骤如下：

（1）原始数据的输入。

在 Excel 的单元格中输入原始数据（如选取的数据、金属料、非金属料及其成分、化学反应的热效应等），如图 6-15～图 6-19 所示。

选取数据			
项目	参数	项目	参数
金属料中烧损碳质量氧化生成CO	90%	喷溅铁损为铁水量的1.0%~1.2%	1.0%
金属料中烧损碳质量氧化生成CO₂	10%	渣中金属铁珠量为渣量的1.0%~2.5%	2.0%
金属中硫总量生成SO₂	1/3	冶炼终渣$w_{FeO总}$	15%
金属中硫总量生成CaS	2/3	$w_{FeO总}=?w_{Fe2O3}$	3
矿石加入量为铁水量	1.0%	即w_{Fe2O3}	5%
萤石加入量为铁水量	0.5%	w_{FeO}	10%
炉衬侵蚀量为铁水量的0.5%~1.0%，取	0.5%	炉气中的自由氧体积含量	0.5%
烟尘为铁水量的1.3%~1.5%，取	1.4%	炉气的平均温度/℃	1450
其中	w_{Fe2O3}　20%	终渣碱度R=m(CaO)/m(SiO₂)	3
	w_{FeO}　76%		
	烟尘的平均温度/℃　1450		

图 6-15　选取数据的输入

铁水、废钢和冶炼钢种成分						
项目	化学成分(w)/%					温度/℃
	C	Si	Mn	P	S	
铁水	4.02	0.85	0.60	0.11	0.030	1300
废钢成分取冶炼钢种的中限	0.10	0.20	0.40	0.025	0.023	25
Q195钢种	0.06~0.12	<0.30	0.25~0.50	<0.050	<0.045	

铁合金成分(w)/%						
项目	Fe	C	Si	Mn	P	S
硅铁	29.21		70	0.7	0.05	0.04
锰铁	14.59	7.5	2.5	75	0.38	0.03

图 6-16　金属料及其成分的输入

非金属料成分													
项目	化学成分(w)/%												烧损
	Fe₂O₃	FeO	CaO	SiO₂	MgO	CaF₂	Al₂O₃	S	P	C	CO₂	H₂O	灰分	挥发分	
石灰			92.15	1.58	1.25		0.10								4.92
矿石	61.80	29.40	1.00	5.61	0.52		1.10	0.07				0.50			0.50
萤石			6.00	0.58		90.00	0.78	0.09	0.55			2.00			2.00
轻烧白云石			57.45	1.42	40.66		0.47								
炉衬		55		2.6	40		2.4			0					
焦炭															
氧气	$Φ_{O_2}$		99.50%				$Φ_{N_2}$	0.50%							

图 6-17　非金属料及其成分的输入

化学反应热效应				
反应类型	化学反应	△H/kJ·kmol⁻¹	△H/kJ·kg⁻¹(元素)	组元
氧化反应	$[C]+0.5O_2(g)=CO(g)$	-117487	-9791	C
	$[C]+O_2(g)=CO_2(g)$	-393179	-32765	C
	$[Fe]+0.5O_2(g)=(FeO)$	-267575	-4778	Fe
	$2[Fe]+1.5O_2(g)=(Fe_2O_3)$	-825687	-7372	Fe
	$[Si]+O_2(g)=(SiO_2)$	-901250	-32188	Si
	$[Mn]+0.5O_2(g)=(MnO)$	-385451	-7008	Mn
	$2[P]+2.5O_2(g)=(P_2O_5)$	-1493152	-24083	P
	$2[Cr]+1.5O_2(g)=(Cr_2O_3)$	-564807	-10862	Cr
	$[Ni]+0.5O_2(g)=(NiO)$	-219702	-4100	Ni
	$2[Al]+1.5O_2(g)=(Al_2O_3)$	-836528	-30983	Al
	$CaF_2+0.5O_2(g)=(CaO)+F_2(g)$	-587107	-7527	CaF₂
分解反应	$CaCO_3=(CaO)+CO_2(g)$	179075	3197	CaCO₃
	$MgCO_3=(MgO)+CO_2(g)$	101219	2531	MgCO₃
成渣反应	$2(CaO)+(SiO_2)=(2CaO·SiO_2)$	-126273	-2105	SiO₂
	$4(CaO)+(P_2O_5)=(4CaO·P_2O_5)$	-723648	-5096	P₂O₅

物料的平均比热容			
物料	固态平均比热容/kJ·(kg·K)⁻¹	液态或气态平均比热容/kJ·(kg·K)⁻¹	熔化潜热/kJ·kg-1
生铁	0.745	0.837	218
钢	0.699	0.837	272
矿石	1.046	—	209
炉渣	—	1.248	209
炉气	—	1.137	—
烟尘	0.996	—	209

图 6-18 化学反应热效应及物料的比热容的输入

溶入铁(钢)液中元素对铁(钢)熔点的降低值及其使用范围											
元素	C							Si	Mn	P	S
溶入1.0%元素使铁熔点降低值/℃	65	70	75	80	85	90	100	8	5	30	25
使用范围/%	<1.0	1	2	2.5	3	3.5	4	<3.0	<15.0	<0.7	<0.08
注：O、N、H 共降低铁熔点值为6~7℃，取6.5℃进行计算	6.5										

图 6-19 溶入铁（钢）熔点的降低值的输入

（2）未加废钢的物料平衡计算。输入实际选取的数据及铁水、终点钢水中各元素的含量，输入相应的公式，即可计算出各元素的氧含量。例如，计算 [C] 的氧化量时，输入 " = C86 - C87"，如图 6-20 所示；利用求和公式计算出各元素的氧化量之和时，输入的公式为 " = C88 + D88 + E88 + F88 + G88" 或 " = SUM（C88:G88）"，求得为 5.221kg。

根据铁水中各元素的氧化量可计算出对应元素的耗氧量和产物量。例如，输入 " = E96 * 32/12" 可计算出 [C] 元素生成 CO_2 的耗氧量，如图 6-21 所示；输入 " = E96 * 44/12" 可计算出生成的 CO_2 质量。同理，可对 [Si]、[Mn]、[P]、[S] 元素进行计算，而 [Fe] 元素需要反算，见终渣成分及质量表。

根据选取的数据，确定矿石、萤石、轻烧白云石和炉衬的加入量，再结合其对应的质量分数，便可计算出成渣量。例如，计算 1.0kg 矿石带入的（Fe_2O_3）的质量时，需要输入 " = C112 * C33%"，如图 6-22 所示。同理，可计算出萤石、轻烧白云石和炉衬的成渣量。需要指出的是，矿石、萤石和石灰中 S 均可发生如下反应：[S] + (CaO) = (CaS) + [O]，生成（CaS），进入渣中，故要分别计算出生成的（CaS）质量及消耗（CaO）的

C88		f_x	=C86-C87				
	B	C	D	E	F	G	H
78	实际数据选取						
79	终点钢水含[C]量	0.06%					
80	终点钢水含[Si]量	0.00%					
81	终点钢水中的残余[Mn]量	50%					
82	铁水中含磷量进入炉渣	90%					
83	氧气转炉的去硫率	40%					
84				铁水中各元素氧化量			
85	项目	C	Si	Mn	P	S	合计
86	铁水/kg	4.020	0.850	0.600	0.110	0.030	
87	终点钢水*/kg	0.060	0.000	0.300	0.011	0.018	
88	氧化量/kg	3.960	0.850	0.300	0.099	0.012	5.221
89	*终点钢水成分应根据同类转炉冶炼钢种的实际数据选取。						
90							

图 6-20 铁水中各元素氧化量的计算

F96		f_x	=E96*32/12				
	B	C	D	E	F	G	H
93			铁水中元素的氧化耗氧量及氧化产物量				
94	元素	发生反应及其产物		元素氧化量/kg	耗氧量/kg	产物量/kg	备注
95	C	[C]+0.5O₂(g)=CO(g)		3.564	4.752	8.316	进入炉气
96	C	[C]+O₂(g)=CO₂(g)		0.396	1.056	1.452	进入炉气
97	Si	[Si]+O₂(g)=(SiO₂)		0.850	0.971	1.821	进入炉渣
98	Mn	[Mn]+0.5O₂(g)=(MnO)		0.300	0.087	0.387	进入炉渣
99	P	2[P]+2.5O₂(g)=(P₂O₅)		0.099	0.128	0.227	进入炉渣
100	S	[S]+O₂(g)=SO₂(g)		0.004	0.004	0.008	进入炉气
101	S*	[S]+(CaO)=(CaS)*+[O]		0.008	-0.004	0.018	进入炉渣
102	Fe	[Fe]+0.5O₂(g)=(FeO)		0.927	0.265	1.192	渣量
103	Fe	2[Fe]+1.5O₂(g)=(Fe₂O₃)		0.417	0.179	0.596	反算
104	合计			6.566	7.438		
105	*S生成(CaS)消耗的(CaO)质量为0.008×56/32=0.014kg			0.014			

图 6-21 铁水中元素氧化耗氧量及产物量的计算

D112		f_x	=C112*C33%													
109	项目	加入量/kg	成渣组分/kg									气态产物/kg				损耗
110			Fe₂O₃	FeO	CaO	SiO₂	MgO	CaF₂	Al₂O₃	CaS	P₂O₅	CO	CO₂	H₂O	O₂	
111	石灰	5.371	0	0	4.940	0.095	0.067			0.012			0.264			0.264
112	矿石	1.000	0.618	0.294	0.009	0.056	0.005		0.011	0.002	0			0.005		
113	萤石	0.500	0	0	0	0.030	0.003	0.450	0.004	0.0010	0.006			0.010		
114	轻烧白云石	0.500	0	0	0.862	0.021	0.610	0	0.007	0.0000	0			0		
115	炉衬	0.500	0	0	0.275	0.013	0.200	0	0.012	0.0000	0			0		
116																
117	矿石中S发生的反应为[S]+(CaO)=(CaS)+[O],消耗(CaO)的量为				0.001											
118	生成[O]量忽略不计															
119	萤石中的S生成量				0.001											
120	萤石中的P以2[P]+2.5O₂(g)=(P₂O₅)的形式发生反应,消耗氧气的质量				0.004											
121	石灰中以[S]+(CaO)=(CaS)+[O]的形式发生反应,消耗(CaO)的量				0.009											
122	生成[O]量				0.003											

图 6-22 矿石、萤石、轻烧白云石和炉衬的成渣组分及质量的计算

量。若炉衬材质中含有碳，则要计算其产生的 CO、CO_2 量，并列入气态产物中。

如图 6-23 所示，石灰的质量是根据熔渣碱度、熔渣中除石灰外总的（CaO）、（SiO_2）量计算出来的。值得注意的是，总的（CaO）量是矿石、萤石、轻烧白云山和炉衬带入的量扣除铁水、矿石、萤石中的 S 发生[S]+（CaO）=（CaS）+[O]的反应消耗的（CaO）量，本计算中萤石中 S 量低，消耗的（CaO）量未考虑。

	C128	▼	fx	=(C126*C127-C125)/(E32%-C127*F32%)	
	B		C	D	E
125	$m_{CaO总}$		1.130		
126	$m_{S_1O_2总}$		1.942		
127	终渣碱度R=m_{CaO}/$m_{S_1O_2}$		3		
128	$m_{石灰}$		5.371		

图 6-23 石灰质量的计算

如图 6-24 所示，终渣成分来源于铁水中元素的氧化产物、矿石、萤石、炉衬、石灰和轻烧白云石，故可根据上述相关的计算结果得出对应的终渣质量。需要说明的是，(Fe_2O_3)、(FeO) 的计算是终渣质量计算的难点，在认为造渣剂中的 Fe_2O_3 和 FeO 被还原成铁进入钢中，其带入的氧被铁水中元素的氧化所消耗的前提下，根据不包括 (Fe_2O_3)、(FeO) 在内的炉渣质量、炉渣中 $w(FeO)_总$ 的数值，在单元格中输入 "=E147/(1−G7)" 可计算出总的炉渣质量，从而计算出炉渣中 (Fe_2O_3)、(FeO) 的质量，按该值进行反算，得出铁水中元素 $[Fe]$ 的氧化量，列入对应的表格中。

	E148	▼	fx	=E147/(1-G7)					
	B	C	D	E	F	G	H	I	J
131				终渣成分及质量					
132	成分	氧化产物质量/kg	矿石质量/kg	萤石质量/kg	炉衬质量/kg	石灰质量/kg	轻烧白云石质量/kg	合计/kg	%
133									
134	(CaO)		0.009	0	0.275	4.940	0.862	6.086	51.04
135	(SiO₂)	1.821	0.056	0.030	0.013	0.085	0.021	2.027	17.00
136	(MgO)		0.005	0.003	0.200	0.067	0.610	0.885	7.42
137	(Al₂O₃)		0.011	0.004	0.012	0	0.007	0.034	0.28
138	(MnO)	0.387						0.387	3.25
139	(P₂O₅)	0.227	0	0.006	0	0	0	0.233	1.95
140	(CaF₂)		0	0.450	0	0	0	0.450	3.77
141	(CaS)	0.018	0.002	0.001	0	0.012	0	0.033	0.27
142	(Fe₂O₃)	0.596						0.596	5.00
143	(FeO)	1.192						1.192	10.00
144	合计	4.242	0.083	0.494	0.500	5.104	1.500	11.923	100.00
145									
146	终渣中 (Fe₂O₃)和 (FeO)的计算过程								
147	不包括 (Fe₂O₃)和 (FeO)在内的炉渣质量			$m_{炉渣}$	10.135				
148	根据炉渣中$m_{FeO总}$可求出炉渣的总质量			$m_{炉渣总}$	11.923				
149				$m_{Fe_2O_3}$	0.596				
150				m_{FeO}	1.192				

图 6-24 终渣成分及质量的计算

如图 6-25 所示，根据矿石、烟尘的质量以及 Fe_2O_3 和 FeO 的含量可计算出相应数值。例如，输入 "=F75*D12*(D13*112/160+D14*56/72)"，可计算出烟尘带走的铁量。

如图 6-26 所示，炉气中含有 CO、CO_2、SO_2、H_2O、N_2 和 O_2 组分，其中，前三项 (V_0) 由铁水中元素氧化而来（若炉衬材质中还有碳，还应考虑其产生的 CO 和 CO_2 量），H_2O 由矿石和萤石带入。根据 V_0、V_{O_2}（不计自由氧的氧气消耗量）、炉气中自由氧的体积含量（0.5%）及相应的公式即可求出炉气总体积，进而求出炉气成分中自由 O_2 和 N_2 的体积和质量以及总的氧气消耗量（氧气消耗量、炉气成分中自由 O_2 和 N_2 量之和）。

	C155	▼	fx	=F75*D12*(D13*112/160+D14*56/72)

	B	C	D	E
153	矿石带入的铁量：m_{Fe}	0.661		
154	矿石带入的氧量：m_{OO}	0.251		
155	烟尘带走的铁量：m_{Fe}	1.024		
156	烟尘消耗的氧量：m_{OO}	0.320		

图 6-25　矿石带入的铁量、氧量及烟尘带走的铁量和消耗的氧量计算

	C175	▼	fx	=(C173*E38+C174*H38)/(E38-G11*E38-G11*H38)

	B	C	D	E	F	G	H	I
160	炉气成分、质量及体积							
161	炉气成分	CO	CO_2	SO_2	H_2O	O_2	N_2	合计
162	质量/kg	8.316	1.716	0.008	0.015	0.054	0.033	10.143
163	体积/m³	6.653	0.874	0.003	0.019	0.038	0.027	7.613
164	体积含量/%	87.39	11.48	0.04	0.25	0.50	0.35	100.00
165								
166								
167	氧气消耗来源及质量							
168	来源	铁水中元素氧化	烟尘中铁的氧化	萤石中磷的氧化	矿石带入的氧	石灰中S还原CaO生成的氧	炉衬中碳氧化耗氧质量	合计
169								
170	耗氧质量/kg	7.438	0.320	0.004	-0.251	-0.003	0.000	7.509
171	耗氧体积/m³							5.256
172								
173	V_0	7.548						
174	V_{CO}	5.256						
175	$V_{总}$	7.613						
176								
177								
178	$V_{CO空气}$	0.038	$V_{N空气}$	0.027				
179	$m_{CO空气}$	0.054	$m_{N空气}$	0.033				

图 6-26　炉气质量及体积的计算

如图 6-27 所示，根据相应项目，输入 "=F75-H189" 可计算出脱氧和合金化前的钢水量。

	C190	▼	fx	=F75-H189

	B	C	D	E	F	G	H
187	项目	铁水中元素氧化量	烟尘带走铁量	渣中铁珠量	喷溅铁损量	矿石带入的铁量	合计
188							
189	质量/kg	6.566	1.024	0.238	1	-0.661	8.166
190	钢水的质量	91.834					

图 6-27　未加废钢的钢水量计算

将以上数据编制成脱氧和合金化前的物料平衡表，并进行误差计算，如图 6-28 所示。

（3）热平衡计算。热收入项包括铁水物理热、铁水中元素氧化放热和成渣热、烟尘氧化放热及萤石中的磷氧化放热。若炉衬材质中含有碳，还应考虑碳的氧化热。

首先由纯铁熔点和溶入 C、Si、Mn、P、S、O、N、H 等元素使铁熔点的降低值计算出铁水熔点 $t_{铁}$，再根据铁的比热容求出铁水物理热，如图 6-29 所示。

| C203 | f_x =(C202-F202)/C202 |

	B	C	D	E	F	G
192	未加废钢的物料平衡表					
193	入项			出项		
194	项目	质量/kg	质量分数/%	项目	质量/kg	质量分数/%
195	铁水	100	85.86	钢水	91.834	78.80
196	矿石	1	0.86	炉渣	11.923	10.23
197	萤石	0.5	0.43	炉气	10.143	8.70
198	炉衬	0.5	0.43	烟尘	1.400	1.20
199	轻烧白云石	1.5	1.29	渣中铁珠	0.238	0.20
200	石灰	5.371	4.61	喷溅损失	1.000	0.86
201	氧气	7.596	6.52			
202	合计	116.468	100.00	合计	116.538	100.00
203	计算误差	-0.06%				

图 6-28 未加废钢的物料平衡表的编制

| C213 | f_x =D206*(C61*(C212-D207)+E61+D61*(H20-C212)) |

	B	C	D	E	F
210	**铁水物理热$Q_{铁水}$**				
211	纯铁的熔点/℃	1535			
212	铁水熔点 $t_{铁}$/℃	1113			
213	铁水物理热$Q_{铁水}$/kJ	118511.120			

图 6-29 铁水物理热的计算

根据铁水中元素氧化量、反应热效应计算出铁水中元素氧化放热和成渣热，如图 6-30 所示。

| C219 | f_x =-E96*F43 |

	B	C	D	E	F
215	**铁水中元素氧化放热及成渣热$Q_{元素}$**				
216	铁水中元素氧化放热及成渣热$Q_{元素}$				
217	发生反应	氧化热或成渣热	发生反应		氧化热或成渣热
218	[C]+0.5O_2(g)=CO(g)	34895.124	2[Fe]+1.5O_2(g)=(Fe$_2O_3$)		3076.416
219	[C]+O_2(g)=CO$_2$(g)	12974.940	[Fe]+0.5O_2(g)=(FeO)		4430.915
220	[Si]+O_2(g)=(SiO$_2$)	27359.800	2(CaO)+(SiO$_2$)=(2CaO·SiO$_2$)		4266.198
221	[Mn]+0.5O_2(g)=(MnO)	2102.400	4(CaO)+(P$_2O_5$)=(4CaO·P$_2O_5$)		1187.573
222	2[P]+2.5O_2(g)=(P$_2O_5$)	2384.217	合计（$Q_{元素}$）		92677.584

图 6-30 铁水中元素氧化放热和成渣热的计算

同理，可计算出烟尘氧化放热、萤石中的磷氧化放热及炉衬中碳的氧化放热等，并将其相加得到热收入总量。

热支出项包括钢水物理热、炉渣物理热、炉气物理热、烟尘物理热、渣中铁珠物理热、喷溅金属物理热、矿石分解吸热、其他热损失及用于加热废钢的热量。

如图 6-31 所示，先由纯铁熔点、终点钢水各元素含量及钢中元素 C、Mn、P、S 使钢水熔点降低值计算出钢水熔点；再由钢水熔点、钢水过热度、钢水出钢至注入中间包的各温降（根据经验进行设定）计算出出钢温度；进而根据钢水质量、钢的平均比热容、钢水的熔点和出钢温度计算出钢水的物理热。

	C244	▼	fx	=F195*(C62*(C242-D207)+E62+D62*(C243-C242))	
	B	C	D	E	F
236		钢水物理热$Q_{钢水}$			
237		数据设定/℃			
238	$\triangle t_{过}$	20	$\triangle t_5$	25	
239	$\triangle t_1$	40	$\triangle t_4$	25	
240	$\triangle t_2$	20	$\triangle t_3$	25	
241					
242	钢水熔点 $t_{熔}$ /℃	1522			
243	出钢温度 $t_{出}$ /℃	1677			
244	钢水物理热$Q_{钢水}$/kJ	133008.237			

图 6-31 钢水物理热的计算

根据各组分的质量（炉渣、炉气、烟尘、渣中铁珠、喷溅金属、矿石等）、平均比热容、温度等参数，计算出各组分的物理热；结合其他热损失、热收入总量可求出废钢吸热量；进而由废钢吸热量、钢的比热容、钢水熔点及出钢温度计算出废钢加入量，如图 6-32 所示。例如，计算炉渣物理热时，在单元格中输入" = F196 * (1.045 * (D249 - D207) + E64 + D64 * (D248 - D249))"；计算其他热损失时，需要输入" = D250% * C233"或

	D265	▼	fx	=C261/D264
	B	C		D
247		计算参数		
248	炉渣温度 $t_{炉渣}$/℃			1677
249	炉渣熔化性温度/℃			1360
250	其他热损失$Q_{损}$占总收入热量比例/%			6
251				
252		各组分的物理热		
253	项　目	物理热/kJ		
254	炉渣物理热$Q_{炉渣}$	23847.417		
255	炉气物理热$Q_{炉气}$	16433.791		
256	烟尘物理热$Q_{烟尘}$	2279.620		
257	渣中铁珠物理热$Q_{铁}$	345.381		
258	喷溅金属物理热$Q_{喷溅}$	1448.362		
259	矿石分解吸热$Q_{矿分}$	4281.697		
260	其他热损失$Q_{损}$	12999.234		
261	废钢吸热$Q_{废}$	22010.165		
262				
263				
264	1kg废钢吸收的热量 $q_{废}$/kJ			1448.362
265	应加入废钢的质量/kg			15.197
266	废钢比/%			13.19

图 6-32 各组分物理热及废钢加入量的计算

"＝D250/100＊C233";计算 1kg 废钢吸收的热量,需要输入 "＝1＊(C62＊(C242－D207)＋E62＋D62＊(C243－C242))"。

将以上热收入和热支出项目及数值列出,即为热平衡表,并计算热效率,如图 6－33 所示。

C286		f_x	＝(F272+F273+F280)/C284*100		
	B	C	D	E	F	G
269			热平衡表			
270		入项			出项	
271	项　　目	热量/kJ	%	项　　目	热量/kJ	%
272	铁水物理热	118511.120	54.70	钢水物理热	133008.237	61.39
273	元素氧化放热、成渣热	92677.584	42.78	炉渣物理热	23847.417	11.01
274	其中 C氧化	47870.064	51.65	炉气物理热	16433.791	7.59
275	Si氧化	27359.800	29.52	烟尘物理热	2279.620	1.05
276	Mn氧化	2102.400	2.27	渣中铁珠物理热	345.381	0.16
277	P氧化	2384.217	2.57	喷溅金属物理热	1448.362	0.67
278	Fe氧化	7507.331	8.10	矿石分解吸热	4281.697	1.98
279	P_2O_5成渣热	1187.573	1.28	其他热损失	12999.234	6.00
280	SiO_2成渣热	4266.198	4.60	废钢吸热	22010.165	10.16
281	烟尘氧化热	5398.972	2.49			
282	萤石中的磷氧化放热	66.228	0.03			
283	炉衬中碳的氧化热	0	0			
284	合计	216653.905	100.0	合计	216653.905	100.0
285						
286	热效率η/%	82.56				
287	不计炉渣带走的热量, η′/%	71.55				

图 6－33　热平衡表及热效率的计算

(4)加入废钢的物料平衡表。首先计算出废钢中各元素的氧化量、耗氧量及氧化产物量,进而输入 "＝D265－E308" 求出废钢进入钢水中的质量,如图 6－34 所示。最后,

D311		f_x	＝D265-E308				
	B	C	D	E	F	G	H
291			废钢中各元素的氧化量				
292	项目	C	Si	Mn	P	S	
293	废钢成分	0.10	0.20	0.40	0.025	0.023	
294	终点钢水	0.06	0.00	0.30	0.011	0.018	
295	氧化量	0.04	0.20	0.10	0.014	0.005	
296							
297							
298		15.197kg废钢中各元素的氧化量、耗氧量及氧化产物量					
299	元素	发生反应及其产物		废钢中元素氧化量/kg	耗氧量/kg	产物量/kg	备注
300							
301	C	$[C]+0.5O_2(g)=CO(g)$		0.005	0.007	0.013	炉气
302	C	$[C]+O_2(g)=CO_2(g)$		0.0006	0.002	0.002	炉气
303	Si	$[Si]+O_2(g)=(SiO_2)$		0.030	0.035	0.065	炉渣
304	Mn	$[Mn]+0.5O_2(g)=(MnO)$		0.015	0.004	0.020	炉渣
305	P	$2[P]+2.5O_2(g)=(P_2O_5)$		0.002	0.003	0.005	炉渣
306	S	$[S]+O_2(g)=SO_2(g)$		0.0003	0.0003	0.0005	炉气
307	S	$[S]+(CaO)=(CaS)+[O]$		0.0005	-0.0003	0.0011	炉渣
308	合计			0.055	0.051	0.106	
309							
310	S生成(CaS)消耗的(CaO)质量	0.001					
311	废钢进入钢水中的质量	15.142					
312	进入炉气中的气体质量	0.016					
313	成渣量	0.090					

图 6－34　废钢中各元素的氧化量、耗氧量及氧化产物量的计算

将其与未加入废钢的物料平衡表合并，得出加入废钢的物料平衡表，并进行误差计算，如图 6 - 35 所示。

	C342		f_x	=(C340-F340)/C340			
	B	C	D	E	F	G
316	加入废钢的物料平衡表(以100kg铁水为基础)						
317	入项			出项			
318	项目	质量/kg	%	项目	质量/kg	%
319	铁水	100.000	75.92	钢水	106.976	81.17
320	废钢	15.197	11.54	炉渣	12.013	9.12
321	矿石	1.000	0.76	炉气	10.158	7.71
322	萤石	0.500	0.38	烟尘	1.400	1.06
323	炉衬	0.500	0.38	渣中铁珠	0.238	0.18
324	轻烧白云石	1.500	1.14	喷溅损失	1.000	0.76
325	石灰	5.371	4.08			
326	氧气	7.647	5.81			
327	合计	131.715	100.000	合计	131.786	100.00
328						
329	加入废钢的物料平衡表(以100kg(铁水+废钢)为基础)						
330	入项			出项			
331	项目	质量/kg	%	项目	质量/kg	%
332	铁水	86.808	75.92	钢水	92.864	81.17
333	废钢	13.192	11.54	炉渣	10.428	9.12
334	矿石	0.868	0.76	炉气	8.818	7.71
335	萤石	0.434	0.38	烟尘	1.215	1.06
336	炉衬	0.434	0.38	渣中铁珠	0.207	0.18
337	轻烧白云石	1.302	1.14	喷溅损失	0.868	0.76
338	石灰	4.663	4.08			
339	氧气	6.638	5.81			
340	合计	114.340	100.00	合计	114.401	100.00
341						
342	计算误差	-0.05%				

图 6 - 35 加入废钢的物料平衡表及误差的计算

（5）脱氧及合金化后的物料平衡计算。先根据铁合金中元素的收得率、铁合金成分、钢水量及钢水成分中限计算出锰铁和硅铁的加入量；接着计算出锰铁和硅铁中各元素的烧损量及其产物量；进而计算出脱氧及合金化后的钢水成分，如图 6 - 36 所示；最后得出脱氧及合金化后总的物料平衡表，并进行误差计算，如图 6 - 37 所示。

由图 6 - 36 可知，在计算锰铁加入量时，需要输入" =（（E21% - E87%）/（F27% * C349%））* F332"；其中，E21% 为钢种中 Mn 元素的成分中限，0.40%，E87% 为终点钢水中 Mn 元素的含量，0.30%；F27% 为 Mn - Fe 合金中 Mn 含量；C349% 为 Mn 收得率；F332 为加入废钢后的钢水质量。在计算锰铁中 Mn 生成（MnO）渣量时，需要输入" = D361 * 71/55"；在计算脱氧及合金化后的钢水成分中［C］含量时，需要输入" = C87 + C376/C375 * 100"，同理，可求出其他数值。

C354	▼	*fx*	=((E21%-E87%)/(F27%*C349%))*F332				
	B	C	D	E	F	G	H
346	**铁合金中的元素收得率的选取**						
347	C的收得率/%	90					
348	Si的收得率/%	75					
349	Mn的收得率/%	80					
350	Fe的收得率/%	100					
351	S的收得率/%	100					
352	P的收得率/%	100					
353	**锰铁加入量mFe-Mn和硅铁加入量mFe-Si**						
354	锰铁加入量m_{Fe-Mn}/kg	0.155					
355	硅铁加入量m_{Fe-Si}/kg	0.349					
356							
357			锰铁和硅铁中各元素的烧损量及其产物量				
358	铁合金	成分	元素烧损量/kg	脱氧量/kg	成渣量/kg	炉气量/kg	进入钢中量/kg
359		$[C]\rightarrow CO_2(g)$	0.001	0.003		0.004	0.010
360		$[Si]\rightarrow (SiO_2)$	0.001	0.003	0.002		0.003
361		$[Mn]\rightarrow (MnO)$	0.023	0.007	0.030		0.093
362	锰铁	Fe					0.023
363		P					0.001
364		S					0.00005
365		合计	0.025	0.012	0.032	0.004	0.129
366		$[Si]\rightarrow (SiO_2)$	0.061	0.163	0.131		0.183
367		$[Mn]\rightarrow (MnO_2)$	0.0005	0.0001	0.0006		0.0020
368	硅铁	Fe					0.1019
369		P					0.0002
370		S					0.0001
371		合计	0.062	0.163	0.131	0.000	0.287
372	总计		0.087	0.175	0.163	0.004	0.417
373							
374	**加入锰铁和硅铁后**						
375	钢水总质量	93.280					
376	进入钢中C的质量	0.010					
377	进入钢中Si的质量	0.186					
378	进入钢中Mn的质量	0.095					
379	进入钢中P的质量	0.0008					
380	进入钢中S的质量	0.00019					
381							
382	脱氧及合金化后的钢水成分						
383	元素	含量/%					
384	C	0.071					
385	Si	0.20					
386	Mn	0.40					
387	P	0.012					

图 6-36　锰铁和硅铁加入量、各元素烧损量、产物量及脱氧、合金后的钢水成分等的计算

C405	▼	*fx*	=(C403-F403)/C403		
	B	C	D	E	F	G
390		脱氧及合金化后的总物料平衡(以100kg(铁水+废钢)为基础)				
391		入项			出项	
392	项目	质量/kg	%	项目	质量/kg	%
393	铁水	86.808	75.47	钢水	93.280	81.12
394	废钢	13.192	11.47	炉渣	10.592	9.21
395	矿石	0.868	0.75	炉气	8.823	7.67
396	萤石	0.434	0.38	烟尘	1.215	1.06
397	炉衬	0.434	0.38	渣中铁珠	0.207	0.18
398	轻烧白云石	1.302	1.13	喷溅损失	0.868	0.75
399	石灰	4.663	4.05			
400	氧气	6.814	5.92			
401	硅铁	0.349	0.30			
402	锰铁	0.155	0.13			
403	合计	115.019	100.00	合计	114.985	100.00
404						
405	计算误差	0.03%				

图 6-37　脱氧及合金化后的总物料平衡表及误差计算

7 电弧炉炼钢设计及计算

7.1 电弧炉构造及其附属设备

电弧炉主要由炉体金属构件、炉体倾动机构、炉盖提升旋转机构、电极夹持器及电极升降机构等几部分组成，如图7-1和图7-2所示。

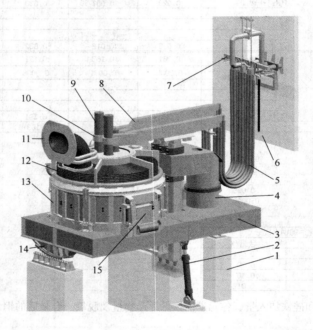

图7-1 电弧炉的机械结构

1—炉子基础；2—倾动油缸；3—倾动平台；4—炉盖旋转机构；5—挠性水冷电缆；6—变压器室；
7—二次导体支架；8—电极导电横臂；9—石墨电极；10—电极夹头；11—炉盖第四孔水冷弯管；12—炉盖；
13—炉体；14—摇架及轨道；15—炉门

7.1.1 电弧炉炉体

炉体是电弧炉最主要的装置，用来熔化炉料和进行各种冶金反应。它包括金属构件和用耐火材料砌筑成的炉衬两部分。现代电弧炉炉体的金属构件又包括炉壳、水冷炉壁、水冷炉盖、水冷炉门及开启机构、偏心炉底出钢箱及出钢口开启机构等部件。

7.1.1.1 炉壳

炉壳由钢板焊成，它包括炉身、炉底和加固圈三部分，如图7-3所示。

炉壳的厚度 δ_k 与炉壳内直径 D_k 有关，其关系式为 $\delta_k = D_k/200$（mm），大炉子取小些。通常炉壳的厚度为 12~30mm。

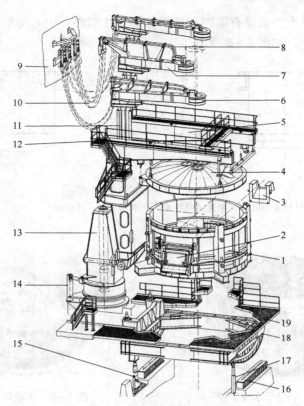

图 7 - 2   电弧炉机械结构部件分解图

1—炉体；2—炉门；3—出钢槽；4—炉盖；5—炉盖悬吊机构；6—电极夹头；7—电极横臂；
8—导电铜管；9—变压器室；10—挠性水冷电缆；11—电极升降机构；12—走台；13—炉盖提升机构；
14—炉盖旋转机构；15—炉子锁紧机构；16—摇架轨道；17—倾动油缸；18—摇架；19—倾动平台

炉身为圆筒形，其内径即为炉壳内径 D_k，是炉子的一个主要参数。炉底可分为球缺形、截头圆锥形和平底形三种，如图 7 - 4 所示。平底形炉底虽制造简单，但因有死角，砌筑时耐火材料消耗较大，目前很少采用。对于大于 40t 的电弧炉，应选用球缺形炉底，其优点在于强度大、耐火材料消耗及热损失少。与球缺形炉底相比，截头圆锥形炉底坚固性稍差，砌筑时耐火材料消耗稍多，但因制造和耐火材料砌筑较为容易，亦多被采用。

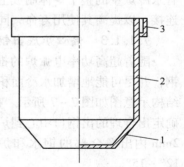

图 7 - 3   炉壳示意图
1—炉壳底；2—炉身壳；
3—加固圈

7.1.1.2   水冷炉壁与水冷炉盖

超高功率电炉采用水冷炉壁和水冷炉盖，二者都可分为管式、板式和喷淋式等，且管式的应用广泛。管式水冷炉壁的材质多为钢质，整个水冷炉壁由 6 ~ 12 个水冷构件组成，如图 7 - 5 所示。为了增加水冷炉壁的使用面积，提高其传热效果，有的在钢质水冷炉壁最下面靠近渣线处设置铜质水冷炉壁块。

管式水冷炉盖的材质为钢质，其可由一个或多个水冷构件组成。水冷炉盖由大炉盖和中心小炉盖组成，且大炉盖设有第四孔排烟、第五孔加料；中心小炉盖用耐火材料制成，安装在大炉盖的中心，如图7-6所示。

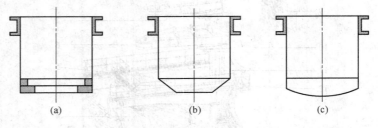

图7-4 炉壳底的3种形式

（a）平底；（b）截头圆锥形；（c）球缺形

图7-5 炉壳及水冷炉壁

图7-6 水冷炉盖部件

水冷炉壁与水冷炉盖的安装方式可分为炉壳内装式和框架悬挂式。其中，炉壳内装方式具有完整的钢板炉壳，水冷炉壁和水冷炉盖采用内装式；框架悬挂式没有完整的钢板炉壳，而是水冷的框架，依靠悬挂在上面的水冷炉壁、水冷炉盖组成完整的炉体。通常将装有水冷炉壁的整个炉体制成上下两部分，在水冷炉壁的下沿与炉底及渣线分开，采用法兰连接，以提高其使用寿命，同时也方便运输、安装和维护。

7.1.1.3 偏心炉底出钢箱

随着超高功率电弧炉的推广及水冷炉壁和炉外精炼的采用，要求电弧炉实现无渣出钢，并尽可能地增加水冷面积，出钢槽被出钢箱取代，此即为偏心炉底出钢（EBT），其结构示意图如图7-7所示。在工艺设计上，为彻底地实现无渣出钢及留钢留渣操作，要确定出合理的出钢口中心到炉子中心的距离（偏心度）及出钢口的大小，从而保证在1~2min内出净全部的钢水和炉渣。钢渣既要出得净又要留得住，且最大后倾角不大于12°~15°。

表7-1列出了几个厂家的偏心炉底出钢电弧炉的主要技术参数。

表7-1 偏心炉底出钢电弧炉的主要技术参数

项　目	丹麦 DS	德国 TN	德国 BS	中国 A 厂	中国 B 厂
平均出钢量/t	110	128	43	10.5	38
残留钢水量/%	13.6 (15t)	12.5~20.8 (15~25t)	14~16 (6~7t)	10~15	

项　目	丹麦 DS	德国 TN	德国 BS	中国 A 厂	中国 B 厂
变压器容量/MV·A				3	12.5
一次电压/kV				6	35
二次电压/V				200~104	130~350
最大二次电流/kA				7.9	
炉壳直径/mm				3240（高 1520）	4600（高 3226）
电极直径/mm	600			300（极心圆直径 700）	400（极心圆直径 1050~1250）
出钢时最大倾角/(°)	12			15（出钢 8~10）	15
出钢口偏心度/mm				1985	2800
出钢口直径/mm	200	200	150	80	120
出钢时间/s	120	140	110	60~120	150~240
出钢管寿命/炉	200	100	350	87	

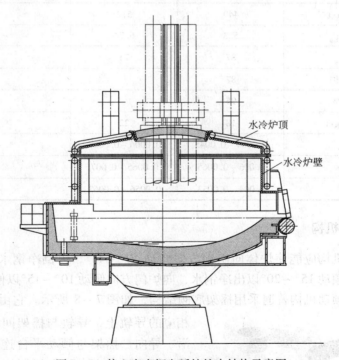

图 7-7　偏心底出钢电弧炉炉内结构示意图

（图中标注：水冷炉顶、水冷炉壁）

　　表 7-2 列出了国内某厂的主要冶炼指标和经济效益。生产实践表明，与出钢槽出钢相比，采用偏心炉底出钢电弧炉可取得以下显著效果。

　　（1）可彻底地实现无渣出钢和留钢留渣操作。炉内留钢量一般为 10%~15%，留渣量可达到 95% 以上。偏心底出钢成为"超高功率电弧炉—炉外精炼—连铸"短流程及直流电弧炉的一项重要技术，为氧化性出钢创作了必要的条件。

（2）电弧炉水冷炉壁的水冷面积从出钢槽出钢的70%增加至87%～90%，从而使炉衬寿命提高了15%，炉膛直径也得以扩大，如德国 BS 公司的45t 电炉炉膛直径从原来的4.2m 扩大至4.6m。同时，耐火材料消耗降低2.5～3.5kg/t，维修喷补炉衬费用减少60%，炉容量可扩大12.5%。

（3）炉体后倾角从42°～45°减少至12°～15°，可缩短短网长度，从而提高输入炉内的有功功率（10%～30%）和功率因数（由0.707提高至0.8），缩短冶炼时间3～7min，降低电耗15%～30%。

（4）缩短出钢时间75%，降低出钢温度30℃，降低电极消耗6%，提高生产效率10%～15%。

（5）出钢钢流短而集中，可减轻出钢过程中钢流的二次氧化及吸气，同时因出钢时间缩短，故可降低钢中的氢、氧、氮及夹杂物的含量。

表7－2　某厂偏心炉底出钢电弧炉的主要冶炼指标和经济效益

项　目	EBT 电炉	原有电弧炉	对　比
冶炼时间/min	127	167	−40
冶炼电耗/kW·h·t⁻¹	449	512	−63
电极消耗/kg·t⁻¹	5.3	6.74	−1.44
炉龄/炉	87	73	+14
出钢口寿命/炉	87		
自动出钢率/%	95		
耐火材料消耗/kg·t⁻¹	18	22	−4
$w([H])/\%$	0.0034～0.0045	0.0006～0.0007	−0.0003
$w([O])/\%$	0.006～0.0065	0.0065～0.007	−0.0005
$w([N])/\%$	0.004～0.0053	0.0056～0.0062	−0.0015

7.1.2　炉体倾动机构

电炉的倾动机构应能使炉体向出钢方向倾动40°～45°，以倒净钢水；偏心炉底出钢要求向出钢方向倾动15°～20°以出净钢水，向炉门方向倾动10°～15°以便于扒渣。

目前，炉体倾动机构普遍采用摇架底倾结构，如图7－8所示。它由两个摇架支持在相应的导轨上，导轨与摇架间用齿条或销轴防滑、导向。摇架与倾动平台连成一体，炉体坐落于倾动平台上，并加以固定。倾动机构的驱动方式多采用液压倾动，由柱塞油缸推动摇架而使炉体倾斜，回倾则一般靠炉体的自重。

为了防止炉渣入钢包，偏心炉底出钢电弧炉往往提高炉体的回倾速度，由正常的每秒1°提高至每秒4°～5°，故需要采用活塞油缸推拉摇架，以使炉体前后倾动。

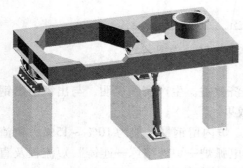

图7－8　摇架底倾机构示意图

7.1.3 炉盖提升旋转机构

20 世纪 70 年代后期我国大量采用炉盖旋转式电炉，炉盖旋转式与炉体开出式相比，具有占地面积小、金属结构质量轻及装料迅速等优点。炉盖提升旋转机构分为整体平台式和基础分开式。

（1）整体平台式。炉盖提升旋转机构多为整体平台式，该结构的炉体、倾动、电极升降和炉盖的提升旋转机构均设置在一个大而坚固的倾动平台上，即四归一的共平台式。炉子的基础是一个整体，整体提升旋转机构随炉体一起倾动。整体平台式炉盖的提升旋转是分开进行的。

（2）基础分开式。该机构的炉盖的提升和旋转动作由一套机构完成。提升旋转机构的基础与炉子的基础分开布置，整个机构不随炉子倾动。基础分开式提升旋转机构包括两种形式：一是炉盖的提升、旋转由一个液压缸完成，适用于小炉子（≤10t）；二是炉盖的提升、旋转由两个液压缸完成，即主轴先将炉盖顶起，然后在主轴下部的液压缸施加径向力，使主轴旋转，完成炉盖的开启，适用于大炉子。

7.1.4 电极夹持器及电极升降机构

7.1.4.1 电极夹持器

电极夹持器有两个作用：一是夹紧或松放电极；二是把电流传送给电极。它多用铜或内衬铜质的钢制成，铬青铜的强度高、导电性好。夹头内部通水冷却，既能保证强度，减少膨胀，又可减少氧化和降低电阻。目前广泛采用的是气动弹簧式电极夹持器，它利用弹簧的张力把电极夹紧，靠压缩空气的压力来放松电极。这种夹持器又分为顶杆式和拉杆式两种，如图 7-9 所示。弹簧式电极夹持器还可以采用液压传动。

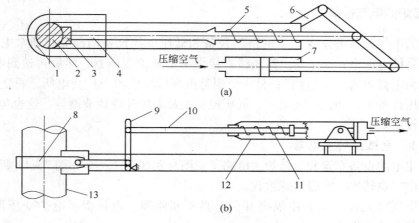

图 7-9 两种电极夹持器示意图

(a) 气动弹簧顶杆式；(b) 弹簧拉杆式

1—夹头；2，13—电极；3—压块；4—顶杆；5，11—弹簧；6，9—杠杆机构；7，12—气缸；8—拉环；10—拉杆

7.1.4.2 电极升降机构

电极升降机构必须满足以下两点要求：

（1）升降灵活，系统惯性小，启动、制动快。

（2）升降速度要能够调节，上升要快，以免在熔化期造成短路而使高压断路器自动跳闸；下降要慢些，以免电极碰撞炉料而折断或浸入钢液中。

电极升降机构主要包括横臂、立柱及传动机构等组成。

（1）横臂。横臂是用来支持电极夹头和布置二次导体的。它要有足够的强度，大电炉常采用水冷。近年来，在超高功率电弧炉上出现了铜－钢复合或铝－钢复合水冷导电横臂。其断面为矩形，取消了水冷导电铜管、电极夹头与横臂间众多绝缘环节，大大简化了横臂机构，同时也减少了维修工作量、电能损耗，增加了向电弧炉内输送的功率。

（2）电极立柱。电极立柱为钢质结构，它与横臂连接成一个 r 型结构，通过传动机构使矩形立柱沿着固定在倾动平台上的导向轮升降，故常称为活动立柱。

（3）电极升降驱动机构。电极升降驱动机构有液压传动和电动两种方式。液压传动系统的惯性小，启动、制动和升降速度快，控制灵敏，提升速度高达 $10 \sim 20 \mathrm{m/min}$，先进水平的高达 $24 \sim 30 \mathrm{m/min}$。大型大炉均采用液压传动。

电极升降还要有足够的行程，其最大行程可由下式确定：

$$L = H_1 + H_2 + H_3 + C$$

式中　L——电极的最大行程，mm；

H_1——炉底至炉盖电极孔下口的高度尺寸，mm；

H_2——炉盖起升高度（炉盖旋转或炉体开出时，应确保电极下端头不低于炉盖圈下沿），mm；

H_3——电极预调放长度尺寸（一般为两根对接电极丝扣的深度和，其原因在于若刚好遇到要卡紧的位置是丝扣时，一定要躲过丝扣再卡紧），mm；

C——限位极限的最小安全距离（$100 \sim 200 \mathrm{mm}$）。

7.1.5　电弧炉的电气设备

电弧炉的电气设备可分为"主电路"设备和低压电控设备两部分。通常电弧炉炼钢车间的供电系统有两个：一个是由高压线直接供给电弧炉变压器，然后再送到电弧炉上，这段线路称为电弧炉的"主电路"；另一个则是由高压线供给工厂变电所，再送到需要用电的其他低压设备上，如低压配电柜、低压控制柜及电极升降调节器等，这也包括电弧炉的低压电控设备。

7.1.5.1　电弧炉的主电路

电弧炉主电路设备布置和电弧炉主电路示意图分别如图 7 – 10 和图 7 – 11 所示，它的作用是实现电－热转换，完成冶炼过程。

主电路电器（元件）主要由隔离开关、高压断路器、电抗器、电炉变压器、短网、电极和电弧等几部分组成。

（1）隔离开关。隔离开关主要用于电炉设备检修时断开高压电源（进线），有时也用来进行切换操作，为一无载刀型开关。

（2）高压断路器（开关）。高压断路器是电弧炉的操作开关，用来切断电源以保护电源和电器。当电流过大时，断路器会自动（在负载下）跳闸切断电源，为一有载开关。高压断路器包括油断路器、空气断路器、磁吹断路器、SF_6 断路器及真空断路器等，后者

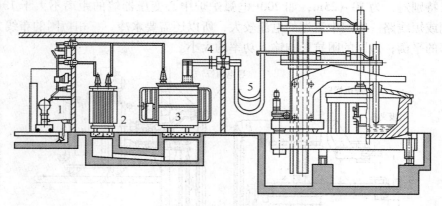

图 7-10 电弧炉主电路设备布置图
1—高压控制柜（包括高压断路器、初级电流互感器和隔离开关）；2—电抗器；
3—电炉变压器；4—次级电流互感器；5—短网

应用广泛。

（3）电抗器。电抗器串联在变压器一次侧（高压侧），它可接在线电路中，也可接在相电路中。其作用是增加回路电抗值，以稳定电弧燃烧及限制短路电流。对于高阻抗电炉，为了实现高电压操作，其回路电抗值将增加至普通的 1.5~2.0 倍。

（4）电炉变压器。电炉变压器是电弧炉的主要设备，其作用是降低输入电压，产生大电流，供给电弧炉。与一般电力变压器相比，其具有以下特点：

1）过载能力大，可长时间超载 10%~20%；

2）机械强度较高，能经得住冲击电流和短路电流引起的机械应力；

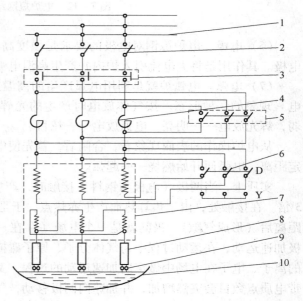

图 7-11 电弧炉主电路示意图
1—高压母线；2—隔离开关；3—高压断路器；
4—电抗器；5—电抗器转换开关；6—电压转换开关；
7—变压器；8—短网；9—电弧；10—钢水

3）变压比大，变压级别多，如 100t/90MV·A 超高功率电弧炉，$K = U_1/U_2 = 35kV/950 \sim 500V = 37 \sim 70$，计 19 级；

4）二次电流大，数以万计，如 100t/90MV·A 电弧炉的二次电流为 65kA，130t 直流电弧炉的二次电流为 120kA；

5）采用强迫油循环水冷却（SP），冷却条件好。

（5）短网。从电弧炉变压器低压侧出线到石墨电极末端为止的二次导体，称为短网，如图 7-12 所示。它包括石墨电极、横臂上的导电铜管（或横臂）、挠性电缆及硬母线。这段导线流过的电流特别大，故又称为大电流导体（或大电流线路）；而其长度与输电电网相比又特别短，为 10 ~ 25m，如 200t 电弧炉炉中心变压器墙的距离不大于 13m，故常称为短网或短线路。短网中流过的电流较大，所以还需要水冷。三相短网的布线方式影响三相功率的平衡；短网的阻抗影响输入功率的大小。

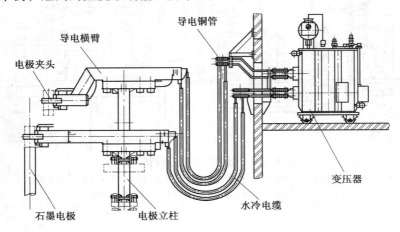

图 7 - 12　电炉短网结构示意图

（6）电极。电炉炼钢对电极的要求是强度高、电阻低及线膨胀系数小，故常用石墨电极。其作用是将大电流引入炉内并产生高温电弧。

（7）电弧。电弧炉就是利用电弧产生的高温进行熔炼金属的。电弧是气体放电（导电）现象的一种形态。按气体放电时产生的光辉亮度，电弧可分为三种：无声放电——弱，辉光放电——明亮，电弧放电——炫目。

从电炉操作的表面现象看，合闸后，首先使电极与钢铁材料做瞬间接触，而后拉开一定距离，电弧便开始燃烧——起弧。

实质上，当两极（电极与钢料）接触时，产生非常大的短路电流，为额定电流的 2 ~ 3 倍。在接触处，由于焦耳热而产生赤热点，于是在阴极将有电子逸出。当两极拉开一定距离后（形成气隙），极间就是一个电场（存在一个电位差）。在电场作用下，电子向阳极加速运动，在运动过程中与气体分子、原子碰撞，使气体发生电离。这些电子与新产生的离子、电子在电场中做定向加速运动的过程，又使另外的气体电离。这样电极间隙中的带电质点数目会突然增加，并加速向两极移动，气体导电形成电弧。电流方向由正极流向负极。

由此可见，电弧产生过程大致分为以下四步：一是短路热电子放出；二是两极分开形成气隙；三是电子加速运动气体电离；四是带电质点定向运动，气体导电，形成电弧。这一过程是在一瞬间完成的，电极与钢料交换极性，电流方向以 50 次/s 改变方向。

7.1.5.2 电弧炉的电控设备

电弧炉的电控设备主要有电极自动调节器、高低压供电系统及其相应的柜台。

（1）电极自动调节器。电极自动调节系统包括电极升降机构和电极自动调节器，重点为后者。一般电炉对调节器的要求为灵敏度高，惯性小，调整精度高。

按电极升降机构驱动方式的不同，电极升降调节器可以分为机电式调节器和液压式调节器两种。通常前者用于 20t 以下的电炉，后者用于 30t 以上的电炉。

机电式电极升降调节器的发展经历：1）电机放大机—直流电动机式；2）晶闸管—直流电动机式；3）晶闸管—转差离合器式；4）晶闸管—交流力矩电机式；5）交流变频调速式等。目前应用的主要是后两种形式及其微机控制的产品。

根据控制部分的不同，液压式调节器可分为模拟调节器、微机调节器和 PLC 调节器。前两种已经被 PLC 调节器取代。PLC 调节器，除控制思想先进外，在可靠性、电磁相容性、对工作环境和温度的适应性、抗冲击振动特性以及自保护性能方面都优于其他形式，见表 7 - 3。

表 7 - 3　几种形式电极调节器的使用性能及特点

调节器形式	抗干扰性能	抗冲击、抗振动性	过流、过压接地保护	控制性能	维护工作量	环境温度要求	备件
滑差离合器	中	中	差	差	大	中	较难
单片机	中	中	差	差	大	中	较难
可控硅	差	低	好	中	中	高	较难
PC 机	差	低	好	高	中	高	容易
PLC	高	高	好	高	小	低	容易

（2）高压供电系统。电弧炉高压供电系统原理如图 7 - 13 所示。电弧炉的高压供电系统（如 35kV 及以上电压的高压供电系统）由高压进线柜（高压隔离开关、熔断器、电压互感器）、真空开关柜（真空断路器×2；电流互感器）、过电压保护柜（氧化锌避雷器组及阻容吸收器）三面高压柜以及置于变压器室墙上的高压隔离开关（带接地开关）组成。

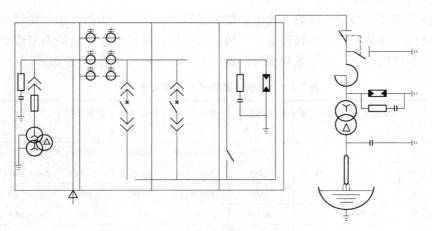

图 7 - 13　电炉高压供电系统原理

高压控制柜上装有隔离开关手柄、真空断路器、电抗器及变压器的开关、高压仪表和信号装置等。高压供电系统所计量的主要技术参数有高压侧电压、高压侧电流、功率因数、有功功率、有功电度及无功电度。

（3）低压供电系统及其台柜。电弧炉的低压电气系统由低压开关柜、基础自动化控制系统（含电极自动调节系统）、人机接口及相应的网络组成。

低压开关柜系统主要由低压电源柜、可编程控制器（PLC）柜及电炉操作柜（或台）组成。电炉操作台上安装有真空断路器分合闸及变压器的调压开关，控制电极升降的手动、自动开关，炉盖提升旋转、电炉倾动及炉门、出钢口等炉体操作开关以及低压仪表和信号装置等。

7.2　电弧炉容量和座数的确定

进行电炉炉型设计之前首先要确定电弧炉的容量和座数，这主要与车间的生产规模、冶炼周期、作业率等因素有关。

7.2.1　电弧炉的容量

电弧炉的大小以其额定容量（或公称容量）来表示。为了确定电炉的容量和座数，首先要估算每次出钢量 q。

$$q = \frac{G_a \tau}{8760 \eta y}$$

式中　G_a——车间产品方案中确定的年产量，t；

　　　τ——冶炼周期，h；

　　　η——作业率，$\eta = \dfrac{\text{年作业天数}}{\text{年日历天数}} \times 100\%$，一般 $\eta = 90\% \sim 94\%$；

　　　y——良坯收得率，连铸一般 $y = 95\% \sim 96\%$。

然后根据估算出的每次出钢量来选择电炉的容量和座数。要使车间各个电炉每次出钢量的总和稍大于或等于 q。

一般应选用较大容量的电炉，大电炉技术经济指标较好，热损失和电耗较小。在同一车间内所选电炉容量的类型不宜过多，一般认为不超过两种为宜。电炉类型过多，车间的设备配置、配件的准备、炉子维修都有困难。电炉的容量可按表 7 - 4 选择。

表 7 - 4　炼钢电弧炉及其主要技术指标

序号	型号	额定容量 /t	最大容量 /t	变压器容量 /kV·A	熔池尺寸 /mm	炉壳直径 /mm	炉膛直径 /mm	二次电压/V
1	HX - 20	20	24	9000	3300 × 660	4200	3400	300 ~ 140 十三级以上
2	HX₂ - 20	20	24	9000	3300 × 660	4200	3400	300 ~ 140 十三级以上
3	HX₂ - 30	30	36	12500	3700 × 740	4600	3800	330 ~ 150 十三级以上
4	HX₂ - 50	50	60	18000	4250 × 1000	5200	4350	366 ~ 160 十三级以上
5	HX₂ - 75	75	85	25000	4800 × 1100	5800	4950	400 ~ 170 十三级以上
6	HX₂ - 100	100	110	32000	5300 × 1220	6400	5400	440 ~ 180 十三级以上

7.2.2　电弧炉的座数

一个车间内的电炉座数不宜过多，一般设置 1 ~ 2 座电炉。

现代电弧炉炼钢车间一般配置一座电弧炉、一套炉外精炼装置和一台连铸机，组成"三位一体"一对一的生产作业线。这种生产作业线具有生产管理方便、技术经济指标先进、相对投资省等优点。

7.3 电弧炉炉型设计及计算

电弧炉的炉型设计主要包括熔池形状和尺寸设计、熔炼室设计、炉衬及厚度的确定、炉壳及厚度的确定、炉门尺寸的确定及出钢口和流钢槽的设计等。

7.3.1 熔池的形状和尺寸

电弧炉的大小以其额定容量（公称容量）来表示，所以额定容量是指新设计的电炉熔池所能容纳的钢水量。实际生产过程中，随着熔炼炉数的增多和熔池容积的逐渐增大，装入量或者出钢量也不断增加。另外生产中还经常用提高炉门槛即造假门槛的办法来增加炉产量，这样就出现了超装的问题。一般认为以超装 20% ~ 50% 为宜，不宜超装太多，大电弧炉基本上不超装。

熔池是指容纳钢液和熔渣的那部分容积。熔池的容积应能完全容纳适宜熔炼的钢液和熔渣，并留有余地。

7.3.1.1 熔池的形状

熔池的形状应具有以下特点：利于冶炼反应的顺利进行；砌筑容易；修补方便。目前使用的多为锥球形熔池，上部分为倒置的截锥，下部分为球缺，如图 7 - 14 所示。

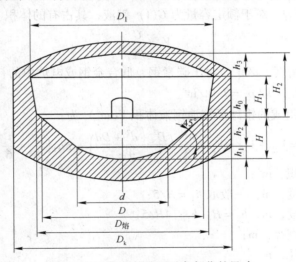

图 7 - 14　电弧炉炉型及各部位的尺寸

d—球冠直径；D—熔池液面直径；$D_熔$—熔炼室直径；D_k—炉壳直径；H—熔池深度；H_1—熔炼室高度；
h_1—球冠部分高度；h_2—球锥部分高度；h_3—炉顶高；D_1—熔炼室上边缘直径

球缺形电炉炉底使得熔化了的钢液能积蓄在熔池底部，迅速形成金属熔池，加快炉料的熔化并及早造渣去磷。截锥形电炉炉坡便于补炉，炉坡倾角 45°，具有以下优点：

（1）45°为自然锥角，砂子等松散材料成堆后的自然锥角正好是 45°。当用镁砂补炉时利用镁砂自然滚落的特性，可以很容易地使被侵蚀后的炉坡得到修补，恢复原状。

（2）出钢时炉子倾斜 35° ~ 45°能顺利出净钢水。

确定电炉炉型的基本参数是 D/H 值，即熔池钢液直径 D 与钢液深度 H 的比值，其经

验值为 $D/H = 3 \sim 5$。在熔池面积一定的条件下，D/H 大，则熔池浅。熔池容积一定，熔池越浅，熔池表面积越大，即钢、渣界面积越大，有利于钢渣之间的冶金反应，因此，希望 D/H 大一些。但是 D/H 太大，则熔池直径和熔炼室直径都增大，于是炉壳直径 D_k 增大，导致 D_k 太大，炉壳散热面积和电耗都增大，所以 D/H 又不能太大。如果 D/H 太小，熔池太深，钢液加热困难，温度分度不均匀。在氧化期应对金属进行良好的加热，并对熔池中的金属进行强烈沸腾搅拌，以使金属成分和温度均匀。

当选定炉坡倾角 45° 时，一般取 $D/H = 5$ 左右较合适。

对于 70t/5500mm 及以上的超高功率电炉取 $D/H = 4 \sim 5$，比值随着炉容量增加而增大；而对于用返回料冶炼不锈钢电炉，为改善熔池的温度差、减少熔池深度、D/H 可能要在 5 以上。

7.3.1.2 熔池的尺寸计算

(1) 熔池容积 $V_{池}$。根据定义：

$$V_{池} = V_{液} + V_{渣} = T/\rho_{液} + G_{渣}/\rho_{渣}, \text{m}^3$$

式中 T——出钢液量，t；

   $\rho_{液}$——钢液密度，$6.8 \sim 7.0\text{t/m}^3$；

   $G_{渣}$——按氧化期最大渣量计算，钢液量的 7%（碱性），t；

   $\rho_{渣}$——渣的密度，$3 \sim 4\text{t/m}^3$。

(2) 钢液面直径 D。对于额定容量为 $G(\text{t})$ 钢液，其占有的体积 $V_g(\text{m}^3)$ 为：

$$V_g = \frac{G}{\rho_g} \qquad\qquad (7-1)$$

式中 ρ_g——钢液的密度，t/m^3，对于碳素钢、低合金钢或电炉中的初炼钢液（合金化前的）密度，取 $\rho_g = 7.0\text{t/m}^3$。

由倒锥台与球缺组成的锥球形熔池钢液体积 $V(\text{m}^3)$ 为：

$$V = V_{台} + V_{球} = V_g = \frac{\pi h_2}{3}\left(\frac{D^2 + d^2 + Dd}{4}\right) + \pi h_1\left(\frac{d^2}{8} + \frac{h_1^2}{6}\right)$$

式中 V_g——钢液体积，m^3；

   h_1——球缺高度，m，一般取 $h_1 = H/5$；

   h_2——锥台高度，m，$h_2 = H - h_1 = 4H/5$；

   D——钢液面直径，m；

   d——球缺直径，m。

当取 $D/H = 5$ 时，因 $d = D - 2h_2/\tan\alpha = 5H - 1.6H/\tan\alpha = 3.8797H$（$\alpha$ 为锥台炉坡倾角，取 55°），代入式（7-1）中整理得：

$$V_g = 4.3446\pi H^3 = 0.0348\pi D^3$$

当取 $D/H = 4.5$ 时，$d = 3.3797H$，则：

$$V_g = 3.4123\pi H^3 = 0.0374\pi D^3$$

当取 $D/H = 4$ 时，$d = 2.8797H$，则：

$$V_g = 2.5961\pi H^3 = 0.0406\pi D^3$$

(3) 熔池直径 D_r。电炉的熔池直径（渣面直径），对钢液面上很薄的一层炉渣来说，可近似为圆柱形，其厚度 $h_z(\text{m})$ 为：

$$h_z \approx \frac{4V_z}{\pi D^2} = \frac{4G_z}{\pi D^2 \rho_z}$$

$$V_z = G_z/\rho_z$$

式中 G_z——炉渣的质量，t；

V_z——炉渣的体积，m^3；

ρ_z——炉渣的密度，一般取 $\rho_z \approx 2.5 t/m^3$。

电炉氧化期的渣量最大，占钢液重量的 5% ~ 7%，占钢液体积的 15% ~ 20%，即 $V_z = (5\% \sim 7\%) \ G/\rho_z$ 或 $V_z = (15\% \sim 20\%) V_g$。泡沫渣操作虽然使炉渣体积成倍增加（泡沫渣的密度 $\rho_z \approx 1.25 t/m^3$），但从提高渣线炉衬的寿命及氧化后期炉渣体积减小等方面考虑，取上述的中上限即可。

考虑炉渣的厚度，熔池直径 $D_r(m)$ 为：

$$D_r = D + 2h_z/\tan\alpha$$

对于 70t 电炉，额定出钢量为 70t，渣层厚度为 0.12 ~ 0.135m；对于 100t 电炉，额定出钢量为 100t，渣层厚度为 0.135 ~ 0.15m。

表 7-5 列出了不同 D_r/H 比值下熔池形状参数。考虑到超高功率电炉实施泡沫渣埋弧操作，炉门槛平面直径高于熔池，即要高于渣面 100mm 以上。

表 7-5 D_r/H 比值对熔池形状参数的影响

额定出钢量/t	炉坡倾角/(°)	D_r/H	钢液容积/m^3	钢液深度/m	钢液直径/m	熔池直径/m	炉壳直径/m
70	55	5.0	10	0.902	4.50	4.70	5.7
70	55	4.5	10	0.977	4.40	4.60	5.6
70	55	4.0	10	1.070	4.30	4.50	5.5
100	55	5.0	14.3	1.016	5.08	5.30	6.3
100	55	4.5	14.3	1.101	4.95	5.20	6.2
100	55	4.0	14.3	1.206	4.82	5.10	6.1

注：可以看出熔池直径与炉壳直径约相差 1m。

由截锥体和球缺体的体积计算公式可知，熔池的计算公式为：

$$V_{池} = \frac{\pi}{12}h_2(D_r^2 + dD_r + d^2) + \frac{\pi}{6}h_1\left(3 \times \frac{d^2}{4} + h_1^2\right), m^3$$

式中 h_1——球缺部分高度，m，一般取 $h_1 = H/5$；

h_2——截锥部分高度，m，$h_2 = H - h_1 = 4/5H$；

D_r——熔池液面直径，m，通常采取 $D_r/H = 5$，即 $D_r = 5H$；

d——球缺直径，m。

因 $d = D_r - 2h_2 = 5H - 8/5H = 17/5H$，代入上式，整理后得：

$$V_{池} = 12.1H^3 = 0.0968D_r^3, m^3 \tag{7-2}$$

利用式（7-2）可求出 H 和 D_r 值。

【例 7-1】计算 50t 电炉的熔池尺寸，其中，出钢量 $T = 50t$，$\rho_{液} = 7.0t/m^3$，$\rho_{液} = 3t/m^3$。

$$V_{液} = T/\rho_{液} = 50/7 = 7.143 \text{m}^3$$
$$G_{渣} = T \times 7\% = 50 \times 7\% = 3.5 \text{t}$$
$$V_{渣} = G_{渣}/\rho_{渣} = 3.5/3 = 1.167 \text{m}^3$$
$$V_{池} = V_{液} + V_{渣} = 7.143 + 1.167 = 8.31 \text{m}^3$$
$$D_r = \sqrt[3]{V_{池}/0.0968} = \sqrt[3]{8.31/0.0968} = 4.411 \text{m}$$
$$H = \sqrt[3]{\frac{V_{池}}{12.1}} = \sqrt[3]{\frac{8.31}{12.1}} = 0.882 \text{m}$$
$$h_1 = H/5 = 0.176 \text{m}$$
$$h_2 = 4/5H = 0.7056 \text{m}$$
$$d = 17/5H = 2.999 \text{m}$$

7.3.2   熔炼室尺寸

熔炼室是指熔池以上至炉顶拱基的容积，其大小应能一次装入堆积密度中等的全部炉料。

(1) 熔炼室直径 ($D_{熔}$)。炉坡与炉壁交接处的直径，为了防止钢液沸腾时炉渣冲刷炉壁或炉渣到达炉坡与炉壁砖的交接处（薄弱处），炉坡应高于炉门槛（渣面与炉门槛平齐）约 100mm 左右 ($h_0 = 100$mm)，则熔炼室直径 $D_{熔}$ 为：

$$D_{熔} = D_r + 2(0.1 + 0.1)/\tan\alpha$$
$$= D + 2(h_z + 0.2)/\tan\alpha, \text{m}$$

当选定炉坡倾角为 45°时，有：

$$D_{熔} = D_r + 2 \times 0.1, \text{m}$$

(2) 熔炼室高度 (H_1)。熔炼室高度是指金属炉门槛至炉顶拱基的空间高度。炉衬门槛比金属门槛高出 80~100mm。

从延长炉盖寿命和多装轻薄料考虑，希望熔炼室高度 H_1 大些。因为增大熔炼室高度 H_1，炉盖距电弧和熔池面距离远，炉盖受到的辐射热相对少一些，炉盖寿命长；另外，熔炼室高度 H_1 大，装轻薄料多。但如果熔炼室高度 H_1 太大，则炉壳散热面积大，增加电耗；电极长，增大电阻。

根据经验，对于容量小于 40t 的电炉，取 $H_1/D_r = 0.45~0.5$；

对于容量大于 40t 的电炉，取 $H_1/D_r = 0.40~0.44$。

美国的电炉 $D_{rh}/H_1 = 2~2.1$，即炉容越大，炉壁相对越矮。

目前，废钢轻薄料日益增多，堆密度降低，故在设计熔化室的高度时，应保证堆密度为 0.7t/m³ 的废钢能两次装入。第一次按 60% 总废钢计算，或第一次按 55% 废钢 + 料重 2% 的石灰计算。当废钢堆密度不能保证时，可适当提高炉壳高度，成为高炉壳电炉。

(3) 炉顶高 (h_3)。炉顶高度 h_3 与熔炼室直径 $D_{熔}$ 的关系为：

$$\frac{h_3}{D_{熔}} = \frac{1}{9} \sim \frac{1}{7}（因炉顶砖不同而异）$$

至此，渣面至炉顶中央高度 $H_2 = H_1 + h_3$。

(4) 熔炼室上缘直径 (D_1)。一般熔炼室设计成上大下小倾斜形的，即 $D_1 > D_{熔}$，炉壁上部薄下部厚，这样形状的熔炼室增加了炉壁的稳定性，炉壁较稳固，并且容易修补，同时使熔炼室的容积增大，可多装轻薄料。另外下部的炉衬接近于炉渣，侵蚀快些，炉衬下厚上薄可以使整个熔炼室炉衬寿命趋于均匀。

其炉墙内侧倾斜度，一般为炉坡水平面至拱基高度（$H_1 - 100$）的 10% 左右；所以

$$D_1 = D_熔 + 2 \times (H_1 - 0.1) \times 10\% ,\text{m}$$

7.3.3 炉衬及厚度的确定

炉衬由炉壳、石棉（100mm）、绝热层和工作层组成。炉壁衬砖的厚度常由耐火材料的热阻计算确定，计算依据的条件是炉壳在操作末期被加热的温度不大于 200℃，以免炉壳变形。

根据耐火材料的热阻确定炉衬厚度，要保证炉子在炉役末期，炉子外表面被加热温度不能超过 100~150℃。炉衬厚度包括炉底厚度、炉壁厚度和炉盖厚度。一般而言，增加炉衬厚度 δ，炉壳受热及热损失可以减少，这在一定限度内是正确的。但炉衬厚度增加与热损失减少并非线性关系，当 δ 达到一定值以后，再增加 δ 值，热损失减少不显著，反而因为厚度 δ 的增加过大，而增加炉壳直径 D_k，导致耐火材料的消耗增加，散热面积也增加。故应选用优质耐火材料，且采用较薄的炉衬。

（1）炉底厚度。小于 15t 的电炉，炉底厚度 $\delta_底$ 不小于钢液深度，即 $\delta_底 \geqslant H$；大于 15t 的电炉，$\delta_底 < H$。美国的 3~350t 电炉的炉底厚度范围 $\delta_底 = 230~900mm$；5t 以下电炉，$\delta_底 \geqslant H$；10~70t，$\delta_底 < H$；70t 以上的电炉，$\delta_底 = 230~900mm$。

（2）炉壁厚度。炉壁厚度 $\delta_壁$ 一般是指炉壁根部厚度，即熔池渣线平面处炉衬的厚度，也有用炉缸平面处炉衬的厚度来表示炉壁厚度的，一般取 $\delta_壁 > 400~600mm$；美国小于 10t 的电炉，$\delta_壁 \leqslant 300mm$；10t 以上电炉，$\delta_壁 = 350~400mm$。对于普通功率电炉炉壁采用耐火材料，炉壁上部炉口处的厚度则小于炉壁根部，其所形成的倾角为 5°~6°，以有利于废钢加料及炉衬修补；超高功率大型电炉采用水冷炉壁，炉壁厚度取决于水冷构件的形式、材质及炉内热负荷等。

（3）炉盖厚度。普通功率电炉炉盖常采用耐火材料，如高铝砖或可用塑料进行捣制的，其厚度在 200~400mm。对于超高功率电炉采用水冷炉盖的，水冷炉盖的厚度不大于水冷炉壁的厚度，一般为 250~350mm。

可根据表 7-6 和表 7-7 列出的经验值分别选择炉顶砖厚度和炉壁部位厚度。

表 7-6 炉顶砖厚度（δ）

吨位/t	<20	20~40	>40
δ/mm	230	300	350

表 7-7 炉壁部位厚度

吨位/t	<10	10~40	>40
工作层/mm	230	345	460
绝热层/mm	75	75	75
炉底部位	—	总厚度近似等于熔池深度	

7.3.4 炉壳及厚度

炉壳要承受炉衬和炉料的质量，抵抗部分炉衬砖在受热膨胀时产生的膨胀力，承受装

料时的撞击力。

（1）炉壳用钢板厚度。炉壳厚度 $\delta_{壳}$ 一般为炉壳直径 D_k 的 1/200，工程上取钢板厚度不大于 $D_k/200$，即：

$$\delta_{壳} = D_k/200, \text{mm}$$

炉壳厚度 $\delta_{壳}$ 与炉壳直径 D_k 的关系见表 7-8。有了 δ 和 $\delta_{壳}$ 就可以求出 D_k。

表 7-8 炉壳厚度（$\delta_{壳}$）与炉壳直径（D_k）的关系

D_k/m	<3	3~4	4~6	>6
$\delta_{壳}/\text{mm}$	12~15	15~20	25	28~30

（2）炉壳直径 D_k。对于有完整的钢板炉壳、水冷炉壁采取内装式的电炉，以炉壳钢板内径作为炉壳直径，或称炉壳内径；对于没有完整的钢板炉壳、水冷炉壁采取框架悬挂式的电炉，以偏心底出钢下炉壳的钢板内径作为炉壳直径。考虑熔池平面处耐火材料炉衬厚度，炉壳直径等于熔池直径加上两倍炉壁厚度（见表 7-10），即：

$$D_k = D_r + 2\delta_{壁}$$

（3）炉壳高度。炉壳高度主要由耐火材料炉底厚度、炉缸的深度及熔化室高度组成，取决于熔化室高度。

（4）炉壳底部形状。炉壳底部形状有锥台形和球缺形，其中，大型电炉为球缺形。

7.3.5 炉门尺寸的确定

一般电炉设一个加料炉门和一个出钢口，其位置相隔 180°。

确定炉门尺寸要考虑下列因素：应便于顺利观察炉况；能良好地修补炉底和整个炉坡；采用加料机加料的炉子，料斗应能自由出入；能顺利取出折断的电极等。

炉门尺寸可按以下经验值进行确定：

$$炉门宽度 = (0.25 \sim 0.3)D_{熔}$$
$$炉门高度 = 0.8 \times 炉门宽度$$

为了密封，炉门框应向内倾斜 8°~12°。

7.3.6 出钢口和流钢槽尺寸设计

出钢口下缘与炉门槛平齐或高出 100~150mm。出钢口为一个圆形孔洞，其直径为 120~150mm。

流钢槽的外壳用钢板或角钢做成，其断面为槽形，固定在炉壳上，内衬凹形预制砖（称流钢槽砖）。为了防止打开出钢口以后钢水自动流出，流钢槽上翘且与水平面成 10°~12°的角。

流钢槽长度取决于电炉在车间的布置方式及出钢方式。对于纵向或高架式布置同跨出钢的可以短一些，一般小于 1m，以减少钢水散热和二次氧化；对于横向地面布置异跨出钢的应长些，一般大于 2m。

7.3.7 偏心炉底出钢电炉参数设计

为了改善炉外精炼的冶金效果，电炉采取了无渣出钢，其中效果最好、应用最广泛的是偏心底出钢法（EBT），其结构示意图如图 7 - 7 所示。

偏心底出钢电炉设计参数包括留钢量、出钢口偏心度、出钢口直径及出钢箱高度等。

（1）EBT 留钢量的设计。偏心底出钢电炉的无渣出钢是通过留有一定钢水而实现的，同时还具有提前成渣早去磷等特点。

从传统槽出钢电炉改造成偏心底出钢电炉后，偏心底出钢电炉的熔池钢水量多出 10% ~15%，以此作为偏心底出钢炉的留钢量，可使超过 95% 的炉渣留在炉内，实现无渣出钢。而对于炉料连续预热电炉，因其废钢的加热熔化方式发生变化，整个冶炼过程是电弧加热熔池、熔池熔化废钢，一般要求保证留有出钢量的 30% ~40% 的钢水。此时，金属熔池的设计就要考虑所增加的 20% ~25% 的钢水量对熔池体积的影响（按最大钢水量来进行设计）。

需要指出的是，对于不同形式的电炉应留有合适的留钢量，过多留钢将影响电炉操作、恶化炉型结构、增加能耗、延长冶炼周期，并且还将大幅度增加热量损失、降低炉子的热效率。

（2）出钢口偏心度。偏心度（偏心距）是指出钢口中心到炉体中心的距离，用 E 表示。也可以用偏心率来表示，即出钢口中心到炉体中心的距离与炉壳半径的比值，用 η 表示，$\eta = 2E/D_k$。

在满足出钢口填料和维护操作方便的情况下，出钢口偏心距应尽量小。这不仅可减少出钢箱内（小熔池）与炉体内（大熔池）钢水的温度与成分的不均匀性，有利于冶炼操作，还可减少炉体的偏重。

（3）出钢口水平面高度。出钢口水平面高度即为出钢箱底部位置，应能保证出完钢且炉子摇正后，炉中留下的炉渣（约 95%）与钢水（10% ~15%）均不溢出。此时，出钢口水平面的高度应最小，以使出钢箱内钢水深度 h 足够大（静压力大，$p = hd$），提高自动开浇率及改善卷渣现象。

（4）出钢箱高度。出钢箱高度应适当大些，以便防止超装、熔池氧化沸腾炉体后倾及出钢不顺炉体后倾时，钢水较长时间接触水冷过桥与出钢箱水冷盖板而造成危险。

（5）出钢口直径。综合考虑钢水的温降、生产率、卷渣及出钢操作等，常以出钢时间 $\tau = 120 ~150s$ 作为设计出钢口直径的依据之一，出钢量与钢流流速的关系为：

$$G = Sv\tau\rho = \frac{\pi d^2}{4}\sqrt{2gh}\,\tau\rho$$

整理后，得：

$$d^2 = 0.04\,\frac{G}{\tau\sqrt{h}}$$

式中　G——出钢量，t；

　　　S——钢流面积，即出钢口截面面积，m^2；

　　　v——钢流流速，m/s；

　　　τ——出钢时间，s；

　　　ρ——钢水密度，t/m^3；

　　　d——出钢口直径，m；

　　　h——出钢口上方钢水深度，m。

（6）实现无渣出钢、减少下渣。做到以下两点可实现无渣出钢、减少下渣量。

1）出钢口水平面的高度应最小、出钢口不易过大。

2）加快出钢后的回倾速度，要达到 4~5(°)/min，否则将因虹吸现象而出现卷渣下渣。

7.4 电弧炉变压器功率和电参数的设计

7.4.1 变压器功率

确定变压器功率旨在选择与电炉容量相匹配的变压器。电炉的容量、冶炼时间、炉衬材质、电效率和热效率均会影响变压器功率。为了简化计算，把变压器功率与炉壳直径 D_k 联系起来，不考虑其他因素的影响。当已知炉壳直径 D_k 时，可用如下经验公式选择变压器的额定功率。

$$P_{视} = \frac{110D_k^{3.32}}{t}$$

式中　$P_{视}$——变压器视在功率，$kV \cdot A$；

　　　D_k——炉壳直径，m；

　　　t——额定装量时的熔化时间，h。

7.4.2 电压级数

在各冶炼期应采用不同的功率供电以满足冶炼工艺需要，如在熔化期采用最高功率及最高二次电压供电，在精炼期使用较小功率及低电压供电。当功率要求一定时，提高工作电压，可以减小电流，故可提高功率因数 $\cos\varphi$ 和电效率 $\eta_{电}$，为此变压器要设置若干级二次电压。

可根据如下经验公式选择最高一级的二次电压：

$$U = C\sqrt[3]{P_{视}}(C = 13 \sim 17)$$

电压级数取决于最高二次电压和各冶炼期对供电的要求，见表 7-9。

表 7-9　最高级二次电压与电压级数的关系

最高级二次电压/V	200~250	250~300	320~400	>400
电压级数	2~4	4~6	6~8	8~18

7.4.3 电极直径

电极是将电流输入熔炼室的导体。当电流通过电极时，电极会发热，且有 8% 左右的电能损失。

当功率为定值时，随电极直径减小，电极上的电流密度 I/S 增大，电能损失增加。若增大电极直径，则电极上的电流密度 I/S 减小，电能损失减小，故电极直径应大些。但若电极直径太大，则电极表面热量损失增加，故电极直径又不能太大，应有一个合适的值，以保证电极上的电流密度在一定范围内。

可根据如下经验公式来确定电极直径 $d_{电极}$。

$$d_{电极} = \sqrt[3]{\frac{0.406I^2\rho}{K}}$$

$$I = \frac{1000P_{视}}{\sqrt{3}U}$$

式中　ρ——石墨电极500℃时的电阻系数，$1 \times 10^{-5}\Omega \cdot m$；

$\quad\quad K$——系数，对石墨电极$K = 2.1W/cm^2$；

$\quad\quad I$——电极上的电流强度，A；

$\quad\quad P_{视}$——变压器视在功率，$kV \cdot A$；

$\quad\quad U$——最高二次电压，V。

表7-10列出了电极直径与电极上的电流密度I/S值的关系。

表7-10　不同尺寸电极的 I/S 值

$d_{电极}$	100	200	300	400	500	600
$I/S/A \cdot cm^{-2}$	28	20	17	15	14	12

露出炉顶外的那部分电极温度应不大于500℃（石墨电极），以减少电极消耗，所以电极上的电流密度也不应超过该尺寸电极的I/S允许值，以免电极温度过高。

7.4.4　电极极心圆直径

电极极心圆直径（$d_{极心}$）表示电极在炉内的分布，其大小影响耐火材料炉壁寿命、废钢炉料的熔化、熔池温度均匀性、炉盖中心耐火材料强度等。确定电极极心圆直径时，要考虑熔池直径、电极直径及炉壁是否采用氧枪或烧嘴等因素。一般电极极心圆直径随熔池直径（炉壳直径）及电极直径增加而加大，当炉壁采用氧枪或烧嘴时电极分布圆可以减小。电极极心圆直径的经验值为：

$$d_{极心} = (0.25 \sim 0.35)D_r, mm \tag{7-3}$$

式中　D_r——熔池直径。

经验公式中系数随电炉容量（熔池直径）的增加而减小。对于100t电炉，熔池直径均为5100mm，电极极心圆直径为1300mm（系数用0.26），考虑到采用三支炉壁氧—燃枪，所以电极极心圆直径小一些，以便尽早形成熔池及提高炉衬寿命，确定采用1250mm；对于前述70t电炉，熔池直径约为4500mm，电极分布直径可以减小至1150mm。不同容量超高功率电炉的电极极心圆直径，见表7-11。

表7-11　不同容量超高功率电炉主要技术参数

出钢量/t	变压器额定功率/MV·A	炉壳直径/mm	石墨电极直径/mm	电极极心圆直径/mm
10	6	2800	250	700
15~20	16	3600	350	950
20~30	24	4000	450	1100
30~40	35	4300	450	1150
40~50	40	4600	450	1150
50~55	44	4900	500	1150
60~70	54	5200	500	1200
70~80	64	5500	550	1200

出钢量/t	变压器额定功率/MV·A	炉壳直径/mm	石墨电极直径/mm	电极极心圆直径/mm
85 ~ 95	75	5800	550	1200
100 ~ 110	88	6100	600	1250
115 ~ 130	104	6400	600	1250
130 ~ 150	120	6700	600	1300
150 ~ 180	144	7000	600	1300

7.5 电弧炉用耐火材料设计

电弧炉对耐火材料的一般要求为：

（1）耐火度要高。电弧温度超过 4000℃，炼钢温度在 1500 ~ 1750℃，有时高达 2000℃，故要求耐火材料具有高的耐火度。

（2）荷重软化温度要高。电炉是在高温载荷条件下工作的，并且炉体要经受钢水的冲刷，故要求耐火材料具有高的荷重软化温度。

（3）耐压强度要高。电炉炉衬在装料时受炉料冲击，冶炼时受钢液的静压，出钢时受钢流的冲刷，操作时受机械振动，故要求耐火材料具有高的耐压强度。

（4）导热系数要小。为了减少电炉的热损失，降低电能消耗，故要求耐火材料的导热性要差，即导热系数要小。

（5）热稳定性要好。电炉炼钢从出钢到装料的几分钟时间内，温度由原来的 1600℃ 左右急剧降至 900℃ 以下，故要求耐火材料具有良好的热稳定性。

（6）耐侵蚀能力强。在炼钢过程中，炉渣、炉气和钢液均对耐火材料产生强烈的化学侵蚀作用，故要求耐火材料具有良好的耐侵蚀性。

7.5.1 电炉炉顶用耐火材料

电炉炉顶用耐火材料主要有硅砖、黏土砖、镁砖、高铝砖和镁铬砖等。高铝砖和镁铬砖因性能优异而得以广泛应用。

（1）高铝质耐火材料。通常依据耐酸性或抗碱性熔渣的侵蚀性、抗剥落性及耐磨性来选择高铝质耐火材料。表 7 – 12 列出了几种高铝质耐火材料的性能。

表 7 –12　几种高铝质耐火材料的性能

项　目	高铝质预制块				高铝质不烧砖			不烧镁铬砖
	A	B	C	D	E	F	G	H
体积密度/g·cm⁻³	2.77	2.72	2.69	3.00	2.81	2.71	3.27	3.05
显气孔率/%	11.8	12.8	12.9	12.8	20.2	19.6	12.8	12.4
耐压强度/MPa	33.5	30.5	40.5	65.2	31.5	35.0	124.0	55.0
高温抗折强度/MPa（1400℃）	2.5	2.5	4.0	5.0			4.0	
$w(SiO_2)$/%	25	26	21	7	11	19	7	
$w(Al_2O_3)$/%	69	67	76	89	83	76	82	

项 目	高铝质预制块				高铝质不烧砖			不烧镁铬砖
	A	B	C	D	E	F	G	H
$w(MgO)/\%$								57
$w(Cr_2O_3)/\%$				2			10	13

（2）$MgO - Cr_2O_3$ 砖。在强化操作的电炉上，特别是用粒状原料（如海绵铁等）代替部分废钢时，由于产生过多的氧化铁而导致高铝质电炉炉顶砖的寿命大幅度降低。此时应选用 $MgO - Cr_2O_3$ 砖，其性能指标见表 7 – 12。

$MgO - Cr_2O_3$ 砖在电炉炉顶上使用时会产生以下问题：耐火砖中的铬矿在加热至 1400℃ 以上时，会发生 $Fe_2O_3 \rightarrow 2FeO + O$ 反应而失去氧，其中的铁原子由于从铬晶粒向基质中扩散快于其相反的扩散，因此会出现克肯达尔（Kirkendall）反应，使铬矿晶粒产生多孔现象。研究表明，采用预合成的 $MgO - Cr_2O_3$ 砖，因其不受氧化铁的影响，可基本上解决此问题。

在 1100 ~ 1500℃ 的温度范围内反复加热，即会发生 $Fe^{3+} \rightarrow Fe^{2+}$ 的变化，并伴随吸收和排出氧。此过程中，在循环的局部区域伴有膨胀，而在相对的部位却没有复原，致使铬矿晶粒逐渐变得多孔和易碎，直至发生崩碎，从而导致炉顶发生扭曲变形。可通过设计较复杂的炉顶（如莱因特杰斯（Reintjes）设计的"压紧装置"炉顶法）来克服此缺点。

7.5.2 电炉侧墙用耐火材料

（1）普通功率电炉侧墙用耐火材料。通常选用 $MgO - C$ 砖砌筑不带水冷壁的电炉侧墙。热点区和渣线部位的使用条件最苛刻，不仅受到钢水和炉渣的严重侵蚀和冲刷以及加入废钢时的严重机械撞击，而且还受到电弧的热辐射。因此，这些部位均选用性能优异的 $MgO - C$ 砖砌筑，其性能指标见表 7 – 13。

表 7 – 13　热点和渣线用镁碳砖的性能

性 能	$w(MgO)/\%$	$w(C)/\%$	体积密度 $/g \cdot cm^{-3}$	显气孔率/%	常温耐压强度 /MPa	高温抗折强度 /MPa（1400℃）
武钢 75t 电炉	≥76	≤17	2.85	4	≥34	≥12.6
大冶钢厂 50t 电炉	≥76	16.4	2.87	3	≥31	≥14.5

带水冷壁的电炉侧墙，由于采用了水冷技术使热负荷增高，使用条件更苛刻，因此更应选用耐渣性好、热震稳定性和热导率高的 $MgO - C$ 砖，其碳含量为 10% ~ 20%。

（2）超高功率电炉侧墙用耐火材料。超高功率电炉（UHP 炉）侧墙多使用 $MgO - C$ 砖砌筑，其热点区域和渣线部位则使用性能优异的 $MgO - C$ 砖（如全碳基质 $MgO - C$ 砖）砌筑，以大幅度地提高其使用寿命。

由于电炉操作方法的改进，炉墙负荷虽有减轻，但在 UHP 炉冶炼条件下作业，耐火材料仍难以延长热点区域的使用寿命。因此，水冷技术得以发展和应用。对于采用 EBT 式出钢的电炉，其水冷面积达到 70%，从而大幅度地降低了耐火材料的使用量。现代水冷技术需要导热性好的 MgO – C 砖。沥青、树脂结合的镁砖和 MgO – C 砖（含碳量为 5% ~25%）砌筑电炉侧墙，在严重氧化条件下，则加入抗氧化剂。

对于受氧化还原反应蚀损最严重的热点区域，则选用大结晶电熔镁砂为原料、碳含量大于 20%、全碳基质的 MgO – C 砖砌筑。

UHP 电炉用 MgO – C 砖的新近发展是采用高温烧成后再浸渍沥青，生产所谓烧成沥青浸渍 MgO – C 砖。从表 7 – 14 可以看出，烧成 MgO – C 砖经沥青浸渍再碳化与未经浸渍的砖相比，其残碳量约增加 1%，气孔率则降低 1%，高温抗折强度和耐压强度都有明显的提高，因而具有很高的耐用性能。

表 7 – 14　沥青浸渍对含碳 20% 的 MgO – C 砖的作用

性能指标	未经沥青浸渍	经沥青浸渍
显气孔率/%	10.4	9.7
残碳含量/%	16.4	17.4
抗折强度/MPa（烧成温度 1094℃）	10.90	19.38
耐压强度/MPa（热处理温度 540℃）	11.86	19.31

（3）电炉侧墙用镁质耐火材料。电炉炉衬分为碱性和酸性，前者用碱性耐火材料（如镁质和 MgO – CaO 质耐火材料）作炉衬，后者则是用硅砖、石英砂、白泥等砌筑炉衬，见表 7 – 15。

表 7 – 15　碱性电炉炉衬与酸性电炉炉衬的比较

项　目		碱性电炉	酸性电炉
炉衬材料	炉底	镁砂沥青或镁砂焦油打结；MgO 质或白云石质干打混合料，沥青镁砂砖及沥青白云石砖	石英砂白泥打结加硅砖；石英砂白泥掺加水玻璃打结
	炉墙	树脂结合 MgO – C 砖	硅砖
	炉盖	高铝砖、MgO – Cr$_2$O$_3$ 砖	黏土砖
	出钢口	高辗水泥或沥青镁砖	
造渣材料		石灰、萤石	石英砂、石灰
脱磷、硫效果		很好	无
适用范围		电炉车间冶炼优质合金钢	铸钢车间

注：炉衬材料，碱性电炉采用碱性耐火材料，酸性电炉采用酸性耐火材料。

7.5.3　电炉炉底和出钢口用耐火材料

电炉炉底的工作条件和侧墙、炉顶的大致相同，都经受电弧的高温辐射，在极高的温度下工作，且经受急冷作用。另外，炉底还要直接与钢液接触，故要求其用优质耐火材料砌筑。炉底常用镁质砖、沥青结合镁砖砌筑，上面采用镁质、镁碳质或镁钙铁质捣打料打结。工作层打结料的好坏直接影响炉底的寿命，备受重视。白俄罗斯钢厂采用方镁石砖和镁质捣打料，其炉底寿命达到 3000 ~3500 次。

镁钙铁质干打料中的 Fe$_2$O$_3$ 含量直接影响低温烧结性能和高温耐侵蚀性，干打料要求烧结速度快，耐侵蚀和抗冲刷性好，施工方便，且在使用时能形成良好的烧结层。辽镁公司生产的干打料性能指标见表 7 - 16，在天津钢管公司 150tUHP 电炉和抚钢 50tUHP 电炉上都得到了成功应用。

表 7 - 16　辽镁公司生产的电炉用耐火材料及性能指标

性 能 指 标	热点区用 MgO - C 砖		渣线、偏心区炉墙用 MgO - C 砖	炉底、炉坡打结料	
	A	B		C	D
$w(MgO)/\%$	82.1	76.7		85.9	86.47
$w(SiC)/\%$	0.8	1.36	0.35	1.57	1.68
$w(CaO)/\%$	0.7	0.84	0.74	6.34	7.28
$w(Al_2O_3)/\%$	0.2	0.99		0.26	0.65
$w(Fe_2O_3)/\%$	0.3	0.76		3.35	4.41
$w(C)/\%$	13.3	19.52	9.59		
显气孔率/%	1.7	1.7	0.5 ~ 1.0		
体积密度/g·cm^{-3}	3.0	3.0	3.0 ~ 3.07		
耐压强度/MPa	40	40	68		
高温抗折强度/MPa (1400℃ × 25h)	17.3	17.3			
使用寿命/炉	253	253	253		

出钢口一般采用焦油浸渍镁砖或镁碳砖。近年来发展的偏心底出钢对耐火材料来说有很多优点。英国 ASW 公司的 120t 偏心底出钢电炉的生产实践表明，可降低出钢温度 13℃，生产每吨钢可降低炉底耐火材料消耗 0.5kg，降低钢包耐火材料消耗 0.43kg，降低喷补耐火材料消耗 0.64kg。

7.6　电弧炉炼钢物料平衡和热平衡计算

7.6.1　物料平衡计算

7.6.1.1　原始数据

计算所需的原始数据有：原材料及成分（见表 7 - 17），冶炼钢种、铁水、废钢和终点钢水的成分（见表 7 - 18），炉料中元素烧损率（见表 7 - 19），合金元素回收率（见表 7 - 20）以及其他数据（见表 7 - 21）。

表 7 - 17　原材料及成分 (w)　　　　　　　　　　%

名　称	C	Si	Mn	P	S	Cr	Al	Fe	H$_2$O	灰分	挥发分
碳素废钢	0.18	0.25	0.55	0.030	0.030			余量			
炼钢生铁	4.20	0.80	0.60	0.200	0.035			余量			
FeMn	6.60	0.50	67.80	0.230	0.130			24.74			
FeSi		73.00	0.50	0.050	0.030		2.50	23.92			
SiMn	1.65	20.50	63.20	0.065	0.045			14.54			

名　称	C	Si	Mn	P	S	Cr	Al	Fe	H₂O	灰分	挥发分
FeCr	4.35	0.40		0.035	0.045	67.30		27.87			
Al							98.50	1.50			
焦炭	81.50								0.58	12.40	5.52
电极	99.00									1.00	

名　称	CaO	SiO₂	MgO	Al₂O₃	CaF₂	Fe₂O₃	CO₂	H₂O	P₂O₅	S
石灰	88.00	2.50	2.60	1.50		0.50	4.64	0.10	0.10	0.06
萤石	0.30	5.50	0.60	1.60	88.00	1.50		1.50	0.90	0.10
铁矿石	1.30	5.75	0.30	1.45		89.77		1.20	0.15	0.08
火砖块	0.55	60.80	0.60	36.80		1.25				
高铝砖	1.25	6.40	0.12	91.35		0.88				
镁砂	4.10	3.65	89.50	0.85		1.90				
焦炭灰分	4.40	49.70	0.95	26.25		18.55		0.15		
电极灰分	8.90	57.80	0.10	33.10						

表 7 – 18　冶炼钢种、铁水、废钢和终点钢水的成分设定值（w）　　　　%

化学成分	C	Si	Mn	P	S	Cr	Fe	备注
冶炼钢种 GCr15 设定值①	0.95 ~ 1.05 /1.00	0.15 ~ 0.35 /0.25	0.25 ~ 0.45 /0.35	≤0.025	≤0.025	1.40 ~ 1.65 /1.53	余量	氧化法 冶炼
铁水设定值	4.20	1.80	0.60	0.200	0.035	—	余量	
废钢设定值	0.18	0.25	0.55	0.030	0.030	—	余量	
终点钢水 设定值②	0.10	痕量	0.18	0.020		—	余量	

①分母是计算时的设定值，取其成分中限；

②［C］、［Si］依据实际生产情况选取；［Mn］、［P］、［S］分别按铁水中相应成分含量的 30%、10% 和 60% 留在钢水中设定。

表 7 – 19　炉料中元素烧损率　　　　%

成分	C	Si	Mn	P	S
熔化期	25 ~ 40，取 30	70 ~ 95，取 85	60 ~ 70，取 65	40 ~ 50，取 45	可以忽略
氧化期	0.06①	全部烧损	20	0.015②	25 ~ 30，取 27

①按末期含量比规格下限低 0.03% ~ 0.10%（取 0.06%）确定（一般不应低于 0.30% 的脱碳量）；

②按末期含量 0.015% 来确定。

表 7 – 20　合金中元素的回收率　　　　%

合金材料	加入时间	回收率				
		C	Si	Mn	Cr	Al
FeMn	还原初期	100	100	96		
	出钢前	100	100	98		

合金材料	加入时间	回收率				
		C	Si	Mn	Cr	Al
FeSi	还原初期		65	100		0
	还原后期		95	100		60
FeCr	还原初期	100	100		96	
Al	还原初期预脱氧 还原后期终脱氧					0 40
Fe-Si 粉	还原期扩散脱氧		50	100		0
Al 粉	还原期扩散脱氧					0

表 7-21 其他数据

名 称	参 数
配碳量	高于钢种规格中限（1.00%）0.70%，即为 1.70%
熔化期脱碳量	30%，即 1.70%×30% =0.51kg
电极消耗量	5kg/t（金属料），其中熔化期占 60%，氧化期和还原期各占 20%
炉顶高铝砖消耗量	1.5kg/t（金属料），其中熔化期占 60%，氧化期 35%，还原期占 15%
炉衬镁砖消耗量	5kg/t（金属料），其中熔化期占 40%，氧化期和还原期各占 30%
熔化期和氧化期所需氧量	50% 来自氧气，其余 50% 来自空气和矿石
氧气纯度和利用率	纯度 99%，其余为 N_2，氧利用率 90%
焦炭中碳的回收率	75%（指配料用焦炭）
碳氧化产物	70% 生成 CO，30% 生成 CO_2
烟尘量	8.5kg/t（金属料）

7.6.1.2 物料平衡基本项目

收入项有：废钢、生铁、焦炭、石灰、矿石、萤石、电极、炉衬镁砖、炉顶高铝砖、火砖块、铁合金、氧气和空气。

支出项有：钢水、炉渣、炉气、挥发的铁和焦炭中挥发分。

7.6.1.3 计算步骤

以 100kg 金属炉料（废钢 + 生铁）为基础，按工艺阶段——熔化期、氧化期和还原期分成三步分别进行计算，再汇总成物料平衡表。

A 第一步：熔化期计算

（1）确定物料的消耗量。

1）金属炉料配入量。废钢和生铁按 3∶1 的比例进行配料，即废钢为 75kg，生铁为 25kg；用焦炭配入不足的碳量。其结果列于表 7-22。计算用原始数据见表 7-17、表 7-18 和表 7-21。

表 7-22 炉料配入量

名 称	用量/kg	配料成分/kg					
		C	Si	Mn	P	S	Fe
废钢	75.000	0.135	0.188	0.413	0.023	0.023	74.218

名 称	用量/kg	配料成分/kg					
		C	Si	Mn	P	S	Fe
生铁	25.000	1.050	0.200	0.150	0.050	0.009	23.541
焦炭	0.843③	0.515②					
合 计	100.843	1.700①	0.388	0.563	0.073	0.032	97.759

①设定的配碳量,见表 7 - 21;

②碳回收率 75%;

③焦炭用量 = 0.515/(81.50% ×75%)。

2）其他原材料消耗量。为了提前造渣脱磷,先加入一部分石灰和矿石,分别按 20kg/t（金属料）和 10kg/t（金属料）进行计算,即其消耗量分别为 2kg 和 1kg。炉顶、炉衬和电极消耗量见表 7 - 21,即熔化期炉顶、炉衬和电极的消耗量分别为 0.075kg、0.200kg 和 0.300kg。

（2）确定氧气和空气的消耗量。耗氧项包括炉料中元素的氧化,焦炭和电极中碳的氧化;而矿石则带进部分氧,石灰中 CaO 被自身 S 还原出部分氧。前后二者之差即为所需净氧量 2.815kg,其计算过程和结果见表 7 - 23。计算时采用的数据见表 7 - 19、表 7 - 21 和表 7 - 22。

根据表 7 - 21 中的假设,由氧气供给的氧量为 50%,即 3.085 × 50% = 1.543kg,空气和矿石的供氧量亦为 50%,即 1.543kg,故空气应供氧 1.543 - 0.270 = 1.273kg。由此可求出氧气与空气的实际消耗量,列入表 7 - 24。

物料的消耗量与氧气和空气的消耗量便是熔化期的物料收入量。

表 7 - 23 净耗氧量的计算

项目	名 称	元素	反应产物	元素氧化量/kg	耗氧量 /kg	供氧量/kg
耗氧项	炉料中元素的氧化	C	$[C] \rightarrow CO(g)$	1.700 ×30% ×70% = 0.357	0.476	
			$[C] \rightarrow CO_2(g)$	1.700 ×30% ×30% = 0.153	0.408	
		Si	$[Si] \rightarrow (SiO_2)$	0.388 ×85% = 0.330	0.443	
		Mn	$[Mn] \rightarrow (MnO)$	0.563 ×65% = 0.366	0.106	
		P	$[P] \rightarrow (P_2O_5)$	0.073 ×45% = 0.033	0.043	
		Fe	$[Fe] \rightarrow (FeO)$①	97.759 ×2% ×20% ×75% = 0.293	0.084	
			$[Fe] \rightarrow (Fe_2O_3)$①	97.759 ×2% ×（80% +20% ×25%） = 1.662	0.712	
	合 计			3.194	2.272	
	焦炭中碳的氧化	C②	$[C] \rightarrow CO(g)$	0.843 ×81.5% ×25% ×70% = 0.120	0.160	
			$[C] \rightarrow CO_2(g)$	0.843 ×81.5% ×25% ×30% = 0.052	0.139	
	电极中碳的氧化	C	$[C] \rightarrow CO(g)$	0.300 ×99% ×70% = 0.208	0.277	
			$[C] \rightarrow CO_2(g)$	0.300 ×99% ×30% = 0.089	0.237	
	合 计				3.085	

项目	名称	元素	反应产物	元素氧化量/kg	耗氧量/kg	供氧量/kg
供养项	矿石	Fe_2O_3	$Fe_2O_3 =$ $2Fe + 3/2O_2$			$1 \times 0.8977 \times 48/16$ $= 0.269$
	石灰	S	$CaO + S = CaS + O$			$2 \times 0.06\% \times 16/32$ $= 0.0006$
	合　计					0.270
	净耗氧量					$3.085 - 0.270 = 2.815$

①设定铁的烧损率为2%，其中80%生成Fe_2O_3挥发掉成为烟尘的一部分，20%成渣；在这20%中，按3:1的质量比例分别生成（FeO）和（Fe_2O_3）。

②焦炭中C的烧损率25%。

表7－24　氧气与空气实际消耗量

氧气/kg		空气/kg	
带入 O_2	带入 N_2	带入 O_2	带入 N_2
1.543/氧利用率=1.073/ 90% = 1.714（或1.200m³）	（1.714/氧纯度）×1% =（1.714/99%）×1% = 0.017（或0.014m³）	1.273（或0.891m³）	$1.273 \times (77/23) = 4.262$① （或3.410m³）
$\Sigma = 1.714 + 0.017 = 1.731$（或1.214m³）		$\Sigma = 1.273 + 4.262 = 5.535$（或4.301m³）	

①77/23为空气中N_2与O_2的质量比。

（3）确定炉渣量。炉渣源于炉料中 Si、Mn、P、Fe 等元素的氧化产物，炉顶和炉衬的蚀损，焦炭和电极中的灰分以及加入的各种熔剂，结果见表7－25。

表7－25　熔化期炉渣量的确定

名称		消耗量/kg	成渣组分/kg									备注
			CaO	SiO_2	MgO	Al_2O_3	MnO	FeO	Fe_2O_3	P_2O_5	CaS	合计	
炉料中元素的氧化	Si	0.330		0.707								0.707	
	Mn	0.366					0.472					0.472	
	P	0.033								0.076		0.076	
	Fe	0.391①						0.377	0.140②			0.517	
炉顶		0.075	0.075	0.004	略	0.069			0.001			0.075	
炉衬		0.200	0.008	0.007	0.179	0.002			0.004			0.200	
焦炭		0.843	0.005	0.052	0.001	0.027			0.019			0.104	灰分入渣
电极		0.300		0.002	略	0.001						0.003	
矿石		1.000	0.013	0.058	0.003	0.015		(0.898)		0.002	0.002	0.093	设Fe_2O_3全被还原③

名称	消耗量/kg	成渣组分/kg										备注
		CaO	SiO₂	MgO	Al₂O₃	MnO	FeO	Fe₂O₃	P₂O₅	CaS	合计	
石灰	2.000	1.758④	0.050	0.052	0.030			0.010	0.002	0.002	1.904	
合计		1.785	0.880	0.235	0.144	0.472		0.174	0.080	0.004	4.151	
质量分数/%		43.00	21.20	5.66	3.47	11.37	9.08	4.19	1.93	0.10	100.00	

①见表 7 - 23，进入炉渣的铁量 = 0.293 + 97.759 × 2% × 5% = 0.391kg；

②97.759 × 2% × 5% × 160/112 = 0.140；

③Fe₂O₃ 还原出的 Fe 量为 1 × 0.8977（≈0.898）× 112/160 = 0.628kg；

④石灰中 CaO 被自身 S 还原，即 CaO + S ══ CaS + O，消耗 CaO 量 = 2 × 0.06% × 56/32 = 0.002kg，则进入炉渣中的 CaO 量 = 2 × 88% - 0.002 = 1.758kg。

（4）确定金属量。

金属量 Q = 金属炉料质量 + 矿石带入的铁量 - 炉料中 C、Si、Mn、P、Fe 的烧损量 + 焦炭配入的碳量 = 100 + 0.628 - 3.194 + 0.515 = 97.949kg

（5）确定炉气量。炉气来源于炉料以及焦炭和电极中碳的氧化产物 CO 和 CO₂、氧气和空气带入的 N₂、物料中的 H₂O 及其反应产物、游离 O₂ 及其反应产物、石灰的烧碱（CO₂）、焦炭的挥发分，计算结果列于表 7 - 26。

表 7 - 26　炉气量计算

项　目	气态产物/kg							备注
	CO	CO₂	N₂	H₂O	H₂	挥发物	合计	
炉料中 C 的氧化	0.357 × 28/12 = 0.833	0.153 × 44/12 = 0.561					1.394	
焦炭带入	0.120 × 28/12 = 0.280	0.052 × 44/12 = 0.191		0.843 × 0.58% = 0.005		0.047	0.523	
电极带入	0.208 × 28/12 = 0.485	0.089 × 44/12 = 0.326					0.811	
矿石带入				0.012			0.012	
石灰带入		2.000 × 4.64% = 0.093		0.002			0.095	
氧气带入			0.017				0.017	
空气带入			4.262	0.057①			4.319	
游离 O₂ 参与反应 CO + 1/2O₂ ══ CO₂	-1.714 × 10% × 28/16 = -0.300	1.714 × 10% × 44/16 = 0.471					0.171	
H₂O 参与反应：H₂O + CO ══ H₂ + CO₂	-0.076 × 28/18 = -0.118	0.076 × 44/18 = 0.186		-0.076	0.076 × 28/18 = 0.008		0	H₂O 反应完全
合　计	1.180	1.828	4.279	0	0.008	0.047	7.342	

项 目	气态产物/kg							备注
	CO	CO₂	N₂	H₂O	H₂	挥发物	合计	
质量分数/%	16.07	24.90	58.28		0.11	0.64	100.00	

①计算条件是：常温（20℃）、常压（0.1MPa）下空气相对湿度为70%；20℃的饱和蒸气压为0.0023MPa；露点14℃。先求湿空气体积：4.301×(273+20)/273×0.1/(0.1-0.0023)=4.732m³；再算含水量。

（6）确定铁的挥发量。由表7-23中的设定，铁的挥发量为：97.759%×2%×80%=1.564kg。

上述(3)+(4)+(5)+(6)便是熔化期的物料支出量。由此可列出熔化期物料平衡表7-27。

表7-27 熔化期物料平衡表

收　入			支　出		
项　目	质量/kg	含量/%	项　目	质量/kg	含量/%
废钢	75.000	67.15	金属	97.949	88.24
生铁	25.000	22.38	炉渣	4.151	3.74
焦炭	0.843	0.75	炉气	7.342	6.61
电极	0.300	0.27	铁的挥发	1.564	1.41
矿石	1.000	0.90	（其余烟尘）	（列入总物料平衡表中）	
石灰	2.000	1.79			
炉顶	0.075	0.07			
炉衬	0.200	0.18			
氧气	1.731	1.55			
空气	5.535	4.96			
合　计	111.684	100.00	合　计	111.006	100.00

注：计算误差=(111.684-111.006)/111.684×100%=0.61%。

B　第二步：氧化期计算

以下因素是引起氧化期物料波动的因素，如扒出熔化渣，造新渣；金属中元素的进一步氧化；炉顶和炉衬的蚀损和电极的烧损。

（1）确定渣量。

1）留渣量。为了有利去磷，要进行换渣，即除去约70%的熔化渣，进入氧化期时只留下30%的渣。其组成见表7-28。

2）金属中元素的氧化产物。利用表7-19给出的值可以计算产物量，见表7-28。

3）炉顶、炉衬的蚀损和电极的烧损量。根据表7-21的假定进行计算，其结果一并列入表7-28。

4）造新渣时加入石灰、矿石和火砖块带入的渣量，见表7-28。

表7-28 氧化期渣量的确定

名 称		消耗量/kg	成渣组分/kg									
			CaO	SiO$_2$	MgO	Al$_2$O$_3$	MnO	FeO	Fe$_2$O$_3$	P$_2$O$_5$	CaS	合计
留渣 30%×4.151＝1.245kg			0.535	0.264	0.071	0.043	0.142	0.113	0.052	0.024	0.001	1.245
金属中元素的氧化或烧损	Si	0.058		0.124								0.124
	Mn	0.039					0.050					0.050
	P	0.025								0.057		0.057
	Fe	0.220						0.234	0.054			0.288
	S	0.023	-0.040								0.052	0.012
炉顶蚀损量		0.053	0.001	0.003	略	0.048		略				0.052
炉衬蚀损量		0.150	0.006	0.005	0.134	0.001			0.003			0.149
电极烧损量		0.100	略	0.001	略	略						0.001
石灰带入		2.700	2.373①	0.068	0.070	0.041			0.014	0.003	0.004	2.573
矿石带入		1.000	0.013	0.058	0.003	0.015		(0.898)		0.002	0.002	0.093
火砖块带入		0.500	0.003	0.304	0.003	0.184			0.006			0.500
合 计		2.891	0.827	0.281	0.332	0.192	0.347	0.129	0.086	0.059		5.144
w/%		56.20	16.08	5.46	6.45	3.73	6.75	2.51	1.67	1.15		100.00

①石灰中 CaO 被自身 S 还原，即 CaO + S ═ CaS + O，消耗 0.003kgCaO。石灰中 CaO 被自身 S 还原，CaO 量为 2 × 0.06% × 56/32 = 0.002kg，则进入炉渣中的 CaO 量为 2 × 88% - 0.002 = 1.758kg。

对于表7-28 中渣量的计算的说明：

1）石灰的消耗量。由表7-28 可知，除石灰带入的以外，渣中已含 $m(SiO_2) = 0.264 + 0.124 + 0.003 + 0.005 + 0.001 + 0.058 + 0.304 = 0.759$kg；已知 $m(CaO) = 0.535 - 0.040 + 0.001 + 0.006 + 0.013 + 0.003 + 0.003 = 0.518$kg。设石灰加入量为 y，取碱度 $R = 3.5$，根据 $R = CaO/SiO_2 = (y × 88.00\% + 0.759)/(y × 2.50\% + 0.518)$，整理后可以计算出石灰加入量为 2.700kg。

2）磷的氧化量。由表7-19 知氧化末期 P 的含量为 0.015%，结合表7-23 中熔化期 P 的氧化量及熔化期的金属量，可以计算出磷的氧化量为：$[(0.073 - 0.033)/97.949 - 0.015\%] × 97.949 = 0.025$kg。

3）铁的烧损量。一般可以设定，当氧化末期金属中含 C 约 0.90% 时，渣中 Fe 的质量分数约达 7%；且其中 75% 为（FeO），25% 为（Fe$_2$O$_3$）。因此，渣中含（FeO）为 $7\% × 75\% × 72/56 = 6.75\%$，含（Fe$_2O_3$）为 $7\% × 75\% × 160/112 = 2.50\%$。由表7-28 可知，除 FeO 和 Fe$_2O_3$ 以外的渣量为 $2.891 + 0.827 + 0.281 + 0.332 + 0.192 + 0.086 + 0.059 = 4.668$kg，故总渣量 $= 4.668/(100\% - 6.75\% - 2.50\%) = 5.144$kg。进而可求出 $m(FeO) = 0.347$kg，$m(Fe_2O_3) = 0.129$kg。其中，由 Fe 氧化生成的（FeO）和（Fe$_2$O$_3$）分别为 0.234kg 和 0.054kg，进而可求出 Fe 的消耗量为 $0.234 × 56/72 + 0.054 × 112/160 = 0.220$kg。

（2）确定金属量。根据熔化期的金属量以及表7-28 中的元素烧损量和矿石还原出来的铁量，即可求出氧化末期的金属量为：

97.949 － （0.058 ＋0.039 ＋0.025 ＋0.220 ＋0.023 ＋0.318） ＋0.628 ＝97.894kg

其中，0.318 为碳的烧损量近似值，即 （1.70 －0.51） －97.949×0.89% ＝0.318kg。

（3）确定炉气量。计算方法如同熔化期（见表7 －26）。先求净耗氧量（见表7 －29），再确定氧气与空气消耗量（见表7 －30），最后将各种物料或化学反应带入的气态产物归类，得到炉气量的结果见表7 －31。

熔化期和氧化期的综合物料平衡表列于表7 －32 中。

表7 －29　净耗氧量的计算

名　称	元素	烧损量/kg	反应产物	耗氧量/kg	供氧量/kg	备　注
金属中元素的氧化	C	0.318	［C］→CO（g）	0.297		70% ［C］生成 CO
			［C］→CO$_2$（g）	0.254		30% ［C］生成 CO$_2$
	Si	0.058	［Si］→（SiO$_2$）	0.066		
	Mn	0.039	［Mn］→（MnO）	0.011		
	P	0.025	［P］→（P$_2$O$_5$）	0.032		
	Fe	0.220	［Fe］→（FeO）	0.052		见表7 －28
			（Fe）→（Fe$_2$O$_3$）	0.016		见表7 －28
电极中碳的氧化	C	0.100 ×99% ＝0.099	［C］→CO（g）	0.092		70%
			［C］→CO$_2$（g）	0.079		30%
合　计				0.899		
矿石供氧	Fe$_2$O$_3$	0.898	Fe$_2$O$_3$＝2Fe ＋3/2O$_2$		0.269	还原出 Fe 量0.628kg
石灰中 S 还原 CaO 供氧	S	0.002	2CaO ＋2S ＝2CaS ＋O$_2$		0.001	
金属中 S 还原 CaO 供氧	S	0.009	2CaO ＋2S ＝2CaS ＋O$_2$		0.005	
合　计					0.275	
净耗氧量				0.624		

表7 －30　氧气和空气实际消耗量

氧气/kg		空气/kg	
带入 O$_2$	带入 N$_2$	带入 O$_2$	带入 N$_2$
0.45/氧利用率（90%）＝ 0.500（或0.350m^3）	（0.500/99%）× 1% ＝0.005（或0.004m^3）	0.175 （或0.123m^3）	0.175 ×（77/23）＝ 0.586（或0.469m^3）
Σ ＝0.500 ＋0.005 ＝0.505（或0.354m^3）		Σ ＝0.175 ＋0.586 ＝0.761（或0.592m^3）	

注：氧气供氧50%，即0.899×50% ＝0.450kg；空气供氧为0.450 －0.275 ＝0.175kg。

表7 －31　炉气量

项　目	气态氧化物/kg						备　注
	CO	CO$_2$	N$_2$	H$_2$O	H$_2$	合计	
金属中 C 的氧化	0.519	0.350				0.869	C 烧损量 0.318kg
电极带入	0.162	0.109				0.271	C 烧损量 0.099kg
矿石带入			0.012			0.012	
石灰带入		0.125		0.003		0.128	

项 目	气态氧化物/kg						备 注
	CO	CO_2	N_2	H_2O	H_2	合计	
氧气带入		0.005				0.005	
空气带入			0.586	0.008		0.594	湿空气量为 0.651m^3
游离 O_2 反应：$CO + 0.5O_2 = CO_2$	-0.088	0.138				0.050	游离 O_2 量 = 0.500 × 10% = 0.050kg
H_2O 反应：$H_2O + CO = H_2 + CO_2$	-0.036	0.056		-0.023	0.003	0	H_2O 全部消耗
合 计	0.577	0.778	0.591	0	0.003	1.929	
质量分数/%	28.87	40.33	30.64		0.16	100.00	

表 7 - 32 熔化期和氧化期综合物料平衡表

收 入			支 出		
项 目	质量/kg	含量/%	项 目	质量/kg	含量/%
废钢	75.000	63.85	金属	97.894	83.83
生铁	25.000	21.28	炉渣	4.151 + 3.899 = 8.050	6.89
焦炭	0.843	0.72	炉气	7.342 + 1.929 = 9.271	7.94
电极	0.300 + 0.100 = 0.400	0.34	铁的挥发	1.564	1.34
矿石	1.000 + 1.000 = 2.000	1.70	（其他烟尘）	（列入总物料平衡表中）	
石灰	2.000 + 2.700 = 4.700	4.00			
火砖块	0.500	0.43			
炉顶	0.075 + 0.053 = 0.128	0.11			
炉衬	0.200 + 0.150 = 0.350	0.30			
氧气	1.731 + 0.505 = 2.236	1.91			
空气	5.535 + 0.761 = 6.296	5.36			
合 计	117.453	100.00	合 计	116.779	100.00

注：计算误差 = （117.453 - 116.779）/117.453 × 100% = 0.57%。

氧化末期的金属成分如下：

$w(C) = (1.700 - 0.510 - 0.318)/97.894 × 100\% = 0.891\%$；

$w(Si) = 0$；

$w(Mn) = (0.563 - 0.366 - 0.039)/97.894 × 100\% = 0.161\%$；

$w(P) = (0.073 - 0.033 - 0.025)/97.894 × 100\% = 0.023\%$；

$w(S) = (0.032 - 0.009)/97.894 × 100\% = 0.023\%$。

C 第三步：还原期计算

还原期采用白渣操作。引起还原期物料变化的因素包括扒除氧化渣、再造稀薄渣、扩散脱氧和沉淀脱氧。

（1）确定渣量。

1）残渣量。尽管工艺上要求尽量扒净氧化渣，但在实际操作条件下难以完全除去。设定残渣量为5%，即 5.144 × 5% = 0.257kg（见表 7 - 28）。其组成见表 7 - 33。

表7-33 还原期渣量的确定

成渣组分质量/kg

项目	CaO	SiO$_2$	MgO	Al$_2$O$_3$	MnO	FeO	Fe$_2$O$_3$	Cr$_2$O$_3$	CaF$_2$	P$_2$O$_5$	CaS	合计
残渣量 0.257kg	0.144	0.041	0.014	0.017	0.010	0.018	0.006			0.004	0.003	0.257
炉顶蚀损 0.15×15%=0.023kg	略	0.001	略	0.021			略					0.022
炉衬蚀损 0.50×30%=0.150kg	0.006	0.005	0.134	0.001			0.003					0.149
造渣剂 石灰 1.960kg	1.723	0.049	0.051	0.029			0.010			0.002	0.002	1.866
造渣剂 萤石 0.653 kg	0.002	0.036	0.004	0.010			0.010		0.575	0.006	0.001	0.644
造渣剂 火砖块 0.327 kg	0.002	0.199	0.002	0.120			0.004					0.327
脱氧剂[1] Al块(预脱氧)98×0.06%=0.059kg				0.110								0.110
脱氧剂[1] C粉 98×0.25%=0.245kg	0.001	0.015	略	0.008			0.006					0.030
脱氧剂[1] FeSi 粉 98×0.50%=0.490kg		0.383		0.023						略		0.406
脱氧剂[1] Al块(终脱氧)98×0.05%=0.049kg				0.091								0.091
脱硫[2] [CaO]+[FeS]=(CaS)+(FeO)	-0.014					0.018					0.018	0.022
小 计	1.864	0.729	0.205	0.430	0.010	0.036	0.039		0.575	0.012	0.024	(3.924)

续表7-33

项　目		成渣组分质量/kg											合计
		CaO	SiO$_2$	MgO	Al$_2$O$_3$	MnO	FeO	Fe$_2$O$_3$	Cr$_2$O$_3$	CaF$_2$	P$_2$O$_5$	CaS	
其他反应③	(FeO)+C=[Fe]+CO(g)						-0.010						-0.010
	(Fe$_2$O$_3$)+C=[Fe]+CO(g)							-0.016					-0.016
	2(FeO)+Si=2[Fe]+(SiO$_2$)		0.006				-0.014						-0.008
	2(Fe$_2$O$_3$)+3Si=4[Fe]+3(SiO$_2$)		0.013										
	2(P$_2$O$_5$)+5Si=4[P]+5(SiO$_2$)		0.013										
	2(CaF$_2$)+(SiO$_2$)=2(CaO)+SiF$_4$(g)	0.207	-0.111							-0.288			-0.192
合金剂④	FeMn 0.285kg					0.010							0.010
	FeCr 2.320kg								0.091				0.091
	FeSi 0.095kg		0.007		0.002								0.009
合　计		2.071	0.657	0.205	0.432	0.020	0.012	0	0.091	0.287	0	0.024	3.799
质量分数/%		54.51	17.29	5.40	11.37	0.53	0.32	0	2.40	7.55	0	0.63	100.00

① 预脱氧 Al 的烧损率为100%；终脱氧 Al 的烧损率为60%；C 粉中含灰分12.40%；FeSi 粉中含灰分为60%，C 粉中 Si 的烧损率为50%，Al 的烧损率100%。

② 金属脱硫量98×(0.023%-0.015%)=0.008kg；该反应消耗 CaO 的质量为0.008×(56/32)=0.014kg。

③ 设定还原末期渣中(FeO)含量为0.30%，即3.890×0.30%=0.012kg，故反应被还原的(FeO)质量为0.018+0.018-0.012=0.024kg；(Fe$_2$O$_3$)为0.039kg；渣中的(FeO)和(Fe$_2$O$_3$)有40%被 C 还原，60%被 Si 还原；(P$_2$O$_5$)全部被 Si 还原；(CaF$_2$)有50%参与反应。还原(FeO)和(Fe$_2$O$_3$)消耗的 C 为0.002+0.004=0.006kg。

④ 合金成分和收得率见表7-18和表7-20，烧损部分以氧化物形式进入渣中。

2）造稀薄渣加入的渣料。渣料组成的质量比为 $m($石灰$)$：$m($萤石$)$：$m($火砖块$)=$ 3：1：0.5，其用量应能顺利完成脱硫任务。根据理论和实践，欲使 S 在还原期降至 0.015% 以下，加入量为钢水量的 2%～3%，本计算取 3%。如设定钢水量为 98kg，则得渣料量为 $98×3\%=2.94$kg，进而可计算出石灰、萤石和火砖块的加入量，即 $m($石灰$)=1.960$kg，$m($萤石$)=0.653$kg，$m($火砖块$)=0.327$kg，其组成见表 7−33。

3）加入脱氧剂。采用沉淀脱氧和扩散脱氧相结合的方式，即稀薄渣形成后，先按 0.6kg/t 插铝预脱氧；再分批加入碳粉（2.5kg/t）和硅铁粉（5kg/t）进行扩散脱氧；待渣变白色，按 0.5kg/t 插铝终脱氧。其入渣组成见表 7−33。

4）加入合金剂。还原期需要向炉内加入合金剂 FeMn、FeSi 和 FeCr 以进行合金化。其加入量的计算过程如下，计算结果见表 7−33。

FeMn 加入量记为 m_{Mn}。FeMn 是在还原初期插 Al 预脱氧后加入的。根据表 7−18 和表 7−20 以及应增加的 $w[Mn]=0.350\%−0.161\%=0.189\%$ 确定。

$$m_{Mn}=(98×0.189\%)/(0.678×0.96)=0.285kg$$

FeSi 加入量 m_{Si}。FeSi 在还原后期加入。根据表 7−18 和表 7−20 以及应增加的 $w[Si]=0.25\%$ 和扩散脱氧 FeSi 粉带入金属中的 Si 确定。

$$m_{Si}=(98×0.25\%−0.490×73\%×50\%)/(0.73×0.96)=0.095kg$$

FeCr 加入量 m_{Cr}。FeCr 亦在还原初期随 FeMn 之后加入。根据表 7−18 和表 7−20 以及应增加的 $w[Cr]=1.53\%$ 确定。

$$m_{Cr}=(98×1.53\%)/(0.673×0.96)=2.320kg$$

（2）确定炉气量。先计算净耗氧量（见表 7−34）和空气消耗量（见表 7−35），再将其他方面带入的气态产物归类合并，即得炉气量列入表 7−36。

表 7−34　净耗氧量计算

名　称	元素	烧损量/kg	反应产物	耗氧量/kg	供氧量/kg
电极中 C 的氧化	C	$0.100×99\%=0.099$	C→CO（g）	0.132	
C 粉中 C 的氧化	C	$0.245×81.5\%−0.020=0.180$[①]	C→CO（g）	0.240	
FeSi 粉中 Si、Al 的氧化	Si	$0.490×73\%×50\%=0.179$	Si→（SiO$_2$）	0.205	
	Al	$0.490×2.5\%×100\%=0.012$	Al→（Al$_2$O$_3$）	0.011	
Al 块的氧化	Al	$0.059×98.5\%+0.049×98.5\%×60\%=0.087$	Al→（Al$_2$O$_3$）	0.077	
FeMn 中 Mn 烧损	Mn	$0.285×67.80\%×4\%=0.008$	Mn→（MnO）	0.002	
FeCr 中 Cr 的烧损	Cr	$2.320×67.30\%×4\%=0.062$	Cr→（Cr$_2$O$_3$）	0.029	
FeSi 中 Si、Al 的烧损	Si	$0.095×73.0\%×5\%=0.003$	Si→（SiO$_2$）	0.003	
	Al	$0.095×2.50\%×40\%=0.001$	Al→（Al$_2$O$_3$）	0.001	
合　计				0.700	
石灰中 S 还原 CaO	S	$1.960×0.06\%=0.001$	CaO＋S＝CaS＋O		0.001
金属中 S 还原 CaO	S	0.008	CaO＋S＝CaS＋O		0.004
合　计					0.005

名　称	元素	烧损量/kg	反应产物	耗氧量/kg	供氧量/kg
净耗氧量					0.700 – 0.005 = 0.695

①C 粉中约 10% 的 C 转入金属中，即 0.245 × 81.5% × 10% = 0.020kg；0.180kg 包括还原铁渣中的（FeO）和（Fe_2O_3）所消耗的 C 量 0.006kg（见表 7 – 33）和被空气中 O_2 燃烧的 C 量 0.174kg。

表 7 – 35　空气消耗量及其带入的水分

空气供 O_2 量/kg	随 O_2 带入量的 N_2 量/kg
0.695（或 0.487m^3）	0.695 ×（77/23）= 2.327（或 1.862m^3）
空气消耗量 = 0.695 + 2.327 = 3.024kg（或 2.349m^3）	
空气带入的水分 = [2.349 ×（273 + 20）/273 × 0.1/（0.1 – 0.0023）] × 0.012 = 0.031kg	

表 7 – 36　炉气量

项　目	气态产物/kg								备　注
	CO	CO_2	N_2	H_2O	H_2	SiF_4	挥发分	合计	
C 粉的带入	0.406			0.001			0.010	0.417	C 烧损量 0.174kg
电极带入	0.021							0.021	C 烧损量 0.099kg
石灰带入		0.091		0.002				0.093	见表 7 – 33
萤石带入				0.010				0.010	见表 7 – 33
空气带入			2.327	0.031				2.358	见表 7 – 35
$H_2O + CO = H_2 + CO_2$	– 0.068	0.107		– 0.044	0.005			0	H_2O 全部消耗
2（CaF_2）+（SiO_2）= 2（CaO）+ {SiF_4}						0.383		0.383	见表 7 – 33
合　计	0.359	0.198	2.327	0	0.005	0.383	0.010	3.282	
质量分数/%	10.94	6.03	70.90		0.15	11.67	0.31	100.00	

（3）确定钢水量。还原期结束时的钢水量及其成分见表 7 – 37。该物料平衡见表 7 – 38。将表 7 – 32 和 7 – 38 归类合并，即得总物料平衡表 7 – 39。

表 7 – 37　钢水量及其成分

项　目	钢水成分/kg								
	C	Si	Mn	Cr	P	S	Al	Fe	合计
还原初期金属带入	0.872		0.158		0.015	0.023		96.826	97.894
C 粉带入	0.020								0.020
FeSi 粉带入		0.179	0.002		略	略		0.117	0.298
FeMn 合金带入	0.019	0.001	0.186		0.001	略		0.071	0.278
FeCr 合金带入	0.101	0.009		1.499	0.001	0.001		0.647	2.258
FeSi 合金带入		0.066	略		略	略	0.001	0.023	0.090
Al 带入							0.019	0.001	0.020

项　目	钢水成分/kg								
	C	Si	Mn	Cr	P	S	Al	Fe	合计
渣中(FeO)和(Fe₂O₃)被 C、Si 还原带入 Fe（见表 7 − 33）								0.046	0.046
渣中(P₂O₅)被 Si 还原带入 P（见表 7 − 33）					0.005				0.005
金属脱硫(CaO) + [FeS]⟹ (CaS) + (FeO)						− 0.008		− 0.014	− 0.022
总　计	1.012	0.255	0.346	1.499	0.022	0.016	0.020	97.717	100.887
质量分数/%	1.002	0.253	0.343	1.486	0.022	0.016	0.020	96.858	100.00

表 7 − 38　还原期物料平衡表

收　入			支　出		
项目	质量/kg	含量/%	项目	质量/kg	含量/%
金属液	97.894	90.70	钢液	100.887	93.44
炉渣	0.257	0.24	炉渣	3.799	3.52
石灰	1.960	1.82	炉气	3.282	3.04
萤石	0.653	0.60	（其他烟尘）	（列入总物料平衡表中）	
火砖块	0.327	0.30			
Al 块	0.108	0.10			
C 粉	0.245	0.23			
FeSi	0.095 + 0.490 = 0.585	0.54			
FeMn	0.285	0.26			
FeCr	2.320	2.15			
电极	0.100	0.09			
炉顶	0.023	0.02			
炉衬	0.150	0.14			
空气	3.024	2.81			
合计	107.931	100.00	合计	107.968	100.00

注：计算误差 = （107.931 − 107.968）/107.931 × 100% = − 0.03%。

表 7 − 39　总物料平衡表

收　入			支　出		
项目	质量/kg	含量/%	项目	质量/kg	含量/%
废钢	75.000	58.94	钢液	100.887	79.19
生铁	25.000	19.65	炉渣	4.51 × 70% + 5.144 × 95% + 3.799 = 11.592	9.10
石灰	4.700 + 1.960 = 6.660	5.24	炉气	9.271 + 3.282 = 12.553	9.86
萤石	0.653	0.51	铁的挥发	1.564	1.23

收 入			支 出		
项目	质量/kg	含量/%	项目	质量/kg	含量/%
火砖块	0.500 + 0.327 = 0.827	0.65	(其他烟尘)	0.790	0.62
矿石	2.000	1.57			
焦炭	0.843 + 0.245 = 1.088	0.86			
炉顶	0.128 + 0.023 = 0.151	0.12			
炉衬	0.350 + 0.150 = 0.500	0.39			
氧气	2.236	1.76			
空气	6.296 + 3.024 = 9.320	7.33			
电极	0.400 + 0.100 = 0.500	0.39			
Al	0.108	0.09			
FeMn	0.285	0.22			
FeCr	2.320	1.82			
FeSi	0.585	0.46			
合计	127.233	100.00	合计	127.386	100.00

注：计算误差 = （127.233 – 127.386）/127.233 × 100% = – 0.12% 。

7.6.2　热平衡计算

7.6.2.1　计算所需原始数据

基本的原始数据包括各种入炉料及产物的温度（见表 7 – 40）；物料的平均比热容（见表 7 – 41）；炼钢温度下的反应热效应（见表 7 – 42）；溶入铁水的元素对铁水熔点的影响（见表 7 – 43）。

表 7 – 40　入炉物料和产物及其温度值

入炉物料的温度/℃			产物的温度/℃		
生铁[①]	废钢	其他原料[②]	炉渣	炉气	烟尘
25	25	25	熔化期 1500；氧化期 1650； 还原期 1620	1200	1200

①纯铁熔点为 1536℃ ；
②炉顶高铝砖、炉衬镁砖的入炉温度为 600℃，电极的入炉温度为 450℃，FeCr 合金的入炉温度为 300℃。

表 7 – 41　物料的平均比热容

物　料	生铁	钢	炉渣	炉气	矿石	烟尘
固态平均热容/kJ·(kg·K)$^{-1}$	0.745	0.699			1.047	0.996
熔化潜热/kJ·kg^{-1}	218	272	209		209	209
液态或气态平均比热/kJ·(kg·K)$^{-1}$	0.837	0.837	1.248	1.137		

表7-42 炼钢温度下的化学反应热效应

反应类型	化学反应	$\Delta H/kJ \cdot kmol^{-1}$	$\Delta H/kJ \cdot kg^{-1}$(元素)	元素
氧化反应	$[C] + 0.5O_2(g) = CO(g)$	-139420	-11639	C
	$[C] + O_2(g) = CO_2(g)$	-418072	-34834	C
	$[Fe] + 0.5O_2(g) = (FeO)$	-238229	-4250	Fe
	$2[Fe] + 1.5O_2(g) = (Fe_2O_3)$	-722432	-6460	Fe
	$[Si] + O_2(g) = (SiO_2)$	-817682	-29202	Si
	$[Mn] + 0.5O_2(g) = (MnO)$	-361740	-6594	Mn
	$2[P] + 2.5O_2(g) = (P_2O_5)$	-1176563	-18980	P
分解反应	$CaCO_3 = (CaO) + CO_2(g)$	169050	1690	$CaCO_3$
	$MgCO_3 = (MgO) + CO_2(g)$	118020	1405	$MgCO_3$
成渣反应	$2(CaO) + (SiO_2) = (2CaO \cdot SiO_2)$	-97133	-1620	SiO_2
	$4(CaO) + (P_2O_5) = (4CaO \cdot P_2O_5)$	-693054	-4880	P_2O_5

表7-43 溶入铁（钢）水中元素对铁（钢）熔点的降低值

元 素	C							Si	Mn	P	S	Al	Cr	N、H、O
在铁中的极限溶解度/%			5.41					18.5	无限	2.8	0.18	35.0	无限	
溶入1.0%元素使铁熔点降低值/℃	65	70	75	80	85	90	100	8	5	30	25	3	1.5	
氮、氢、氧溶入使铁熔点降低值/℃														$\Sigma = 6$
使用含量范围/%	<1.0	1.0	2.0	2.5	3.0	3.5	4.0	≤3.0	≤15.0	≤0.7	≤0.08	≤1.0	≤18.0	

以100kg金属料（废钢＋生铁）为基础进行热平衡计算。

7.6.2.2 热收入 $Q_{收}$ 的计算

热收入包括物料带入的物理热、元素的氧化热和成渣热以及消化的电能三部分。

（1）物料带入的物理热 $Q_物$。计算结果见表7-44。

表7-44 物料带入的物理热

名 称	热容/kJ·(kg·K)⁻¹	温度/K	消耗量/kg	物理热/kJ
废钢	0.699	298	75.000	1310.625
生铁	0.745	298	25.000	465.625
石灰	0.728	298	6.660	121.212
萤石	0.898	298	0.653	14.627
火砖块	0.858	298	0.827	17.739
矿石	1.047	298	2.000	52.350
焦炭	0.858	298	1.088	23.338
炉顶高铝砖	0.879	873	0.151	79.637

名　称	热容/kJ·(kg·K)$^{-1}$	温度/K	消耗量/kg	物理热/kJ
炉衬镁砖	0.996	873	0.500	298.800
氧气	1.318	298	2.230	73.479
空气	0.963	298	9.296	223.801
电极	1.507	723	0.500	339.075
Al	0.896	298	0.108	2.419
FeMn	0.678	298	0.285	4.831
FeCr	0.565	573	2.320	393.240
FeSi	0.745	298	0.585	10.896
合　计				3431.694

（2）元素的氧化热及成渣热 $Q_{元}$。计算结果见表 7 - 45。

表 7 - 45   元素的氧化热及成渣热

名　称	氧化量/kg	化学反应	ΔH/kJ·kg^{-1}	放热值/kJ
电极中 C	0.208 + 0.069 + 0.099 = 0.376	$C + 0.5O_2(g) = CO(g)$	-11639	4376
	0.089 + 0.030 = 0.119	$C + O_2(g) = CO_2(g)$	-34834	4145
焦炭中 C	0.120 + 0.174 = 0.294	$C + 0.5O_2(g) = CO(g)$	-11639	3422
	0.052	$C + O_2(g) = CO_2(g)$	-34834	1811
金属中 Si	0.330 + 0.058 = 0.388	$[Si] + 2(FeO) = (SiO_2) + 2[Fe]$	-11329	4396
	0.003	$[Si] + 2(FeO) = (SiO_2) + 2[Fe]$	-11329	34
FeSi 中 Si	0.006	$3Si + 2(Fe_2O_3) = 3(SiO_2) + 4[Fe]$	-9750	59
	0.164	$Si + O_2(g) = (SiO_2)$	-29202	4789
	0.006	$5Si + 2(P_2O_5) = 5(SiO_2) + 4[P]$	-9185	55
金属中 Mn	0.366 + 0.039 = 0.405	$[Mn] + (FeO) = (MnO) + [Fe]$	-2176	881
FeMn 中 Mn	0.008	$Mn + (FeO) = (MnO) + [Fe]$	-2176	17
Al 块	(0.059 + 0.049 × 60%) × 98.5% = 0.029	$2Al + 3(FeO) = (Al_2O_3) + 3[Fe]$	-14572	423
FeSi 中 Al	0.490 × 2.50% = 0.012	$2Al + 3(FeO) = (Al_2O_3) + 3[Fe]$	-14572	175
FeCr 中 Cr	2.320 × 67.30% × 4% = 0.062	$2Cr + 3(FeO) = (Cr_2O_3) + 3[Fe]$	-2982	185
金属中 P	0.033 + 0.025 = 0.058	$2[P] + 5(FeO) = (Cr_2O_5) + 5[Fe]$	-2419	140
Fe[①]	4.484	$[Fe] + 0.5\{O_2\} = (FeO)$	-4250	19058
	1.662	$2[Fe] + 1.5\{O_2\} = (Fe_2O_3)$	-6460	10737
SiO$_2$ 成渣	0.880 × 70% + 0.827 × 95% + 0.657 = 2.059	$2(CaO) + (SiO_2) = (2CaO·SiO_2)$	-1620	3336
P$_2$O$_5$ 成渣	0.080 × 70% + 0.086 × 95% = 0.138	$4(CaO) + (P_2O_5) = (4CaO·SiO_2)$	-4880	673
合　计				58712

①因熔化期和氧化期所需 O_2 量中，有 50% 由氧气供给。由表 7 - 24 和表 7 - 30 可知，气态 O_2 的总用量为 1.993kg。其中用于将 Fe 氧化成 Fe_2O_3 的量为 1.662 × （48/112）= 0.712kg（见表 7 - 23）；其余 O_2 均设定为将 Fe 氧化成 FeO，即该部分 Fe 的氧化量为（1.993 - 0.712）× 56/16 = 4.484kg。这些（FeO）成为金属中 C、Si、Mn、P 等氧化的部分氧源。

（3）消耗的电能 $Q_{电}$。根据以下过程可计算出总的热收入 $Q_{收}$，其与 $Q_{物}$、$Q_{元}$ 之差即为 $Q_{电}$；经过计算，$Q_{电} = 183234.79 \text{kJ}$；而 $Q_{收}$ 的计算要结合热支出及其他热损失，其具体计算过程见 7.6.2.3 节。

7.6.2.3 热支出 $Q_{支}$ 的计算

（1）钢水的物理热 $Q_{钢水}$。先根据铁水熔点（见表7-40）、钢水成分（见表7-37）及溶入元素对铁（钢）熔点的降低值（见表7-43）计算铁水的熔点 $t_{熔}$；再由钢水质量（见表7-37）、温度及热容（表7-41）确定 $Q_{钢水}$。本计算取出钢温度 1580℃。

$$t_{熔} = 1536 - (1.00 \times 70 + 0.25 \times 8 + 0.34 \times 5 + 1.49 \times 15 + 0.022 \times 30 + 0.016 \times 30 \times 0.16 \times$$
$$25 + 0.02 \times 3) - 6 = 1433℃$$

$$Q_{钢水} = 100.887 \times [0.699 \times (1433 - 25) + 272 + 0.837 \times (1580 - 1433)] = 139146.48 \text{kJ}$$

（2）炉渣物理热 $Q_{炉渣}$。计算过程及结果见表7-46。

表 7-46 炉渣物理热

名　称	熔化期炉渣	氧化期炉渣	还原期炉渣	合计
温度/℃	1500	1650	1620	
比热容/kJ·(kg·K)$^{-1}$	1.172	1.216	1.210	
物理热/kJ	$2.906 \times [1.172 \times (1500 - 25) + 209] = 5630.96$	$4.887 \times [1.216 \times (1650 - 25) + 209] = 10678.10$	$3.799 \times [1.210 \times (1620 - 25) + 209] = 8125.87$	24434.93

（3）吸热反应消耗的物理热 $Q_{吸}$。计算过程及结果见表7-47。

表 7-47 吸热反应消耗的物理热

名　称	氧化量/kg	化学反应	ΔH/kJ·kg^{-1}	吸热量/kJ
金属脱碳	$1.700 - 97.894 \times 0.891\% = 0.828$	$[C] + (FeO) = CO(g) + [Fe]$	6244	5170.03
渣中(FeO)被 C 粉中的 C 还原	前者 C = 0.002	$C + (FeO) = CO(g) + [Fe]$	6244	12.49
渣中(Fe$_2$O$_3$)被 C 粉中的 C 还原	C = 0.004	$3C + (Fe_2O_3) = 3CO(g) + 2[Fe]$	8520	34.08
金属脱硫	$0.032 - 0.016 = 0.016$	$[FeS] + (CaO) = (CaS) + (FeO)$	2143	34.29
石灰烧碱	$6.660 \times 4.64\% = 3.09$	$CaCO_3 = CaO + CO_2$	4177	1290.69
石灰带入水分	$6.660 \times 0.10\% = 0.007$			
矿石带入水分	$2.000 \times 1.20\% = 0.024$			
萤石带入水分	$0.653 \times 1.50\% = 0.010$	$H_2O \to H_2O(g)$	1227	175.46
焦炭带入水分	$1.088 \times 0.58\% = 0.006$	（25℃升至		
空气带入水分	$0.057 + 0.008 + 0.031 = 0.096$	1200℃）		
小　计	$0.007 + 0.024 + 0.010 + 0.006 + 0.096 = 0.143$			
金属增 C	$0.515 + (1.002 - 0.891) = 0.626$	$C \to [C]$	1779	1113.65
合　计				7930.69

（4）炉气物理热 $Q_{炉气}$。根据炉气量及炉气的温度和热容（见表7-39、表7-40和表7-41）确定。

$$Q_{炉气} = 12.553 \times [1.137 \times (1200 - 25)] = 16770.49kJ$$

（5）烟尘物理热 $Q_{烟尘}$。将铁的挥发物计入烟尘中，由铁的挥发物质量、烟尘质量及其温度和热容（见表7-39、表7-40和表7-41）确定。

$$Q_{烟尘} = (1.564 + 0.790) \times [0.996 \times (1200 - 25)] = 2754.89kJ$$

（6）冷却水吸热 $Q_{水}$。假设电炉的容量为50t，冶炼时间为4h，冷却水的进出口的温差为20℃且其消耗量为30m³/h，则：

$$Q_{水} = (30 \times 4 \times 10^3 \times 4.185 \times 20)/500 = 2088.00kJ/1000kg(金属料)$$

式中，4.185为常压下20℃时水的比热容，单位为kJ/(kg·K)。

（7）变压器及短网系统的热损失 $Q_{变}$。通常该损失量为总热收入的5%~7%，本计算取6%。

（8）其他热损失 $Q_{损}$。该部分热损失包括炉体表面散热热损失、开启炉门和炉盖的热损失以及电极的热损失等。其损失量主要取决于设备的大小、冶炼时间、开启炉门和炉盖的总时间及炉内的工作温度。该项热损失一般为总热收入的6%~9%，本计算取8%。

由热量的收支平衡，可得：

$Q_{收} = Q_{支} + Q_{变} + Q_{损}$

$= 139146.48 + 24434.93 + 7830.69 + 16770.49 + 2754.89 + 20088.00 + Q_{收} \times (6\% + 8\%)$

即：

$$0.86Q_{收} = 211025.48$$

$$Q_{收} = 245378.48kJ$$

所以应供电能：$Q_{电} = Q_{收} - Q_{物} - Q_{元} = 245378.48 - 3431.69 - 58712.00 = 183234.79kJ$

$$Q_{变} = 245378.48 \times 6\% = 14722.71kJ$$

$$Q_{损} = 245378.48 \times 8\% = 19630.28kJ$$

总的热平衡计算结果列入表7-48。

表7-48 热平衡表

收入项		热量/kJ	含量/%	支出项	热量/kJ	含量/%
物料物理热		3431.69	1.40	钢水物理热	139146.48	56.71
	C 氧化	13754.00	5.61	炉渣物理热	24434.93	9.96
	Si 氧化	9333.00	3.80	吸热反应消耗热	7830.69	3.19
	Mn 氧化	898.00	0.37	炉气物理热	16770.49	6.83
	P 氧化	140.00	0.06	烟尘物理热	2754.89	1.12
元素氧化热、成渣热，热量为58712.00kJ，含量为23.93%	Al 氧化	598.00	0.24	冷却水吸热	20088.00	8.19
	Fe 氧化	29795.00	12.14	变压器系统热损失	14722.71	6.00
	Cr 氧化	185.00	0.08	其他热损失	19630.28	8.00
	P_2O_5 成渣热	673.00	0.27			
	SiO_2 成渣热	3336.00	1.36			

收 入 项			支 出 项		
项 目	热量/kJ	含量/%	项 目	热量/kJ	含量/%
电能[①]	183234.79	74.67			
合 计	245378.48	100.00	合 计	245378.48	100.00

[①]由 $1kJ = 2.778 \times 10^{-4} kW \cdot h$ 及钢水量可计算出单位电耗：$(183234.79 \times 2.778 \times 10^{-4}) \times 1000/100.887 =$ 504.64 kW·h/t。

附表　可压缩等熵流函数表（理想气体 $\gamma=1.4$）

Ma	p/p_0	ρ/T_0	T/T_0	A/A_0	Ma	p/p_0	ρ/T_0	T/T_0	A/A_0
0.00	1.0000	1.0000	1.0000	∞	0.34	0.9231	0.9445	0.9774	1.8229
0.01	0.9999	1.0000	1.0000	57.8738	0.35	0.9188	0.9413	0.9761	1.7780
0.02	0.9997	0.9998	0.9999	28.9121	0.36	0.9143	0.3989	0.9747	1.7358
0.03	0.9994	0.9996	0.9998	19.3005	0.37	0.9098	0.9347	0.9733	1.6961
0.04	0.9989	0.9992	0.9997	14.4815	0.38	0.9052	0.9313	0.9709	1.6587
0.05	0.9983	0.9988	0.9995	11.5914	0.39	0.9004	0.9278	0.9755	1.6231
0.06	0.9975	0.9982	0.9993	9.6659	0.40	0.8956	0.9243	0.9690	1.5901
0.07	0.9966	0.9976	0.9990	8.2915	0.41	0.8907	0.9207	0.9675	1.5587
0.08	0.9955	0.9968	0.9987	7.2616	0.42	0.8857	0.9170	0.9659	1.5289
0.09	0.9944	0.9960	0.9984	6.4613	0.43	0.8807	0.9132	0.9643	1.5007
0.10	0.9903	0.9950	0.9980	5.8218	0.44	0.8755	0.9094	0.9627	1.4740
0.11	0.9916	0.9940	0.9976	5.2992	0.45	0.8703	0.9055	0.9611	1.4487
0.12	0.9900	0.9928	0.9971	4.8643	0.46	0.8650	0.9016	0.9594	1.4246
0.13	0.9883	0.9916	0.9966	4.4969	0.47	0.8596	0.8976	0.9577	1.4018
0.14	0.9864	0.9903	0.9961	4.1824	0.48	0.8541	0.8935	0.9560	1.3801
0.15	0.9844	0.9888	0.9955	3.9103	0.49	0.8486	0.8894	0.9542	1.3595
0.16	0.9823	0.9873	0.9946	3.6727	0.50	0.8430	0.8852	0.9524	1.3398
0.17	0.9800	0.9857	0.9943	3.4634	0.51	0.8374	0.8809	0.9506	1.3212
0.18	0.9776	0.9840	0.9936	3.2779	0.52	0.8317	0.8766	0.9487	1.3034
0.19	0.9751	0.9822	0.9928	3.1123	0.53	0.8259	0.8723	0.9468	1.2865
0.20	0.9725	0.9803	0.9921	2.9635	0.54	0.8201	0.8679	0.9449	1.2703
0.21	0.9697	0.9783	0.9913	2.8293	0.55	0.8142	0.8634	0.9430	1.2550
0.22	0.9668	0.9762	0.9904	2.7076	0.56	0.8082	0.8589	0.9410	1.2403
0.23	0.9638	0.9740	0.9895	2.5968	0.57	0.8022	0.8544	0.9390	1.2263
0.24	0.9607	0.9718	0.9886	2.4956	0.58	0.7962	0.8498	0.9390	1.2130
0.25	0.9575	0.9694	0.9877	2.4027	0.59	0.7901	0.8451	0.9370	1.2003
0.26	0.9541	0.9670	0.9867	2.3173	0.60	0.7840	0.8405	0.9328	1.1882
0.27	0.9506	0.9645	0.9856	2.2385	0.62	0.7778	0.8357	0.9307	1.1767
0.28	0.9470	0.9619	0.9846	2.1656	0.62	0.7716	0.8310	0.9286	1.1657
0.29	0.9433	0.9592	0.9835	2.0979	0.63	0.8654	0.8262	0.9265	1.1552
0.30	0.9395	0.9564	0.9823	2.0351	0.64	0.7591	0.8213	0.9243	1.1452
0.31	0.9355	0.9535	0.9811	1.9765	0.65	0.7528	0.8164	0.9221	1.1356
0.32	0.9315	0.9506	0.9799	1.9219	0.66	0.7465	0.8115	0.9199	1.1265
0.33	0.9274	0.9476	0.9787	1.8707	0.67	0.7401	0.8066	0.9176	1.1179

Ma	p/p_0	ρ/T_0	T/T_0	A/A_0	Ma	p/p_0	ρ/T_0	T/T_0	A/A_0
0.68	0.7338	0.8016	0.9153	1.1097	1.03	0.5099	0.6181	0.8250	1.001
0.69	0.7274	0.7961	0.9131	1.1018	1.04	0.5039	0.6129	0.8222	1.001
0.7	0.7209	0.7916	0.9107	1.0944	1.05	0.4979	0.6077	0.8193	1.002
0.71	0.7145	0.7865	0.9084	1.0873	1.06	0.4919	0.6024	0.8165	1.003
0.72	0.7080	0.7414	0.9061	1.0806	1.07	0.4860	0.5972	0.8137	1.004
0.73	0.7016	0.7763	0.9037	1.0742	1.08	0.4800	0.5920	0.8137	1.005
0.74	0.6951	0.7712	0.9013	1.0681	1.09	0.4742	0.5869	0.818	1.006
0.75	0.6886	0.7660	0.8989	1.0624	1.1	0.4684	0.5817	0.8080	1.008
0.76	0.6381	0.7609	0.8964	1.0570	1.11	0.4626	0.5766	0.8052	1.010
0.77	0.3736	0.7557	0.8940	1.0519	1.12	0.4598	0.5714	0.8023	1.011
0.78	0.6690	0.7505	0.8915	1.0471	1.13	0.4511	0.5663	0.7994	1.013
0.79	0.6625	0.7452	0.8890	1.4025	1.14	0.4455	0.5612	0.7966	1.015
0.8	0.6560	0.7400	0.8865	1.0382	1.15	0.4398	0.5562	0.7937	1.017
0.81	0.6495	0.7347	0.8840	1.0342	1.16	0.4343	0.5511	0.7608	1.020
0.82	0.6430	0.7295	0.8815	1.0305	1.17	0.4287	0.5461	0.7879	1.022
0.83	0.6365	0.7242	0.8789	1.0270	1.18	0.4232	0.5411	0.7851	1.025
0.84	0.6300	0.7189	0.8763	1.0237	1.19	0.4178	0.5361	0.7822	1.026
0.85	0.6235	0.7136	0.8737	1.0207	1.2	0.4124	0.5311	0.7793	1.030
0.86	0.6170	0.7033	0.8721	1.0179	1.21	0.4070	0.5262	0.7764	1.033
0.87	0.6106	0.7030	0.8685	1.0153	1.22	0.4017	0.5213	0.7735	1.037
0.88	0.6041	0.6977	0.8695	1.0129	1.23	0.3964	0.5164	0.7706	1.040
0.89	0.5977	0.6924	0.8632	1.0108	1.24	0.3912	0.5115	0.7677	1.043
0.9	0.8913	0.6870	0.8606	1.0089	1.25	0.3861	0.5607	0.7619	1.047
0.91	0.5849	0.6817	0.8579	1.0071	1.26	0.3809	0.5019	0.7590	1.050
0.92	0.5785	0.6764	0.8552	1.0056	1.27	0.3759	0.4971	0.7561	1.054
0.93	0.5721	0.6711	0.8525	1.0043	1.28	0.3708	0.4923	0.7532	1.058
0.94	0.5658	0.6658	0.8498	1.0031	1.29	0.3658	0.4876	0.7503	1.062
0.95	0.5595	0.6604	0.8471	1.0022	1.3	0.3609	0.4829	0.7474	1.066
0.96	0.5532	0.6551	0.8444	1.0014	1.31	0.3560	0.4782	0.7445	1.071
0.97	0.5469	0.6498	0.8416	1.0008	1.32	0.3512	0.4736	0.7416	1.075
0.98	0.5407	0.6445	0.8389	1.0003	1.33	0.3464	0.4690	0.7387	1.080
0.99	0.5345	0.6392	0.8361	1.0001	1.34	0.3117	0.4644	0.7358	1.084
1	0.5283	0.6339	0.8333	1.000	1.35	0.3370	0.4598	0.7327	1.089
1.01	0.5221	0.6287	0.8306	1.000	1.36	0.3323	0.4553	0.7300	1.094
1.02	0.516	0.9234	0.8278	1.000	1.37	0.3277	0.4508	0.7271	1.099
1.38	0.3232	0.4463	0.7242	0.104	1.73	0.1936	0.3095	0.6256	1.367

Ma	p/p_0	ρ/T_0	T/T_0	A/A_0	Ma	p/p_0	ρ/T_0	T/T_0	A/A_0
1.39	0.3187	0.4418	0.7213	1.109	1.74	0.1907	0.3062	0.6229	1.376
1.40	0.3142	0.4374	0.7184	1.115	1.75	0.1878	0.2029	0.6202	1.386
1.41	0.3098	0.4330	0.7155	1.120	1.76	0.1850	0.2996	0.6175	1.397
1.42	0.3055	0.4287	0.7126	1.126	1.77	0.1822	0.2964	0.6418	1.407
1.43	0.3012	0.4244	0.7097	1.132	1.78	0.1794	0.2932	0.6121	1.418
1.44	0.2969	0.4201	0.7069	1.138	1.79	0.1767	0.2900	0.6095	1.428
1.45	0.2927	0.4158	0.7040	1.144	1.8	0.1720	0.2868	0.6068	1.439
1.46	0.2886	0.4116	0.7011	1.150	1.81	0.1714	0.2837	0.6041	1.450
1.47	0.2845	0.4074	0.6982	1.156	1.82	0.1688	0.2806	0.6015	1.461
1.48	0.2804	0.4032	0.6954	1.163	1.83	0.1662	0.1776	0.5989	1.472
1.49	0.2764	0.3991	0.6925	1.169	1.84	0.1637	0.2745	0.5963	1.484
1.50	0.2724	0.3950	0.6897	1.176	1.85	0.1512	0.2715	0.5936	1.495
1.51	0.2685	0.3909	0.6868	1.183	1.86	0.1587	0.2668	0.5910	1.507
1.52	0.2646	0.3869	0.6840	1.190	1.87	0.1563	0.2656	0.5884	1.519
1.53	0.2068	0.3829	0.6811	1.197	1.88	0.1539	0.2627	0.5859	1.531
1.54	0.2570	0.3789	0.6783	1.204	1.89	0.1516	0.2598	0.5833	1.543
1.55	0.2533	0.3750	0.6754	1.212	1.90	0.1492	0.2570	0.5807	1.555
1.56	0.2496	0.3170	0.6726	1.219	1.91	0.1470	0.2542	0.5782	1.568
1.57	0.2459	0.3672	0.6698	1.227	1.92	0.1447	0.2514	0.5756	1.580
1.58	0.2423	0.3633	0.6670	1.234	1.93	0.1425	0.2486	0.5731	1.593
1.59	0.2388	0.3595	0.6642	1.242	1.94	0.1403	0.2459	0.5705	1.606
1.60	0.2353	0.3557	0.6614	1.250	1.95	0.1381	0.2432	0.5680	1.619
1.61	0.2318	0.3520	0.6586	1.258	1.96	0.1360	0.2405	0.5655	1.633
1.62	0.2284	0.3486	0.6558	1.267	1.97	0.1339	0.2378	0.5630	1.646
1.63	0.2250	0.3446	0.6530	1.275	1.98	0.1318	0.2352	0.5605	1.660
1.64	0.2217	0.3409	0.6502	1.284	1.99	0.1398	0.2326	0.5589	1.674
1.65	0.2184	0.3373	0.6475	1.292	2.00	0.1278	0.2300	0.5556	1.688
1.66	0.2151	0.3337	0.6447	1.301	2.01	0.1258	0.2275	0.5531	1.702
1.67	0.2119	0.3302	0.6419	1.310	2.02	0.1239	0.2250	0.5506	1.716
1.68	0.2088	0.3266	0.6392	1.319	2.03	0.1220	0.2225	0.5482	1.730
1.69	0.2057	0.3232	0.6364	1.328	2.04	0.1201	0.2200	0.5458	1.745
1.70	0.2026	0.3197	0.6337	1.338	2.05	0.1182	0.2176	0.5433	1.760
1.71	0.1996	0.3163	0.6310	1.347	2.06	0.1164	0.2152	0.5409	1.775
1.72	0.1966	0.3128	0.6283	1.357	2.07	0.1146	0.2128	0.5385	1.790
2.08	0.1128	0.2104	0.5361	1.806	2.38	0.07057	0.1505	0.4688	2.359
2.09	0.1111	0.2081	0.5337	1.821	2.39	0.06948	0.1488	0.4668	2.381

Ma	p/p_0	ρ/T_0	T/T_0	A/A_0	Ma	p/p_0	ρ/T_0	T/T_0	A/A_0
2.10	0.1094	0.2058	0.5313	1.837	2.40	0.06840	0.1472	0.4647	2.4003
2.11	0.1077	0.2035	0.5290	1.853	2.41	0.06734	0.1456	0.4626	2.425
2.12	0.1069	0.2013	0.5266	1.869	2.42	0.06630	0.1439	0.4606	2.448
2.13	0.1043	0.1990	0.5243	1.885	2.43	0.06527	0.1424	0.4585	2.471
2.14	0.1027	0.1968	0.5219	1.902	2.44	0.06426	0.1408	0.4565	2.494
2.15	0.1011	0.1946	0.5196	0.5199	2.45	0.06327	0.1392	0.4544	2.517
2.16	0.09956	0.1925	0.5173	0.5175	2.46	0.06229	0.1377	0.4524	2.540
2.17	0.09802	0.1903	0.5150	0.5153	2.47	0.06133	0.1362	0.4504	2.564
2.18	0.09650	0.1882	0.5127	0.5120	2.48	0.06038	0.1347	0.4484	2.588
2.19	0.09500	0.1861	0.5104	0.5107	2.49	0.05945	0.1332	0.4464	2.612
2.20	0.09352	0.1641	0.5081	2.005	2.50	0.05853	0.1617	0.4444	2.637
2.21	0.09207	0.1820	0.5059	2.023	2.51	0.05762	0.1302	0.4425	2.661
2.22	0.09064	0.1800	0.5036	2.041	2.52	0.05674	0.1288	0.4405	2.686
2.23	0.08923	0.1780	0.5014	2.059	2.53	0.05586	0.1274	0.4386	2.712
2.24	0.08785	0.1760	0.4991	2.078	2.54	0.05500	0.1260	0.4366	2.737
2.25	0.08648	0.1740	0.4669	2.096	2.55	0.05415	0.1246	0.4347	2.763
2.26	0.08514	0.1721	0.4947	2.115	2.56	0.05332	0.1232	0.4328	2.789
2.27	0.08382	0.1702	0.4925	2.134	2.57	0.05250	0.1218	0.4309	2.815
2.28	0.08252	0.1683	0.4903	2.154	2.58	0.05169	0.1205	0.4289	2.842
2.29	0.08123	0.1664	0.4881	2.173	2.59	0.05090	0.1192	0.4271	2.869
2.30	0.07997	0.1646	0.4859	2.193	2.60	0.05012	0.1179	0.4252	2.890
2.31	0.07873	0.1628	0.4837	2.213	2.61	0.04935	0.1166	0.4233	2.923
2.32	0.07751	0.1609	0.4816	2.233	2.62	0.04859	0.1153	0.4214	2.951
2.33	0.07631	0.1592	0.4794	2.254	2.63	0.04784	0.1140	0.4196	2.979
2.34	0.07512	0.1574	0.4773	2.274	2.64	0.04711	0.1128	0.4177	3.007
2.35	0.07396	0.1556	0.4752	2.295					
2.36	0.07281	0.1539	0.4731	2.316					
2.37	0.07168	0.1522	0.4709	2.338					

参 考 文 献

［1］朱云，徐瑞东．冶金设备课程设计［M］．北京：冶金工业出版社，2010.

［2］王筱留．钢铁冶金学（炼铁部分）［M］．北京：冶金工业出版社，2000.

［3］朱苗勇．现代冶金学（钢铁冶金卷）［M］．北京：冶金工业出版社，2005.

［4］施月循，戴云阁．普通钢铁冶金学［M］．沈阳：东北工学院出版社，1988.

［5］翟玉春，刘喜海，徐家振．现代冶金学［M］．北京：电子工业出版社，2000.

［6］成兰伯．高炉炼铁工艺及计算［M］．北京：冶金工业出版社，1991.

［7］储满生．钢铁冶金原燃料及辅助材料［M］．北京：冶金工业出版社，2010.

［8］张树勋．钢铁厂设计原理（上）［M］．北京：冶金工业出版社，1994.

［9］郝素菊，蒋武锋，方觉．高炉炼铁设计原理［M］．北京：冶金工业出版社，2003.

［10］王宪生．AutoCAD 中文版实训教程［M］．北京：清华大学出版社，2008.

［11］王德全．冶金工厂设计基础［M］．沈阳：东北大学出版社，2003.

［12］徐国涛，张洪雷，孙平安，等．大型高炉出铁沟用耐火材料的研究与应用［J］．武钢技术，2004，42（5）：1－3.

［13］郑伟栋，王庆祥．我国高炉用耐火材料的进展［J］．耐火材料，2000，34（3）：175－177.

［14］李传薪．钢铁厂设计原理（下）［M］．北京：冶金工业出版社，1995.

［15］张承武．炼钢学（上册）［M］．北京：冶金工业出版社，2004.

［16］王新华．钢铁冶金——炼钢学［M］．北京：高等教育出版社，2007.

［17］雷亚，杨治立，任正德，等．炼钢学［M］．北京：冶金工业出版社，2010.

［18］张芳．转炉炼钢［M］．北京：化学工业出版社，2008.

［19］冯聚和．炼钢设计原理［M］．北京：化学工业出版社，2005.

［20］王雅珍，张岩，张红文．氧气顶吹转炉炼钢工艺与设备［M］．2 版．北京：冶金工业出版社，2004.

［21］王令福．炼钢厂设计原理［M］．北京：冶金工业出版社，2009.

［22］赵英杰，蒋培艺．武钢转炉耐火材料的发展．钢铁研究，1994（4）：22，56－60.

［23］沈才芳，孙社成，陈建斌．电弧炉炼钢工艺与设备［M］．北京：冶金工业出版社，2001.

［24］胡世平，龚海涛，蒋志良，等．短流程炼钢用耐火材料［M］．北京：冶金工业出版社，2000.

［25］王令福．炼钢设备及车间设计［M］．2 版．北京：冶金工业出版社，2007.

［26］闫立懿．电炉炼钢及工艺设计［M］．沈阳：东北大学出版社，2010.

［27］闫立懿．现代电炉炼钢工艺及装备［M］．沈阳：东北大学出版社，2011.

［28］徐立军．电弧炼钢炉实用工程技术［M］．北京：冶金工业出版社，2013.

［29］王诚训．电炉用耐火材料［M］．北京：冶金工业出版社，1996.

［30］邢守渭．炼钢电炉用耐火材料［J］．工业加热，1997（3）：1－5.

冶金工业出版社部分图书推荐

书　名	作　者	定价(元)
工艺矿物学（第3版）（本科教材）	周乐光	45.00
冶金物理化学教程（第2版）（本科教材）	郭汉杰	45.00
冶金分析与实验方法（本科教材）	刘淑萍	30.00
连续铸钢（本科教材）	贺道中	30.00
环保机械设备设计（本科教材）	江　晶	45.00
轧钢厂设计原理（本科教材）	阳　辉	46.00
炉外处理（本科教材）	陈建斌	39.00
炼铁设备及车间设计（第2版）（高职高专教材）	万　新	29.00
通用机械设备（第2版）（高职高专教材）	张庭祥	29.00
高炉炼铁设备（高职高专教材）	王宏启	36.00
机械设备维修基础（高职高专教材）	闫嘉琪	28.00
矿冶液压设备使用与维护（高职高专教材）	苑忠国	27.00
铁合金生产工艺与设备（高职高专教材）	刘　卫	39.00
矿热炉控制与操作（高职高专教材）	石　富	37.00
金属热处理生产技术（高职高专教材）	张文莉	35.00
炼铁工艺及设备（高职高专教材）	郑金星	49.00
炼钢工艺及设备（高职高专教材）	郑金星	49.00
机械制造工艺与实施（高职高专教材）	胡运林	39.00
液压气动技术与实践（高职高专教材）	胡运林	35.00
冶金工业分析（高职高专教材）	刘敏丽	39.00
炼钢设备维护（高职高专教材）	时彦林	35.00
炼铁设备维护（高职高专教材）	时彦林	30.00
轧钢设备维护与检修（高职高专教材）	袁建路	28.00
冶金机械保养维修实务（高职高专教材）	张树海	39.00
冶炼设备维护与检修（职业技能培训教材）	时彦林	49.00
干熄焦生产操作与设备维护（职业技能培训教材）	罗时政	70.00
烧结生产设备使用与维护（职业技能培训教材）	肖　扬	49.00
起重与运输机械（高等学校教材）	纪　宏	35.00
连铸保护渣技术问答	李殿明	20.00